细菌药物敏感试验
执行标准和典型报告解读
（第二版）

主　审　朱德妹　张秀珍　倪语星
主　编　胡付品　郭　燕　王明贵
副主编　丁　丽　秦晓华　张　菁　俞云松　杨启文

上海科学技术出版社

编委会

郑　波　北京大学临床药理研究所

单　斌　昆明医科大学附属第一医院检验科

胡云建　北京医院检验科

胡付品　复旦大学附属华山医院抗生素研究所

胡志东　天津医科大学总医院检验科

柯江维　江西省儿童医院检验科

段金菊　山西医科大学第二医院药学部

俞云松　浙江省人民医院感染科

施　毅　南京大学金陵医院呼吸科

施清喻　复旦大学附属华山医院抗生素研究所

秦晓华　复旦大学附属华山医院抗生素研究所

贾　伟　宁夏医科大学总医院检验科

夏　云　重庆医科大学附属第一医院检验科

倪语星　上海交通大学医学院附属瑞金医院临床微生物科

徐元宏　安徽医科大学附属第一医院检验科

徐雪松　吉林大学中日联谊医院检验科

郭　燕　复旦大学附属华山医院抗生素研究所

郭大文　哈尔滨医科大学附属第一医院检验科

郭素芳　内蒙古医科大学附属第一医院检验科

黄湘宁　四川省医学科学院·四川省人民医院

董　方　首都医科大学附属北京儿童医院检验科

韩仁如　复旦大学附属华山医院抗生素研究所

喻　华　四川省医学科学院·四川省人民医院

谢　轶　四川大学华西医院实验诊断科

褚云卓　中国医科大学附属第一医院检验科

魏莲花　甘肃省人民医院检验科

前　言

　　多重耐药细菌的广泛流行播散,是当前全球临床抗感染治疗领域的重大挑战之一。开展细菌药物敏感性试验,了解细菌对于抗菌药物的敏感性特征,掌握细菌耐药趋势变迁,可为临床抗感染治疗积累经验,是进行抗感染精准治疗的重要科学参考依据之一。我国目前尚无统一、规范的细菌药物敏感性试验执行标准,主要借鉴国际上流行的三大药敏试验判断标准,包括美国临床和实验室标准化协会(Clinical and Laboratory Standard Institute,CLSI)、欧洲临床微生物和感染病学会药敏委员会(European Committee on Antimicrobial Susceptibility Testing,EUCAST)和美国食品药品监督管理局(Food and Drug Administration,FDA)官方发布的标准。由于不同国家临床分离菌株对抗菌药物的敏感性以及人种特征存在差异,再加之我国自主研发的抗细菌新药未在国外上市尚无现成的药敏试验执行标准可供参考,这些因素的存在不利于抗菌药物在我国临床治疗中的合理使用。因此,我国亟须制定适合我国临床实际需求的细菌药物敏感性试验执行标准,包括抗菌药物折点和药敏试验方法学规范等。

　　我国的细菌耐药监测工作与国际同步。1985 年,卫生部药政管理局正式发文(卫药政字第58 号),批复由中国药品生物制品检定所抗菌素室和上海华山医院抗菌素室,共同成立"中国细菌耐药性监测中心"。1987 年,经过 3 年运行,为进一步扩大对细菌耐药性的监测面,决定在北京、上海逐步建立细菌耐药性监测网,并由中国药品生物制品检定所和华山医院抗菌素研究所负责制订技术要求和实施方案(卫药政字第 203 号)。中国的细菌耐药性监测工作由此得到广泛开展并不断开创新局面。为进一步遏制细菌耐药,我国政府相关主管部门分别于 2016 年和2022 年发布了《遏制细菌耐药国家行动计划(2016—2020 年)》和《遏制微生物耐药国家行动计划(2022—2025 年)》文件。为加强抗感染治疗水平,自 2015 年起国家卫生计生委先后组织针对临床医生、临床药师、临床微生物专业技术人员和感染预防控制专业人员进行专业培训的"培元计划""培英计划""培微计划"和"SHIP 计划"。2017 年,上海市卫生计生委在国内创新性建立了"上海市卫生计生委抗菌药物合理应用与管理专家委员会",通过整合上海市细菌真菌耐药监测网、上海市抗菌药物临床应用监测网和上海市院内感染质控中心的数据(简称"三网联动"),发挥多学科作用以遏制细菌耐药。2017年,北京协和医院牵头成立"欧洲临床微生物和感染病学会药敏委员会华人抗菌药物敏感性试验委员会(Chinese Committee on Antimicrobial Susceptibility Testing,ChiCAST)";2018年,国家药品监督管理局药品审评中心首次发布《抗菌药物折点研究技术指导原则》文件,明确规定抗菌新药上市前需制定药物敏感试验折点。为建立我国自主的抗微生物药物敏感性试验标准体系,我国政府和各医疗机构持续进行了不懈的努力。2019年,CHINET中国细菌耐药监测网牵头成立"CHINET药敏试验委员会(CHINET Committee on Antimicrobial Susceptibility Testing,CCAST)"。2021年,国家卫生健康委发布文件,成立"国家卫生健康委临床抗微生物药物敏感性折点研究和标准制定专家委员会"。2022年,为促进药敏试验方法的标准化和抗菌药物药敏试验执行标准的建立,"CHINET中国细菌耐药监测网"和"上海市细菌真菌耐药监测网"率先在全国尝试建立药敏试验参考实验室。2023年9月,"上海市细菌真菌耐药监测网"首次启动监测网成员单位药敏试验室间质评工作,以提升各医疗机构临床微生物实验室专业人员识别重要及特殊耐药表型和基因型菌株的水平。

本书以"CHINET中国细菌耐药监测网"(www.chinets.com)和"上海市细菌真菌耐药监测网"历年工作成果为基础,联合国内抗感染治疗、临床药理学和临床微生物学资深专家在第一版《细菌药物敏感试验执行标准和典型报告解读》(上海科学技术出版社,2023)内容的基础上,参考国外权威标准新近更新内容,经过增删撰写完成。

此次内容更新如下:① 更新了CLSI和EUCAST于2024年发布的抗菌药物药敏试验折点;② 耐药监测数据更新为2023年CHINET中国细菌耐药监测网监测数据;③ 更新并新增典型药敏试验报告解读纸条;④ 新增重要耐药菌株所致感染治疗方案;⑤ 新增近年即将上市或新上市抗菌药物的简要信息;⑥ 新增典型梯度扩散法药敏试验结果解读规则。

本书的出版,可帮助广大从事临床抗感染相关工作专家了解细菌药物敏感试验标准及典型耐药机制,可供国内各医疗机构相关人员开展细菌药物敏感性试验以及临床抗感染治疗选择抗菌药物参考。同时,希望本书的出版能推动我国尽早制定属于我们自己的抗微生物药敏试验执行标准,提升我国临床微生物耐药监测与药敏试验能力和水平,促进临床抗菌药物合理使用,从而延缓病原体耐药性的产生,为感染患者减轻经济负担,最终为建设健康中国添砖加瓦!

编　者

2024年4月

目　录

第一章

肠杆菌目细菌

(*Enterobacterales*)

"CHINET 中国细菌耐药监测网"历年监测结果显示,大肠埃希菌和肺炎克雷伯菌的检出率始终位列第一位和第二位。产生 β -内酰胺酶是肠杆菌目细菌对 β -内酰胺类抗菌药物耐药最主要的耐药机制,主要包括超广谱 β -内酰胺酶、AmpC 酶和碳青霉烯酶。药敏试验结果显示,2023 年临床分离大肠埃希菌、肺炎克雷伯菌和奇异变形杆菌对头孢曲松(或头孢噻肟)的耐药率分别为 51.7%、42.5% 和 36.6%;大肠埃希菌对亚胺培南和美罗培南的耐药率分别为 1.9% 和 2.0%,肺炎克雷伯菌对亚胺培南和美罗培南的耐药率分别为 24.8% 和 26.0%。2022 年 CHINET 中国细菌耐药监测网主动监测研究结果显示,肺炎克雷伯菌中难治型耐药菌株(difficult to treat resistance,DTR)的检出率为 24.4%。

一、药敏试验报告注意点

1. 对于从粪便中分离出的沙门菌和志贺菌,仅测试氨苄西林、一种氟喹诺酮类药物和甲氧苄啶-磺胺甲噁唑,并常规报告。关于是否应使用阿莫西林治疗志贺菌病的数据相互矛盾。在报告氨苄西林结果时,需说明用阿莫西林治疗志贺菌所致感染可能无法与氨苄西林相比,疗效较差。此外,对于非肠道分离出的沙门菌属应测试并报告一种第三代头孢菌素的结果,需要时可测试并报告氯霉素的结果。分离自肠道内及肠道外的伤寒样沙门菌(肠沙门菌伤寒血清型和肠沙门菌副伤寒血清型 AC)需进行药敏试验。分离自肠道的非伤寒样沙门菌无需进行常规药敏试验。所有志贺菌分离株均应进行药敏试验。

2. 氨基糖苷类、头霉素类及第一代、第二代头孢菌素在体外可能对沙门菌属和志贺菌属具有抗菌活性,但临床无效,不应报告敏感。

3. 随着第三代头孢菌素治疗时间的延长,肠杆菌属、产气克雷伯菌(曾用名产气肠杆菌)、枸橼酸杆菌属和沙雷菌属细菌因 AmpC 酶去阻遏表达可发展为耐药。因此,初始分离的敏感菌株在开始治疗后 3～4 d 可变为耐药。对重复分离株应重新进行药敏试验。

4. 与美罗培南或多立培南相比,亚胺培南对变形杆菌属、普罗威登菌属和摩根摩根菌的最低抑菌浓度(minimal inhibitory concentrations,MICs)趋向于更高(即 MICs 处于中介或耐药范围)。这些菌株可能存在非产碳青霉烯酶机制而导致亚胺培南 MICs 升高,试验结果为敏感的菌株应报告为敏感。

5. 替加环素药敏试验结果易受各种因素影响,包括在空气中容易氧化降解、需要避光和培养基离子的影响。因此,常规药敏试验(包括自动化仪器和纸片扩散法)结果有时出现假中介或假耐药,应采用其他方法进行复核确认,包括肉汤微量稀释法和含复敏液的纸片扩散法。

二、天 然 耐 药

1. 弗劳地柠檬酸杆菌:对氨苄西林、阿莫西林-克拉维酸、氨苄西林-舒巴坦、头孢唑林、头孢噻吩、头孢西丁、头孢替坦和头孢呋辛天然耐药。

2. 克氏柠檬酸杆菌和无丙二酸柠檬酸杆菌群:对氨苄西林和替卡西林天然耐药。

3. 阴沟肠杆菌复合群(包括阿氏肠杆菌、阴沟肠杆菌和霍氏肠杆菌):对氨苄西林、阿莫西林-克拉维酸、氨苄西林-舒巴坦、头孢唑林、头孢噻吩、头孢西丁、头孢替坦天然耐药。阴沟肠杆菌复合群其他种包括科比肠杆菌、路德维希肠杆菌,这些细菌目前尚无药敏数据可供参考。

4. 大肠埃希菌:无 β-内酰胺类天然耐药。

5. 赫氏埃希菌:对氨苄西林和替卡西林天然耐药。

6. 蜂房哈夫尼菌:对氨苄西林、阿莫西林-克拉维酸、氨苄西林-舒巴坦、头孢唑林、头孢噻吩、头孢西丁、头孢替坦、黏菌素和多黏菌素 B 天然耐药。副蜂房哈夫尼菌对黏菌素和多黏菌素 B 也天然耐药。

7. 产气克雷伯菌:对氨苄西林、阿莫西林-克拉维酸、氨苄西林-舒巴坦、头孢唑林、头孢噻吩、头孢西丁和头孢替坦天然耐药。

8. 肺炎克雷伯菌、产酸克雷伯菌和变栖克雷伯菌:对氨苄西林和替卡西林天然耐药。

9. 摩根摩根菌:对氨苄西林、阿莫西林-克拉维酸、头孢唑林、头孢噻吩、头孢呋辛、替加环素、呋喃妥因、黏菌素和多黏菌素 B 天然耐药。

10. 奇异变形杆菌:对四环素类(包括替加环素)、呋喃妥因、黏菌素和多黏菌素 B 天然耐药。

11. 潘氏变形杆菌:对氨苄西林、头孢唑林、头孢噻吩、头孢呋辛、四环素类(包括替加环素)、呋喃妥因、黏菌素和多黏菌素 B 天然耐药。

12. 普通变形杆菌:对氨苄西林、头孢唑林、头孢噻吩、头孢呋辛、四环素类(包括替加环素)、呋喃妥因、黏菌素和多黏菌素 B 天然耐药。

13. 雷极普罗威登菌:对氨苄西林、阿莫西林-克拉维酸、头孢唑林、头孢噻吩、四环素类(包括替加环素)、呋喃妥因、黏菌素和多黏菌素 B 天然耐药。

14. 斯氏普罗威登菌：对氨苄西林、阿莫西林-克拉维酸、头孢唑林、头孢噻吩、四环素类（包括替加环素）、呋喃妥因、庆大霉素、奈替米星、妥布霉素、黏菌素和多黏菌素 B 天然耐药。

15. 拉乌尔菌属（包括解鸟氨酸拉乌尔菌、土生拉乌尔菌和植生拉乌尔菌）：对氨苄西林和替卡西林天然耐药。

16. 沙门菌属和志贺菌属：无 β-内酰胺类天然耐药。沙门菌属和志贺菌属可对氨基糖苷类、头霉素类及第一代、第二代头孢菌素体外敏感，但临床治疗无效，不应报告为敏感。

17. 黏质沙雷菌：对氨苄西林、阿莫西林-克拉维酸、氨苄西林-舒巴坦、头孢唑林、头孢噻吩、头孢西丁、头孢替坦、头孢呋辛、呋喃妥因、黏菌素和多黏菌素 B 天然耐药。

18. 小肠结肠炎耶尔森菌：对氨苄西林、阿莫西林-克拉维酸、替卡西林、头孢唑林和头孢噻吩天然耐药。

三、可预报药物

1. 使用口服头孢菌素治疗因大肠埃希菌、肺炎克雷伯菌、奇异变形杆菌所致的非复杂性尿路感染时，以头孢唑林进行替代试验（U 组尿液标本分离菌的判断标准），预报头孢克洛、头孢地尼、头孢泊肟、头孢丙烯、头孢呋辛、头孢氨苄和氯碳头孢的敏感性。

2. 对四环素敏感的肠杆菌目细菌，也被认为对多西环素和米诺环素敏感。然而，对四环素中介或耐药的某些菌株可以对多西环素或米诺环素或二者均敏感。

四、流行病学界值

某些抗菌药物仅开展了流行病学折点制定研究，建立了流行病学界值（epidemiological cutoff value，ECOFF 或 ECV）。ECOFF 将细菌区分为野生型、非野生型菌株两大类。野生型菌株是指对该抗菌药物不存在任何耐药机制的群体，类似于临床折点中的"敏感"解释分类，而非野生型菌株是指对该抗菌药物可能存在耐药机制的群体。

五、肠杆菌目细菌药敏试验执行标准

纸片扩散法				MIC 法			
培养基	接种菌量	孵育条件	孵育时间	培养基	接种菌量	孵育条件	孵育时间
MHA	0.5 麦氏浊度	CLSI：35℃±2℃，空气；EUCAST：35℃±1℃，空气	CLSI：16~18 h；EUCAST：18 h±2 h	CLSI：CAMHB（肉汤稀释法）（头孢地尔用去铁离子CAMHB）、MHA（琼脂稀释法）；EUCAST：MH肉汤（头孢地尔用去铁离子肉汤）	肉汤稀释法：5×10⁵ CFU/mL；琼脂稀释法：10⁴ CFU/点	CLSI：35℃±2℃，空气；EUCAST：35℃±1℃，空气	CLSI：16~20 h；(2) EUCAST：18 h±2 h

肠杆菌目细菌：

包括 7 个科：分别是布杰约维采菌科（*Budviciaceae*）、肠杆菌科（*Enterobacteriaceae*）、欧文菌科（*Erwiniaceae*）、哈夫尼亚菌科（*Hafniaceae*）、摩根菌科（*Morganellaceae*）、溶果胶菌科（*Pectobacteriaceae*）和耶尔森菌科（*Yersiniaceae*）。

质控菌株

1. CLSI：① 大肠埃希菌 ATCC 25922；② 铜绿假单胞菌 ATCC 27853(适用于测试碳青霉烯类药物)；③ 金黄葡萄球菌 ATCC 25923(纸片扩散法)或金黄葡萄球菌 ATCC 29213(稀释法)：适用于测试肠沙门菌伤寒血清型或志贺菌属对阿奇霉素的敏感性试验。

2. EUCAST：大肠埃希菌 ATCC 25922。

六、肠杆菌目细菌抗菌药物判断标准

抗菌药物	纸片含量（μg）	纸片扩散法（mm）				MIC(μg/mL)				来源及备注
		S	SDD	I	R	S	SDD	I	R	
氨苄西林 Ampicillin	10	≥17	-	14-16	≤13	≤8	-	16	≥32	CLSI，FDA
	10	≥14	-	-	<14	≤8	-	-	>8	EUCAST
哌拉西林 Piperacillin	-	-	-	-	-	≤8	16	-	≥32	CLSI
	30	≥20	-	-	<20	≤8	-	-	>8	EUCAST
	-	-	-	-	-	-	-	-	-	FDA
美西林 Mecillinam	10	≥15	-	12-14	≤11	≤8	-	16	≥32	CLSI：U 组，仅报告大肠埃希菌
	10	≥15	-	-	<15	≤8	-	-	>8	EUCAST
	EUCAST：仅适用于引起非复杂性尿路感染的大肠埃希菌、柠檬酸杆菌属、克雷伯菌属、拉乌尔菌属、肠杆菌属和奇异变形杆菌									
	-	-	-	-	-	-	-	-	-	FDA
阿莫西林 Amoxicillin	-	-	-	-	-	-	-	-	-	CLSI，FDA
	-	-	-	-	-	≤8	-	-	>8	EUCAST - 1：静脉，口服（仅复杂性尿路感染）

（续表）

抗菌药物	纸片含量（μg）	纸片扩散法（mm）				MIC（μg/mL）				来源及备注
		S	SDD	I	R	S	SDD	I	R	
阿莫西林 Amoxicillin	-	-	-	-	-	≤0.001	-	-	＞8	EUCAST-2：口服（源自泌尿道的感染）
阿莫西林-克拉维酸 Amoxicillin-clavulanate	20/10	≥18	-	14-17	≤13	≤8/4	-	16/8	≥32/16	CLSI，FDA
	20/10	≥19	-	-	＜19	≤8	-	-	＞8	EUCAST-1
	20/10	≥16	-	-	＜16	≤32	-	-	＞32	EUCAST-2：非复杂性尿路感染
	20/10	≥50	-	-	＜19	≤0.001	-	-	＞8	EUCAST-3：源自泌尿道的感染
氨苄西林-舒巴坦 Ampicillin-sulbactam	10/10	≥15	-	12-14	≤11	≤8/4	-	16/8	≥32/16	CLSI，FDA
	10/10	≥14	-	-	＜14	≤8	-	-	＞8	EUCAST
头孢洛生-他唑巴坦 Ceftolozane-tazobactam	30/10	≥22	-	19-21	≤18	≤2/4	-	4/4	≥8/4	CLSI，FDA
	30/10	≥22	-	-	＜22	≤2	-	-	＞2	EUCAST
头孢他啶-阿维巴坦 Ceftazidime-avibactam	30/20	≥21	-	-	≤20	≤8/4	-	-	≥16/4	CLSI，FDA
	10/4	≥13	-	-	＜13	≤8	-	-	＞8	EUCAST
哌拉西林-他唑巴坦 Piperacillin-tazobactam	100/10	≥25	21-24	-	≤20	≤8/4	16/4	-	≥32/4	CLSI
	30/6	≥20	-	-	＜20	≤8	-	-	＞8	EUCAST
	100/10	≥25	-	21-24	≤20	≤8/4	16/4	-	≥32/4	FDA
头孢哌酮-舒巴坦 Cefoperazone-sulbactam	75/30	≥21	-	16-20	≤15	≤16/8	-	32/16	≥64/32	JCM，1988，26（1）：13
替卡西林-克拉维酸 Ticarcillin-clavulanate	75/10	≥20	-	15-19	≤14	≤16/2	-	32/2-64/2	≥128/2	CLSI，FDA
	75/10	≥23	-	-	＜20	≤8	-	-	＞16	EUCAST
头孢羟氨苄 Cefadroxil	-	-	-	-	-	-	-	-	-	CLSI，FDA
	30	≥12	-	-	＜12	≤16	-	-	＞16	EUCAST：非复杂性尿路感染

（续表）

抗菌药物	纸片含量(μg)	纸片扩散法(mm)				MIC(μg/mL)				来源及备注
		S	SDD	I	R	S	SDD	I	R	
头孢氨苄 Cefalexin	-	-	-	-	-	-	-	-	-	CLSI，FDA
	30	≥14	-	-	<14	≤16	-	-	>16	EUCAST：非复杂性尿路感染
头孢唑林 Cefazolin	30	≥23	-	20-22	≤19	≤2	-	4	≥8	CLSI－1
	CLSI－1：大肠埃希菌、肺炎克雷伯菌和奇异变形杆菌所致除外非复杂性尿路感染标准（2 g q8h）									
	30	≥15	-	-	≤14	≤16	-	-	≥32	CLSI－2
	CLSI－2：大肠埃希菌、肺炎克雷伯菌和奇异变形杆菌所致非复杂性尿路感染标准（1 g q12h），限尿道分离菌株报告									
	30	≥15	-	-	≤14	≤16	-	-	≥32	CLSI－3
	CLSI－3：治疗大肠埃希菌、肺炎克雷伯菌、奇异变形杆菌引起的非复杂性尿路感染的口服头孢菌素替代试验									
	30	≥50	-	-	<20	≤0.001	-	-	>4	EUCAST
	EUCAST：大肠埃希菌和克雷伯菌属（产气克雷伯菌除外）所致源于泌尿道的感染									
	30	≥23	-	20-22	≤19	≤2	-	4	≥8	FDA
	FDA：大肠埃希菌、肺炎克雷伯菌和奇异变形杆菌所致除外非复杂性尿路感染标准（2 g q8h）									
头孢罗膦 Ceftaroline	30	≥23	-	20-22	≤19	≤0.5	-	1	≥2	CLSI，FDA
	5	≥23	-	-	<23	≤0.5	-	-	>0.5	EUCAST
头孢吡肟 Cefepime	30	≥25	19-24	-	≤18	≤2	4-8	-	≥16	CLSI
	30	≥27	-	-	<24	≤1	-	-	>4	EUCAST
	30	≥25	19-24	-	≤18	≤2	4-8	-	≥16	FDA
头孢克肟 Cefixime	5	≥19	-	16-18	≤15	≤1	-	2	≥4	CLSI，FDA
	5	≥17	-	-	<17	≤1	-	-	>1	EUCAST
	EUCAST：仅适用于非复杂性尿路感染									
头孢噻肟 Cefotaxime	30	≥26	-	23-25	≤22	≤1	-	2	≥4	CLSI，FDA
	5	≥20	-	-	<17	≤1	-	-	>2	EUCAST：除外脑膜炎
	5	≥20	-	-	<20	≤1	-	-	>1	EUCAST：脑膜炎

（续表）

抗菌药物	纸片含量（μg）	纸片扩散法（mm）				MIC（μg/mL）				来源及备注
		S	SDD	I	R	S	SDD	I	R	
头孢曲松 Ceftriaxone	30	≥23	-	20-22	≤19	≤1	-	2	≥4	CLSI，FDA
	30	≥25	-	-	<22	≤1	-	-	>2	EUCAST：除外脑膜炎
	30	≥25	-	-	<25	≤1	-	-	>1	EUCAST：脑膜炎
头孢替坦 Cefotetan	30	≥16	-	13-15	≤12	≤16	-	32	≥64	CLSI
	-	-	-	-	-	-	-	-	-	EUCAST
	-	-	-	-	-	≤4	-	8	≥16	FDA
头孢西丁 Cefoxitin	30	≥18	-	15-17	≤14	≤8	-	16	≥32	CLSI
	30	≥19	-	-	<19	-	-	-	-	EUCAST：仅用作筛选
	-	-	-	-	-	≤4	-	8	≥16	FDA
头孢替安 Cefotiam	30	≥27	-	-	≤26	≤1	-	-	≥2	ECOFF：大肠埃希菌和肺炎克雷伯菌
头孢呋辛 Cefuroxime	30	≥18	-	15-17	≤14	≤8	-	16	≥32	CLSI：静脉
	30	≥23	-	15-22	≤14	≤4	-	8-16	≥32	CLSI：口服、FDA
	30	≥50	-	-	<19	≤0.001	-	-	>8	EUCAST-1
	EUCAST-1：静脉，仅适用于大肠埃希菌、克雷伯菌属（产气克雷伯菌除外）、拉乌尔菌属和奇异变形杆菌									
	30	≥19	-	-	<19	≤8	-	-	>8	EUCAST-2
	EUCAST-2：口服，仅适用于大肠埃希菌、克雷伯菌属（产气克雷伯菌除外）、拉乌尔菌属和奇异变形杆菌所致非复杂性尿路感染									
	30	≥18	-	-	≤17	≤8	-	-	≥16	FDA：注射
头孢他啶 Ceftazidime	30	≥21	-	18-20	≤17	≤4	-	8	≥16	CLSI，FDA
	10	≥22	-	-	<19	≤1	-	-	>4	EUCAST
头孢孟多 Cefamandole	30	≥18	-	15-17	≤14	≤8	-	16	≥32	CLSI
	-	-	-	-	-	-	-	-	-	EUCAST，FDA
头孢美唑 Cefmetazole	30	≥16	-	13-15	≤12	≤16	-	32	≥64	CLSI
	-	-	-	-	-	-	-	-	-	EUCAST，FDA

(续表)

抗菌药物	纸片含量(μg)	纸片扩散法(mm)				MIC(μg/mL)				来源及备注
		S	SDD	I	R	S	SDD	I	R	
头孢尼西 Cefonicid	30	≥18	-	15-17	≤14	≤8	-	16	≥32	CLSI
	-	-	-	-	-	-	-	-	-	EUCAST，FDA
头孢哌酮 Cefoperazone	75	≥21	-	16-20	≤15	≤16	-	32	≥64	CLSI
	-	-	-	-	-	-	-	-	-	EUCAST
						≤8	-	-	≥16	FDA
头孢唑肟 Ceftizoxime	30	≥25	-	22-24	≤21	≤1	-	2	≥4	CLSI
	-	-	-	-	-	-	-	-	-	EUCAST，FDA
拉氧头孢 Moxalactam	30	≥23	-	15-22	≤14	≤8	-	16-32	≥64	CLSI
	-	-	-	-	-	-	-	-	-	EUCAST，FDA
头孢地尔 Cefiderocol	30	≥16	-	9-15	≤8	≤4	-	8	≥16	CLSI，FDA
	30	≥23	-	-	<23	≤2	-	-	>2	EUCAST
氯碳头孢 Loracarbef	30	≥18	-	15-17	≤14	≤8	-	16	≥32	CLSI：口服
	-	-	-	-	-	-	-	-	-	EUCAST，FDA
头孢克洛 Cefaclor	30	≥18	-	15-17	≤14	≤8	-	16	≥32	CLSI：口服
	-	-	-	-	-	-	-	-	-	EUCAST，FDA
头孢硫脒 Cefathiamidine	-	-	-	-	-	≤128	-	-	≥256	ECOFF：大肠埃希菌
						≤256	-	-	≥512	ECOFF：肺炎克雷伯菌
头孢嗪脒 Cefazamidine	30	≥18	-	-	≤17	≤16	-	-	≥32	ECOFF：大肠埃希菌
		-	-	-	-	≤256	-	-	≥512	ECOFF：肺炎克雷伯菌
头孢地尼 Cefdinir	5	≥20	-	17-19	≤16	≤1	-	2	≥4	CLSI：口服
	-	-	-	-	-	-	-	-	-	EUCAST，FDA
头孢克肟 Cefixime	5	≥19	-	16-18	≤15	≤1	-	2	≥4	CLSI、FDA
	5	≥17	-	-	<17	≤1	-	-	>1	EUCAST：非复杂性尿路感染

（续表）

抗 菌 药 物	纸片含量(μg)	纸片扩散法(mm)				MIC(μg/mL)				来源及备注
		S	SDD	I	R	S	SDD	I	R	
头孢泊肟 Cefpodoxime	10	≥21	-	18-20	≤17	≤2	-	4	≥8	CLSI：口服
	10	≥21	-	-	<21	≤1	-	-	>1	EUCAST：非复杂性尿路感染
	-	-	-	-	-	-	-	-	-	FDA
头孢丙烯 Cefprozil	30	≥18	-	15-17	≤14	≤8	-	16	≥32	CLSI：口服
	-	-	-	-	-	-	-	-	-	EUCAST，FDA
头孢他美 Cefetamet	10	≥18	-	15-17	≤14	≤4	-	8	≥16	CLSI
	-	-	-	-	-	-	-	-	-	EUCAST，FDA
头孢布烯 Ceftibuten	30	≥21	-	18-20	≤17	≤8	-	16	≥32	CLSI：用于泌尿道分离株
	30	≥23	-	-	<23	≤1	-	-	>1	EUCAST：泌尿道感染
	-	-	-	-	-	-	-	-	-	FDA
头孢吡普 Ceftobiprole	-	-	-	-	-	-	-	-	-	CLSI，FDA
	5	≥23	-	-	<23	≤0.25			>0.25	EUCAST
氨曲南 Aztreonam	30	≥21	-	18-20	≤17	≤4	-	8	≥16	CLSI、FDA（注射）
	30	≥26	-	-	<21	≤1	-	-	>4	EUCAST
法罗培南 （Faropenem）	5	≥19	-	-	≤18	≤2	-	-	≥4	ECOFF：大肠埃希菌和肺炎克雷伯菌
多立培南 Doripenem	10	≥23	-	20-22	≤19	≤1	-	2	≥4	CLSI，FDA
	10	≥24	-	-	<21	≤1	-	-	>2	EUCAST
厄他培南 Ertapenem	10	≥22	-	19-21	≤18	≤0.5	-	1	≥2	CLSI，FDA
	10	≥23	-	-	<23	≤0.5	-	-	>0.5	EUCAST
亚胺培南 Imipenem	10	≥23	-	20-22	≤19	≤1	-	2	≥4	CLSI，FDA
	10	≥22	-	-	<19	≤2	-	-	>4	EUCAST-1：除外摩根菌科
	10	≥50	-	-	<19	≤0.001	-	-	>4	EUCAST-2：摩根菌科

（续表）

抗菌药物	纸片含量(μg)	纸片扩散法(mm)				MIC(μg/mL)				来源及备注
		S	SDD	I	R	S	SDD	I	R	
亚胺培南-瑞来巴坦 Imipenem-relebactam	10/25	≥25	-	21-24	≤20	≤1/4	-	2/4	≥4/4	CLSI,FDA
	10/25	≥22	-	-	<22	≤2	-	-	>2	EUCAST-1：除外摩根菌科
美罗培南 Meropenem	10	≥23	-	20-22	≤19	≤1	-	2	≥4	CLSI,FDA
	10	≥22	-	-	<22	≤2	-	-	>2	EUCAST：脑膜炎
	10	≥22	-	-	<16	≤2	-	-	>8	EUCAST：除外脑膜炎
美罗培南-韦博巴坦 Meropenem-vaborbactam	20/10	≥18	-	15-17	≤14	≤4/8	-	8/8	≥16/8	CLSI,FDA
	20/10	≥20	-	-	<20	≤8	-	-	>8	EUCAST
庆大霉素 Gentamicin	10	≥18	-	15-17	≤14	≤2	-	4	≥8	CLSI
	10	≥15	-	13-14	≤12	≤4	-	8	≥16	FDA
	10	≥(17)	-	-	<(17)	≤(2)	-	-	>(2)	EUCAST：全身感染
	10	≥17	-	-	<17	≤2	-	-	>2	EUCAST：源自泌尿道的感染
妥布霉素 Tobramycin	10	≥17	-	13-16	≤12	≤2	-	4	≥8	CLSI
	10	≥15	-	13-14	≤12	≤4	-	8	≥16	FDA
	10	≥(16)	-	-	<(16)	≤(2)	-	-	>(2)	EUCAST：全身感染
	10	≥16	-	-	<16	≤2	-	-	>2	EUCAST：源自泌尿道的感染
阿米卡星 Amikacin	30	≥20	-	17-19	≤16	≤4	-	8	≥16	CLSI
	30	≥17	-	15-16	≤14	≤16	-	32	≥64	FDA
	30	≥(18)	-	-	<(18)	≤(8)	-	-	>(8)	EUCAST：全身感染
	30	≥18	-	-	<18	≤8	-	-	>8	EUCAST：源自泌尿道的感染
卡那霉素 Kanamycin	30	≥18	-	14-17	≤13	≤16	-	32	≥64	CLSI,FDA
	-	-	-	-	-	-	-	-	-	EUCAST

（续表）

抗 菌 药 物	纸片含量(μg)	纸片扩散法(mm)				MIC(μg/mL)				来源及备注
		S	SDD	I	R	S	SDD	I	R	
奈替米星 Netilmicin	30	≥15	-	13-14	≤12	≤8	-	16	≥32	CLSI
	-	-	-	-	-	-	-	-	-	EUCAST，FDA
链霉素 Streptomycin	10	≥15	-	12-14	≤11	-	-	-	-	CLSI，FDA
	-	-	-	-	-	-	-	-	-	EUCAST
阿奇霉素 （Azithromycin）	15	≥13	-	-	≤12	≤16	-	-	≥32	CLSI：仅肠沙门菌伤寒血清型
	15	≥16	-	11-15	≤10	≤8	-	16	≥32	CLSI：志贺菌属
	-	-	-	-	-	-	-	-	-	EUCAST，FDA
四环素 Tetracycline	30	≥15	-	12-14	≤11	≤4	-	8	≥16	CLSI，FDA
	-	-	-	-	-	-	-	-	-	EUCAST
多西环素 Doxycycline	30	≥14	-	11-13	≤10	≤4	-	8	≥16	CLSI，FDA
	-	-	-	-	-	-	-	-	-	EUCAST
米诺环素 Minocycline	30	≥16	-	13-15	≤12	≤4	-	8	≥16	CLSI，FDA
	-	-	-	-	-	-	-	-	-	EUCAST
环丙沙星 Ciprofloxacin	5	≥26	-	22-25	≤21	≤0.25	-	0.5	≥1	CLSI（沙门菌属除外）、FDA
	5	≥31	-	21-30	≤20	≤0.06	-	0.12-0.5	≥1	CLSI：适用于沙门菌属、FDA
	-	-	-	-	-	≤0.06	-	-	>0.06	EUCAST：沙门菌属
	5	≥25	-	-	<22	≤0.25	-	-	>0.5	EUCAST：除外脑膜炎
	-	-	-	-	-	≤0.125	-	-	>0.125	EUCAST：脑膜炎
左氧氟沙星 Levofloxacin	5	≥21	-	17-20	≤16	≤0.5	-	1	≥2	CLSI（沙门菌属除外）、FDA
	-	-	-	-	-	≤0.12	-	0.25-1	≥2	CLSI：沙门菌属
	5	≥23	-	-	<19	≤0.5	-	-	>1	EUCAST

（续表）

抗菌药物	纸片含量(µg)	纸片扩散法(mm)				MIC(µg/mL)				来源及备注
		S	SDD	I	R	S	SDD	I	R	
西诺沙星 Cinoxacin	100	≥19	-	15-18	≤14	≤16	-	32	≥64	CLSI：泌尿道标本分离株
	-	-	-	-	-	-	-	-	-	EUCAST，FDA
恩诺沙星 Enoxacin	10	≥18	-	15-17	≤14	≤2	-	4	≥8	CLSI：泌尿道标本分离株
	-	-	-	-	-	-	-	-	-	EUCAST，FDA
加替沙星 Gatifloxacin	5	≥18	-	15-17	≤14	≤2	-	4	≥8	CLSI
	-	-	-	-	-	-	-	-	-	EUCAST，FDA
吉米沙星 Gemifloxacin	5	≥20	-	16-19	≤15	≤0.25	-	0.5	≥1	CLSI：肺炎克雷伯菌
	-	-	-	-	-	-	-	-	-	EUCAST，FDA
格雷沙星 Grepafloxacin	5	≥18	-	15-17	≤14	≤1	-	2	≥4	CLSI
	-	-	-	-	-	-	-	-	-	EUCAST，FDA
洛美沙星 Lomefloxacin	10	≥22	-	19-21	≤18	≤2	-	4	≥8	CLSI
	-	-	-	-	-	-	-	-	-	EUCAST，FDA
奈诺沙星 Nemonoxacin	5	≥16	-	-	≤15	≤2	-	-	≥4	ECOFF
西他沙星 Sitafloxacin	-	-	-	-	-	≤0.03	-	-	≥0.06	ECOFF：大肠埃希菌
	-	-	-	-	-	≤0.06	-	-	≥0.125	ECOFF：肺炎克雷伯菌
	-	-	-	-	-	≤0.125	-	-	≥0.25	ECOFF：奇异变形杆菌
萘啶酸 Nalidixic acid	30	≥19	-	14-18	≤13	≤16	-	-	≥32	CLSI：泌尿道标本分离株
	-	-	-	-	-	-	-	-	-	EUCAST，FDA
诺氟沙星 Norfloxacin	10	≥17	-	13-16	≤12	≤4	-	8	≥16	CLSI：泌尿道标本分离株
	10	≥24	-	-	<24	≤0.5	-	-	>0.5	EUCAST：非复杂性尿路感染
	-	-	-	-	-	-	-	-	-	FDA

（续表）

抗菌药物	纸片含量（μg）	纸片扩散法（mm）				MIC（μg/mL）				来源及备注
		S	SDD	I	R	S	SDD	I	R	
氧氟沙星 Ofloxacin	5	≥16	-	13-15	≤12	≤2	-	4	≥8	CLSI：除外沙门菌属、FDA
	-	-	-	-	-	≤0.12	-	0.25-1	≥2	CLSI：沙门菌属、FDA
	5	≥24	-	-	<22	≤0.25	-	-	>0.5	EUCAST
	-	-	-	-	-	-	-	-	-	FDA
氟罗沙星 Fleroxacin	5	≥19	-	16-18	≤15	≤2	-	4	≥8	CLSI
	-	-	-	-	-	-	-	-	-	EUCAST，FDA
培氟沙星 Pefloxacin	5	≥24	-	-	≤23	-	-	-	-	CLSI：预测沙门菌属对环丙沙星的敏感性
	5	≥24	-	-	<24	-	-	-	-	EUCAST：仅用作筛选
	-	-	-	-	-	-	-	-	-	FDA
甲氧苄啶-磺胺甲噁唑 Trimethoprim-sulfamethoxazole	1.25/23.75	≥16	-	11-15	≤10	≤2/38	-	-	≥4/76	CLSI，FDA
	1.25/23.75	≥14	-	-	<11	≤2	-	-	>4	EUCAST
磺胺类 Sulfonamides	250 或 300	≥17	-	13-16	≤12	≤256	-	-	≥512	CLSI：泌尿道标本分离株
	-	-	-	-	-	-	-	-	-	EUCAST，FDA
甲氧苄啶 Trimethoprim	5	≥16	-	11-15	≤10	≤8	-	-	≥16	CLSI，FDA
	5	≥15	-	-	<15	≤4	-	-	>4	EUCAST
	EUCAST：非复杂性尿路感染									
氯霉素 Chloramphenicol	30	≥18	-	13-17	≤12	≤8	-	16	≥32	CLSI：泌尿道标本分离株不常规报告
	30	≥17	-	-	<17	≤16	-	-	>16	EUCAST：疗效不明确
	30	≥18	-	13-17	≤12	≤8	-	16	≥32	FDA：沙门菌属

（续表）

抗 菌 药 物	纸片含量(μg)	纸片扩散法(mm)				MIC(μg/mL)				来源及备注
		S	SDD	I	R	S	SDD	I	R	
磷霉素 Fosfomycin	200	≥16	-	13-15	≤12	≤64	-	128	≥256	CLSI(仅泌尿道标本分离株报告)、FDA
	200	≥24	-	-	<24	≤8	-	-	>8	EUCAST
EUCAST：口服,仅适用于大肠埃希菌所致非复杂性尿路感染										
呋喃妥因 Nitrofurantoin	300	≥17	-	15-16	≤14	≤32	-	64	≥128	CLSI(仅泌尿道标本分离株报告)、FDA
	100	≥11	-	-	<11	≤64	-	-	>64	EUCAST
EUCAST：仅适用于大肠埃希菌所致非复杂性尿路感染										
德拉沙星 Delafloxacin	-	-	-	-	-	-	-	-	-	CLSI，EUCAST
	5	≥22	-	19-21	≤18	≤0.25	-	0.5	≥1	FDA
FDA：大肠埃希菌、肺炎克雷伯菌和阴沟肠杆菌										
依拉环素 Eravacycline	-	-	-	-	-	-	-	-	-	CLSI
	20	≥17	-	-	<17	≤0.5	-	-	>0.5	EUCAST：大肠埃希菌
	20	≥15	-	-	-	≤0.5	-	-	-	FDA
	20	≥17	-	-	-	≤0.5	-	-	-	ECAST：大肠埃希菌
	20	≥15	-	-	-	≤1	-	-	-	ECAST：肺炎克雷伯菌
FDA：弗劳地柠檬酸杆菌、阴沟肠杆菌、大肠埃希菌、产酸克雷伯菌和肺炎克雷伯菌										
莫西沙星 Moxifloxacin	-	-	-	-	-	-	-	-	-	CLSI
	5	≥22	-	-	<22	≤0.25	-	-	>0.25	EUCAST：除外摩根摩根菌、变形杆菌属和沙雷菌属
	5	≥19	-	16-18	≤15	≤2	-	4	≥8	FDA
奥玛环素 Omadacycline	-	-	-	-	-	-	-	-	-	CLSI，EUCAST
	30	≥18	-	16-17	≤15	≤4	-	8	≥16	FDA
FDA：适用于引起急性细菌性皮肤感染和皮肤结构感染(ABSSSI)的肺炎克雷伯菌和阴沟肠杆菌;对摩根菌属、变形杆菌属和普罗威登菌属无抗菌作用										

（续表）

抗菌药物	纸片含量（μg）	纸片扩散法（mm）				MIC（μg/mL）				来源及备注
		S	SDD	I	R	S	SDD	I	R	
奥玛环素 Omadacycline	30	≥18	-	16-17	≤15	≤4	-	8	≥16	FDA
	FDA：适用于引起社区获得性细菌性肺炎（CABP）的肺炎克雷伯菌；对摩根菌属、变形杆菌属和普罗威登菌属无抗菌作用									
普拉唑米星 Plazomicin	-	-	-	-	-	-	-	-	-	EUCAST
	30	≥18	-	15-17	≤14	≤2	-	4	≥8	CLSI、FDA
替加环素 Tigecycline		-	-	-	-	-	-	-	-	CLSI
	15	≥18	-	-	<18	≤0.5	-	-	>0.5	EUCAST：大肠埃希菌和克氏柠檬酸杆菌
	15	≥19	-	15-18	≤14	≤2	-	4	≥8	FDA
	FDA：对摩根菌属、变形杆菌属和普罗威登菌属的抗菌活性略差									
黏菌素 Colistin	-	-	-	-	-	-	-	≤2	≥4	CLSI：
	-	-	-	-	-	≤（2）	-	-	>（2）	EUCAST
	-	-	-	-	-	-	-	-	-	FDA
多黏菌素 B PolymycinB		-	-	-	-	-	-	≤2	≥4	CLSI
		-	-	-	-	-	-	-	-	EUCAST，FDA
硝羟喹啉 Nitroxoline		-	-	-	-	-	-	-	-	CLSI，FDA
	30	≥15	-	-	<15	≤16	-	-	>16	EUCAST
	EUCAST：仅适用于大肠埃希菌所致非复杂性尿路感染									

说明：此抗菌药物药敏试验判断标准来源于 CLSI（M 100，34th）、EUCAST（v14.0）和 FDA（https://www.fda.gov/drugs/development-resources/antibacterial-susceptibility-test-interpretive-criteria）颁布的判断标准，若某抗菌药物无 FDA 药敏试验结果判断标准，说明该药在 FDA 的判断标准等同于 CLSI 判断标准或无 FDA 判断标准。

七、药敏试验结果阅读注意事项

1. 按纸片扩散法阅读规则，在黑色的背景下，反射光下阅读 MH 平板背面的抑菌圈直径（图 1-1）。

2. 如果抑菌圈内有明显的菌落生长，必要时检查菌株的纯度和重复测试；如果菌株纯，在测量直径时应考虑抑菌圈内的菌落生长（图 1-1）。

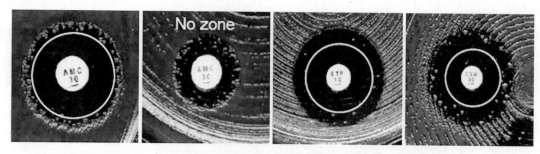

图 1-1 肠杆菌目细菌抑菌圈直径阅读示例(引自参考文献[6])

3. 如果出现双圈,必要时检查菌株的纯度和重复测试;如果抑菌圈内清晰干净,则测量内圈(图 1-2)。

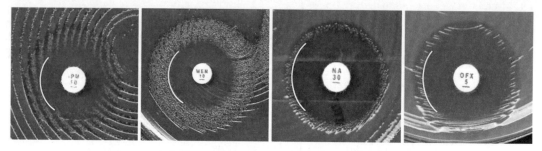

图 1-2 肠杆菌目细菌抑菌圈直径阅读示例(引自参考文献[6])

4. 对于变形杆菌属,忽略迁徙生长区域,即阅读外径为抑菌圈直径;若生长区域抑制不明显,则阅读内圈的抑菌圈直径(图 1-3)。

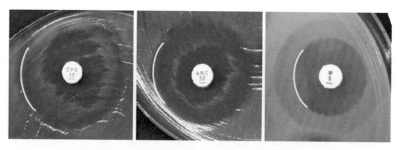

图 1-3 变形杆菌属细菌抑菌圈直径阅读示例(引自参考文献[6])

5. 如果抑菌圈边缘出现薄雾状生长,把平板置于深色背景,距离肉眼 30 cm 左右估计抑菌圈边缘位置;避免使用透射光或放大镜观察(图 1-4)。

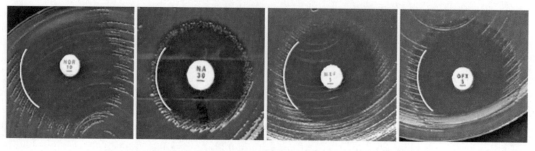

图 1-4 变形杆菌属细菌抑菌圈直径阅读示例(引自参考文献[6])

6. 关于磷霉素对大肠埃希菌抑菌圈的直径阅读，忽略抑菌圈内的生长菌落，读取外圈边缘为抑菌圈直径（图 1-5）。

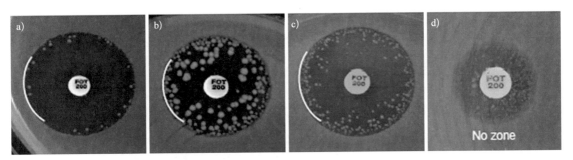

a)～c) 忽略抑菌圈内的生长菌落，阅读外圈的抑菌圈直径；d) 无抑菌圈

图 1-5　磷霉素对大肠埃希菌抑菌圈直径阅读示例（引自参考文献[3]）

7. 如果忽略抑菌圈中的微弱生长，可读取外圈的抑菌圈直径（图 1-6）。

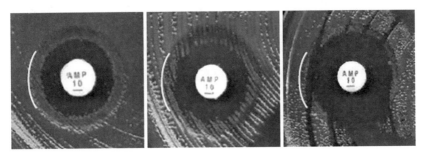

图 1-6　氨苄西林和氨苄西林-克拉维酸对肠杆菌目细菌抑菌圈直径阅读示例（引自参考文献[6]）

8. 如果忽略抑菌圈内的生长菌落，读取外圈边缘为抑菌圈直径（图 1-7、图 1-8）。

图 1-7　替莫西林对肠杆菌目细菌的抑菌圈直径阅读示例（引自参考文献[6]）

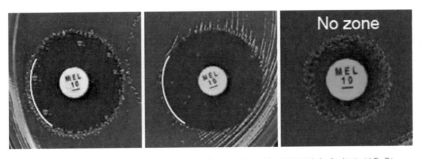

图 1-8　美西林对肠杆菌目细菌抑菌圈直径阅读示例（引自参考文献[6]）

9. 如果忽略抑菌圈边缘微弱的生长,读取外圈边缘(蓝线)为抑菌圈直径(22 mm),而非红线所示抑菌圈直径(20 mm);对于肠杆菌目细菌,抑菌圈内散在菌落视为生长,阅读红线指示为MIC 终点或为抑菌圈直径(图 1-9)。

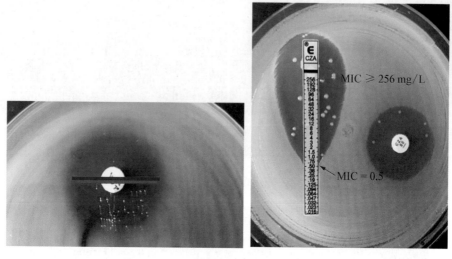

图 1-9　头孢他啶-阿维巴坦对肠杆菌目细菌抑菌圈直径阅读示例(引自参考文献[7])

10. MIC 为抑制细菌生长的最低药物浓度(图 1-10a,A 行第 5 孔,红圈所示),但头孢地尔MIC 测定时可能存在拖尾现象;如出现拖尾现象,应读取拖尾现象开始的第 1 孔作为该药的 MIC(图 1-10b,A 行第 4 孔,红圈所示);如出现底部直径≤1 mm 的纽扣样生长,应忽略(图 1-10c,A 行第 6 孔,红圈所示);应忽略薄雾状或微浑浊的生长(图 1-10d,A 行第 7 孔;图 1-10e,A 行第 8 孔,红圈所示)。

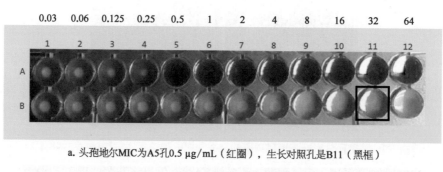

a. 头孢地尔MIC为A5孔0.5 µg/mL（红圈），生长对照孔是B11（黑框）

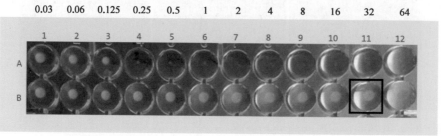

b. 头孢地尔MIC为A4孔0.25 µg/mL（红圈），生长对照孔是B11 (黑框)

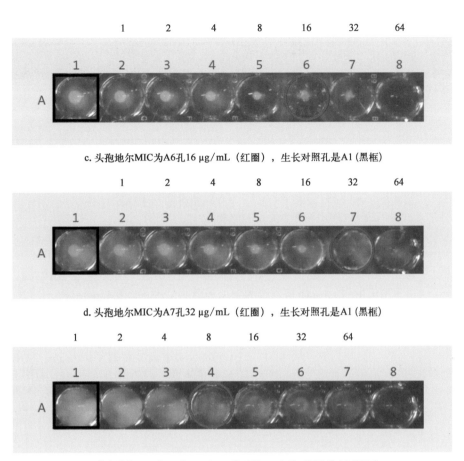

c. 头孢地尔MIC为A6孔16 μg/mL（红圈），生长对照孔是A1(黑框)

d. 头孢地尔MIC为A7孔32 μg/mL（红圈），生长对照孔是A1(黑框)

e. 头孢地尔MIC为A4孔4 μg/mL（红圈），生长对照孔是A1(黑框)

图 1‑10　头孢地尔 MIC 法结果阅读(引自参考文献[2])

八、肠杆菌目细菌感染治疗方案推荐

肠杆菌目细菌主要包括大肠埃希菌、克雷伯菌属、摩根摩根菌、弗劳地柠檬酸杆菌、阴沟肠杆菌复合体、变形杆菌属、黏质沙雷菌、沙门菌属、志贺菌属和普罗威登菌属细菌等。

1. 大肠埃希菌

分　　类	首选方案及疗程	备选方案及疗程	来源及备注
非单纯性膀胱炎或尿道炎,无药敏试验结果,该地区产超广谱 β‑内酰胺酶（ESBL）＜10%	（1）头孢曲松 2 g iv q24h(年龄＜60岁)、1 g iv q24h(年龄≥65)； （2）环丙沙星 400 mg iv q12h 或左氧氟沙星 750 mg iv q24h； （3）哌拉西林-他唑巴坦 4.5 g 维持30 min,4 h 后续以 3.375 g q8h 维持4 h		Sanford Guide（2022 年 11 月9 日更新）

(续表)

分 类	首选方案及疗程	备选方案及疗程	来源及备注
无药敏试验结果,该地区产ESBL＞10%	美罗培南 1～2 g iv q8h 或厄他培南 1 g iv q24h		
非产 ESBL	(1) 头孢曲松 2 g iv q24h(年龄＜60)、1 g iv q24h(年龄≥65); (2) 环丙沙星 400 mg iv q12h 或左氧氟沙星 750 mg iv q24h; (3) 根据药敏可选用氨苄西林 1～2 g iv q4～6 h	(1) 头孢唑林 2 g iv q8h; (2) TMP－SMX 10 mg/(kg·d)iv/po 分为 2～3 次给药; (3) 阿莫西林－克拉维酸 1.2～2.4 g iv q8h; (4) 氨苄西林－舒巴坦 3 g iv q6h; (5) 庆大霉素或妥布霉素 5～7 mg/kg q24h(根据肾功能调整)	
产 ESBL	美罗培南 1～2 g iv q8h 或亚胺培南-西司他丁 500 mg iv q6h 或厄他培南 1 g iv q24h	(1) 头孢洛生-他唑巴坦 1.5 g iv q8h; (2) 头孢他啶-阿维巴坦 2.5 g iv q8h 维持 2 h; (3) 替莫西林 2 g iv q12h; (4) 庆大霉素或妥布霉 5～7 mg/kg q24h(若敏感); (5) Plazomicin 15 mg/kg qd,疗程 4～7 d(FDA 仅批准用于复杂性尿路感染); (6) 肾盂肾炎:磷霉素 6 g iv q8h	(1) 体外对哌拉西林-他唑巴坦敏感可能导致临床治疗失败,不推荐用于血流感染和重症感染; (2) 重症感染科考虑高剂量美罗培南 iv q8h 维持 3 h
碳青霉烯类耐药,产 KPC	(1) 头孢他啶-阿维巴坦 2.5 g iv q8h 维持 2 h; (2) 美罗培南-韦博巴坦 4 g iv q8h 维持 3 h; (3) 亚胺培南-西司他丁-瑞来巴坦 1.25 g iv q6h 维持 30 min(CrCl＞90 mL/min)		
碳青霉烯类耐药(产金属酶)	(1) 头孢他啶-阿维巴坦 2.5 g iv q8h 维持 3 h+氨曲南 2 g iv q8h 维持 3 h; (2) 头孢地尔 2 g iv q8h 维持 3 h	(1) Plazomicin 15 mg/kg qd,疗程 4～7 d(FDA 仅批准用于复杂性尿路感染); (2) 美罗培南-韦博巴坦 4 g iv q8h 维持 3 h+氨曲南 2 g iv q8h 维持 3 h	体外药敏结果美罗培南-韦博巴坦+氨曲南可能有效,临床疗效未验证
单纯性膀胱炎或尿道炎(女性)	(1) TMP－SMX－DS 1 tab bid,疗程 3 d(如果当地 TMP/SMX 耐药率＜20%); (2) 呋喃妥因 100 mg po bid,疗程 5 d	(1) 磷霉素 3 g 使用 1 剂; (2) 环丙沙星 250 mg bid 或 500 mg qd,疗程 3 d; (3) 左氧氟沙星 250 mg q24h,疗程 3 d; (4) 阿莫西林－克拉维酸 875/125 mg bid,疗程 5～7 d; (5) 头孢氨苄 500 mg bid,疗程 5～7 d; (6) 头孢地尼 300 mg bid,疗程 3～7 d; (7) 匹美西林 400 mg bid,疗程 3～7 d	

（续表）

分　类	首选方案及疗程	备选方案及疗程	来源及备注
单纯性膀胱炎或尿道炎（男性）	（1）TMP－SMX 1 片 bid,疗程 7 d（若当地 TMP/SMX 耐药率＜20%）； （2）环丙沙星 500 mg po bid 或 1 000 mg po qd,疗程 5～7 d； （3）左氧氟沙星 750 mg po qd,疗程 5～7 d； （4）呋喃妥因 100 mg po bid,疗程 7 d	（1）阿莫西林-克拉维酸 875/125 mg bid,疗程 7 d； （2）头孢氨苄 500 mg qid,疗程 7 d； （3）头孢地尼 300 mg qid,疗程 7 d； （4）匹美西林 400 mg bid,疗程 3～7 d	

2. 克雷伯菌属（肺炎克雷伯菌、产酸克雷伯菌、变异克雷伯菌、产气克雷伯菌）

感染部位：非单纯性膀胱炎或尿道炎。

分　类	首选方案及疗程	备选方案及疗程	来源及备注
无药敏试验结果,该地区产 ESBL＜10%	（1）头孢曲松 2 g iv q24h（年龄＜60 岁）、1 g iv q24h（年龄≥65）； （2）哌拉西林-他唑巴坦 4.5 g 维持 30 min,4 h 后续以 3.375 g q8h 维持 4 h（产气克雷伯菌除外）； （3）环丙沙星 400 mg iv q12h 或左氧氟沙星 750 mg iv q24h		Sanford Guide（2023 年 11 月 30 日更新）
无药敏试验结果,该地区产 ESBL＞10%	美罗培南 1～2 g iv q8h 或厄他培南 1 g iv q24h		
非产 ESBL	（1）头孢曲松 2 g iv q24h（年龄＜60 岁）、1 g iv q24h（年龄≥65）（产气克雷伯菌除外）； （2）哌拉西林-他唑巴坦 4.5 g 维持 30 min,4 h 后续以 3.375 g q8h 维持 4 h（产气克雷伯菌除外） （3）环丙沙星 400 mg iv q12h 或左氧氟沙星 750 mg iv q24h； （4）产气克雷伯推荐选用头孢吡肟 1～2 g iv q8h/q12h	（1）头孢唑林 2 g iv q8h； （2）TMP－SMX 10 mg/(kg・d)iv/po,分为 2～3 次给药； （3）阿莫西林-克拉维酸 1.2～2.4 g iv q8h； （4）庆大霉素或妥布霉 5～7 mg/kg q24h（根据肾功能调整）	
产 ESBL	美罗培南 1～2 g iv q8h 或亚胺培南-西司他丁 500 mg iv q6h 或厄他培南 1 g iv q24h	（1）头孢洛生-他唑巴坦 1.5 g iv q8h 维持 3 h； （2）头孢他啶-阿维巴坦 2.5 g iv q8h 维持 3 h	（1）即使体外药敏对哌拉西林-他唑巴坦敏感可能导致临床治疗失败； （2）重症感染可考虑美罗培南 2 g iv q8h 维持 3 h

（续表）

分　类	首选方案及疗程	备选方案及疗程	来源及备注
碳青霉烯类耐药（KPC）	（1）头孢他啶-阿维巴坦 2.5 g iv q8h 维持 2 h； （2）美罗培南-韦博巴坦 4 g iv q8h 维持 3 h； （3）亚胺培南-西司他丁-瑞来巴坦 1.25 g iv q6h 维持 30 min（CrCl＞90 mL/min）		
碳青霉烯类耐药（产金属酶）	（1）头孢他啶-阿维巴坦 2.5 g iv q8h 维持 3 h+氨曲南 2 g iv q8h 维持 3 h； （2）头孢地尔 2 g iv q8h 维持 3 h	Plazomicin 15 mg/kg qd，疗程 4～7 d（FDA 仅批准用于复杂性尿路感染）	根据体外药敏结果美罗培南-韦博巴坦+氨曲南可能有效
全耐药	头孢地尔 2 g iv q8h 维持 3 h		
单纯性膀胱炎或尿道炎（女性）	同大肠埃希菌	同大肠埃希菌	
单纯性膀胱炎或尿道炎（男性）	同大肠埃希菌	同大肠埃希菌：磷霉素 3 g qod po，共服用 1～3 剂	

3. 摩根摩根菌

感染部位：常见于尿路感染和术后伤口感染。

菌　名	首选方案及疗程	备选方案及疗程	来源及备注
无药敏试验结果，该地区产 ESBL ＜ 10%～15%	（1）哌拉西林-他唑巴坦 4.5 g 维持 30 min，4 h 后续以 3.375 g q8h 维持 4 h，若 BMI＞30，则维持剂量增加至 4.5 g q8h 维持 4 h； （2）头孢曲松 1～2 g iv q12h； （3）氨曲南 2 g iv q8h； （4）环丙沙星 400 mg iv q12h 或左氧氟沙星 750 mg iv q24h； （5）头孢吡肟 1～2 g iv q12h/q8h 危及生命时选用美罗培南 1～2 g iv q8h	β-内酰胺类过敏： （1）氨曲南 1 g iv q8h 至 2 g iv q6h； （2）环丙沙星 400 mg iv q12h 或 750 mg po bid； （3）左氧氟沙星 750 mg iv/po qd	Sanford Guide（2023 年 8 月 23 日更新）
无药敏试验结果，该地区产 ESBL＞15%	美罗培南 1～2 g iv q8h 或厄他培南 1 g iv q24h		

（续表）

菌　　名	首选方案及疗程	备选方案及疗程	来源及备注
非产 ESBL 或 AmpC	（1）环丙沙星 400 mg iv q12h 或左氧氟沙星 750 mg iv q24h； （2）TMP－SMX 10 mg/(kg·d)分 2～3 次给药； （3）头孢曲松 1～2 g iv q24h； （4）头孢吡肟 1～2 g iv q8h/q12h		
产 ESBL 和/或 AmpC	（1）美罗培南 1～2 g iv q8h 或厄他培南 1 g iv q24h； （2）若敏感： 1）环丙沙星 400 mg iv q12h 或左氧氟沙星 750 mg iv q24h； 2）TMP－SMX 10 mg/(kg·d)分 2～3 次给药	（1）头孢洛生-他唑巴坦 1.5 g iv q8h 维持 3 h； （2）替莫西林 2 g iv q12h	
碳青霉烯类耐药（产 KPC）	（1）头孢他啶-阿维巴坦 2.5 g iv q8h； （2）美罗培南-韦博巴坦 4 g iv q8h 维持 3 h		
全耐药（产金属酶）	（1）头孢他啶-阿维巴坦 2.5 g iv q8h 维持 3 h+ 氨曲南 2 g iv q8h 维持 3 h； （2）头孢地尔 2 g iv q8h 维持 3 h		

4. 弗劳地柠檬酸杆菌

感染部位：尿路、腹部、皮肤和软组织、肺部、中枢神经系统和其他部位的感染，既可感染正常宿主，也可感染免疫力低下的宿主。

菌　　名	首选方案及疗程	备选方案及疗程	来源及备注
无药敏试验结果，该地区产 ESBL < 10% ～ 15%	头孢吡肟 1～2 g iv q8h/q12h		Sanford Guide（2023 年 11 月 30 日更新），不推荐哌拉西林-他唑巴坦
无药敏试验结果，该地区产 ESBL>15%	美罗培南 1～2 g iv q8h 或厄他培南 1 g iv q24h		
非产 ESBL	（1）环丙沙星 400 mg iv q12h 或左氧氟沙星 750 mg iv q24h； （2）头孢吡肟 1～2 g iv q8h/q12h； （3）口服可选头孢克肟或头孢地尼或磷霉素（尿路感染选用）		氨基糖苷类可作为静脉备选呋喃妥因和 TMP－SMX 作为口服备选

(续表)

菌　名	首选方案及疗程	备选方案及疗程	来源及备注
产 ESBL	美罗培南 1～2 g iv q8h 或厄他培南 1 g iv q24h	(1) 头孢洛生-他唑巴坦 1.5 g iv q8h 维持 3 h； (2) 替莫西林 2 g iv q12h； (3) 膀胱炎：磷霉素 3 g po 使用 1 剂； (4) 肾盂肾炎：磷霉素 6 g iv q8h； (5) 头孢吡肟 1～2 g iv q8h/q12h 维持 3 h(AmpC 适用，ESBL 不适用)	(1) 通常同时对氨基糖苷类和喹诺酮耐药。即使体外药敏对哌拉西林-他唑巴坦敏感可能导致临床治疗失败； (2) 重症感染可考虑美罗培南 2 g iv q8h 维持 3 h
碳青霉烯类耐药(产 KPC)	(1) 美罗培南-韦博巴坦 4 g iv q8h 维持 3 h； (2) 头孢他啶-阿维巴坦 2.5 g iv q8h 维持 2 h； (3) 亚胺培南-西司他丁-瑞来巴坦 1.25 g iv q6h 维持 30 min(CrCl＞90 mL/min)		
碳青霉烯类耐药(产金属酶)	(1) 头孢他啶-阿维巴坦 2.5 g iv q8h 维持 3 h+氨曲南 2 g iv q8h 维持 3 h； (2) 头孢地尔 2 g iv q8h 维持 3 h		根据体外药敏结果美罗培南-韦博巴坦+氨曲南可能有效
全耐药	磷霉素Ⅳ或头孢地尔 2 g iv q8h 维持 3 h		

5. 阴沟肠杆菌复合群

感染部位：正常宿主和免疫力低下宿主的局部和全身感染。

菌　名	首选方案及疗程	备选方案及疗程	来源及备注
无药敏试验结果，该地区产 ESBL＜10%～15%	(1) 环丙沙星 400 mg iv q12h 或左氧氟沙星 750 mg iv q24h； (2) 头孢吡肟 1～2 g iv q8h/q12h 维持 3 h		Sanford Guide (2023 年 3 月 23 日更新)
无药敏试验结果，该地区产 ESBL＞15%	美罗培南 1～2 g iv q8h 或厄他培南 1 g iv q24h		
非产 ESBL	(1) 环丙沙星 400 mg iv q12h 或左氧氟沙星 750 mg iv q24h； (2) TMP－SMX 10 mg/(kg·d)分 2～3 次给药； (3) 头孢吡肟 1～2 g iv q8h/q12h	庆大霉素或妥布霉素 7 mg/kg q24h(根据肾功能调整)	避免使用头孢吡肟以外的头孢菌素

（续表）

菌　　名	首选方案及疗程	备选方案及疗程	来源及备注
产 ESBL 或 AmpC	（1）美罗培南 1～2 g iv q8h 或厄他培南 1 g iv q24h （2）若敏感可选： 1）环丙沙星 400 mg iv q12h 或左氧氟沙星 750 mg iv q24h； 2）TMP－SMX 10 mg/（kg·d），分 2～3 次给药	（1）**非尿路感染**：头孢他啶-阿维巴坦 2.5 g iv q8h 维持 3 h 或头孢洛生-他唑巴坦 1.5 g iv q8h 维持 3 h （2）**尿路感染**： 1）替莫西林 2 g iv q12h； 2）Plazomicin 15 mg/kg iv q24h，疗程 4～7 d； 3）单纯性膀胱炎：磷霉素 3 g po 使用 1 剂； 4）复杂性尿路感染：磷霉素 6 g iv q8h	（1）通常同时对氨基糖苷类和喹诺酮耐药。即使体外药敏对哌拉西林-他唑巴坦敏感可能导致临床治疗失败； （2）重症感染可考虑美罗培南 2 g iv q8h 维持 3 h
碳青霉烯类耐药（产 KPC）	（1）美罗培南-韦博巴坦 4 g iv q8h 维持 3 h； （2）头孢他啶-阿维巴坦 2.5 g iv q8h 维持 2 h； （3）亚胺培南-西司他丁-瑞来巴坦 1.25 g iv q6h 维持 30 min（CrCl＞90 mL/min）		
碳青霉烯类耐药（产金属酶）	（1）头孢他啶-阿维巴坦 2.5 g iv q8h 维持 3 h+ 氨曲南 2 g iv q8h 维持 3 h； （2）头孢地尔 2 g iv q8h 维持 3 h		根据体外药敏结果美罗培南-韦博巴坦+氨曲南可能有效
全耐药	无已知有效方案		

6. 变形杆菌属（奇异变形杆菌、潘氏变形杆菌、普通变形杆菌）

感染部位：常见于尿路感染尤其是导管相关尿路感染，也可导致其他部位感染。

菌　　名	首选方案及疗程	备选方案及疗程	来源及备注
无药敏试验结果，该地区产 ESBL＜15%	（1）哌拉西林-他唑巴坦 4.5 g 维持 30 min，4 h 后续以 3.375 g q8h 维持 4 h，若 BMI＞30，则维持剂量增加至 4.5 g q8h 维持 4 h； （2）环丙沙星 400 mg iv q12h 或左氧氟沙星 750 mg iv q24h； （3）头孢唑林 1 g iv q12h 或头孢曲松 1～2 g iv q12h	**非产 ESBL 或 AmpC：** （1）头孢克肟、头孢泊污、头孢地尼口服； （2）磷霉素 3 g po 使用 1 剂（仅用于尿路感染）； （3）严重的 β-内酰胺类过敏：氨曲南	Sanford Guide（2023 年 8 月 23 日更新）
无药敏试验结果，该地区产 ESBL＞15%	美罗培南 1～2 g iv q8h 或头孢吡肟 2 gm iv q8h 维持 2 h		

(续表)

菌　　名	首选方案及疗程	备选方案及疗程	来源及备注
产 ESBL 和/或 AmpC	美罗培南 1～2 g iv q8h 或厄他培南 1 g iv q24h	(1)氨基糖苷类或氟喹诺酮类; (2)头孢他啶-阿维巴坦 2.5 g iv q8h 维持 3 h 或头孢洛生-他唑巴坦 1.5 g iv q8h 维持 3 h; (3)替莫西林 2 g iv q12h; (4)单纯性膀胱炎:磷霉素 3 g po 使用 1 剂; (5)复杂性尿路感染:磷霉素 6 g iv q8h	避免使用哌拉西林-他唑巴坦
碳青霉烯类耐药(产 KPC)	(1)美罗培南-韦博巴坦 4 g iv q8h 维持 3 h; (2)头孢他啶-阿维巴坦 2.5 g iv q8h 维持 2 h		
碳青霉烯类耐药(产金属酶)	(1)头孢他啶-阿维巴坦 2.5 g iv q8h 维持 3 h+ 氨曲南 2 g iv q8h 维持 3 h; (2)头孢地尔 2 g iv q8h 维持 3 h	Plazomicin 15 mg/kg iv q24h	根据体外药敏结果,美罗培南-韦博巴坦+氨曲南可能有效

7. 黏质沙雷菌

感染部位:在正常宿主和免疫力低下的宿主中都会造成局部和全身感染。

分　　类	首选方案及疗程	备选方案及疗程	来源及备注
无药敏试验结果,该地区产 ESBL < 10% ～ 15%	(1)哌拉西林-他唑巴坦 4.5 g 维持 30 min,4 h 后续以 3.375 g q8h 维持 4 h,若 BMI>30,则维持剂量增加至 4.5 g q8h 维持 4 h; (2)头孢曲松 1～2 g iv q12h; (3)氨曲南 2 g iv q8h(青霉素过敏时); (4)环丙沙星 400 mg iv q12h 或左氧氟沙星 750 mg iv q24h; (5)头孢吡肟 1～2 g iv q12h/q8h		Sanford Guide (2023 年 8 月 23 日更新)
无药敏试验结果,该地区产 ESBL>15%	美罗培南 1～2 g iv q8h 或厄他培南 1 g iv q24h		
非产 ESBL 或 AmpC	(1)哌拉西林-他唑巴坦,用法同上; (2)环丙沙星 400 mg iv q12h 或左氧氟沙星 750 mg iv q24h; (3)TMP－SMX 10 mg/(kg·d)分 2～3 次给药; (4)头孢曲松 1～2 g iv q24h; (5)头孢吡肟 1～2 g iv q8h/q12h	β-内酰胺类过敏: (1)氨曲南 1 g iv q8h 至 2 g iv q6h; (2)环丙沙星 400 mg iv q12h 或 750 mg po bid; (3)左氧氟沙星 750 mg iv/po qd; (4)庆大霉素或妥布霉 7 mg/kg 负荷剂量,续以 5.1 mg/kg q24h	

（续表）

分　类	首选方案及疗程	备选方案及疗程	来源及备注
产 ESBL 和/或 AmpC	（1）美罗培南 1～2 g iv q8h 或厄他培南 1 g iv q24h （2）若敏感： 1）环丙沙星 400 mg iv q12h 或左氧氟沙星 750 mg iv q24h； 2）TMP － SMX 10 mg/(kg · d)，分 2～3 次给药	（1）头孢洛生-他唑巴坦 1.5 g iv q8h 维持 3 h； （2）替莫西林 2 g iv q12h； （3）头孢吡肟 2 g iv q8h（适用于轻中度感染、MIC≤2 μg/mL 且感染源明确且受控）	头孢他啶－阿维巴坦 2.5 g iv q8h 维持 2 h 或头孢洛生－他唑巴坦 1.5 g iv q8h 体外有效，缺乏临床数据
碳青霉烯类耐药（产 KPC）	（1）头孢他啶-阿维巴坦 2.5 g iv q8h 维持 3 h； （2）美罗培南-韦博巴坦 4 g iv q8h 维持 3 h； （3）非复杂性尿路感染：磷霉素 3 g 使用 1 剂		
全耐药（产金属酶）	（1）头孢他啶-阿维巴坦 2.5 g iv q8h 维持 3 h+ 氨曲南 2 g iv q8h 维持 3 h； （2）头孢地尔 2 g iv q8h 维持 3 h（复杂性尿路感染）	Plazomicin 15 mg/kg iv qd（复杂性尿路感染）	根据体外药敏结果，美罗培南－韦博巴坦+氨曲南可能有效。多黏菌素天然耐药

8. 普罗威登菌属

感染部位：常见于医院获得性感染。

菌　名	首选方案及疗程	备选方案及疗程	来源及备注
无药敏试验结果，该地区产 ESBL ＜ 10% ～ 15%	（1）哌拉西林-他唑巴坦 4.5 g 维持 30 min，4 h 后续以 3.375 g q8h 维持 4 h，若 BMI＞30，则维持剂量增加至 4.5 g q8h 维持 4 h； （2）头孢曲松 1～2 g iv q12h； （3）环丙沙星 400 mg iv q12h 或 750 mg po bid； （4）头孢吡肟 1～2 g iv q12h/q8h		Sanford Guide （2023 年 8 月 23 日更新） 可能的挽救方案： （1）头孢他啶-阿维巴坦+氨曲南； （2）磷霉素Ⅳ； （3）普拉佐米星（Plazomicin）15 mg/kg iv q24h（复杂性尿路感染）
无药敏试验结果，该地区产 ESBL＞15%	美罗培南 1～2 g iv q8h		重症感染时美罗培南 2 g iv q8h 维持 3 h
非产 ESBL	（1）哌拉西林-他唑巴坦 4.5 g 维持 30 min，4 h 后续以 3.375 g q8h 维持 4 h，若 BMI＞30，则维持剂量增加至 4.5 g q8h 维持 4 h； （2）头孢曲松 1～2 g iv q12h；	β-内酰胺类过敏： （1）氨曲南 2 g iv q6～8h； （2）环丙沙星 400 mg iv q12h 或 750 mg po bid；	

(续表)

菌　　名	首选方案及疗程	备选方案及疗程	来源及备注
非产 ESBL	(3) 环丙沙星 400 mg iv q12h 或 750 mg po bid； (4) 头孢吡肟 1～2 g iv q12h/q8h； (5) 氨曲南 2 g iv q8h(青霉素过敏时)	(3) 左氧氟沙星 750 mg iv/po qd	
产 ESBL	(1) 美罗培南 1～2 g iv q8h 或厄他培南 1 g iv q24h； (2) 若敏感：环丙沙星 400 mg iv q12h 或 750 mg po bid 左氧氟沙星 750 mg iv q24h	(1) 头孢洛扎/他唑巴坦 1.5 g iv q8h 维持 3 h； (2) 替莫西林 2 g iv q12h	
碳青霉烯类耐药(产 KPC)	(1) 头孢他啶-阿维巴坦 2.5 g iv q8h 维持 3 h； (2) 美罗培南-韦博巴坦 4 g iv q8h 维持 3 h		

9. 沙门菌属和志贺菌属

菌　名	感染部位	首选方案及疗程	备选方案及疗程	来源及备注
沙门菌属	食源性(或水源性)疾病。免疫力正常的轻中度肠胃炎患者不建议治疗。适用于重症患者、免疫力低下的患者、有并发症或侵入性疾病风险的其他人(幼儿、老人)	(1) 环丙沙星 400 mg iv or 500 mg po bid 或左氧氟沙星 750 mg iv/po qd，疗程 7～14 d； (2) 头孢曲松 2 g iv qd，疗程 7～14 d； (3) 严重感染或考虑 XDR 菌株：美罗培南 1～2 g iv q8h	(1) 阿奇霉素负荷剂量 1 g iv/po，续以 500 mg iv/po qd，疗程 5～7 d； (2) 氯霉素 2～3 g iv/po 分 4 次给药，疗程 14 d； (3) 头孢克肟 20～30 mg/(kg·d)po 分两次给药，疗程 7～14 d； (4) TMP－SMX 8～10 mg/kg iv/po，分 2～3 次给药； (5) 严重感染：以上药物联用地塞米松	Sanford Guide (2023 年 8 月 23 日更新)
志贺菌属	常为自限性腹泻	(1) 经验性治疗： 1) 环丙沙星 500 mg po bid 或 750 mg po qd，疗程 3 d； 2) 左氧氟沙星 500 mg po qd，疗程 3 d； 3) 亚洲或高耐药地区：头孢曲松 1～2 g iv qd，疗程 5 d (2) 针对性治疗： 1) 根据药敏选择环丙沙星、左氧氟沙星、头孢曲松； 2) 阿奇霉素 500 mg qd po，疗程 3 d； 3) TMP－SMX－DS 1 片 po bid，疗程 5 d		Sanford Guide (2022 年 9 月 20 日更新)

参 考 文 献

［1］ CHINET 数据云.CHINET 2023 年全年细菌耐药监测结果［EB/OL］.（2024－03－08）［2024－03－08］.http：//www.chinets.com/Document/Index#.

［2］ Clinical and Laboratory Standards Institute. Performance standards for antimicrobial susceptibility testing［S］. In：Clinical and Laboratory Standards Institute. M100，34th Edition. Wayne，PA：CLSI，2024.

［3］ The European Committee on Antimicrobial Susceptibility Testing. Breakpoint tables for interpretation of MICs and zone diameters. Version 14.0［EB/OL］.（2024－03－08）［2024－03－10］. http：//www.eucast.org.

［4］ U. S. Food & Drug Administration. Antibacterial susceptibility test interpretive criteria［EB/OL］.（2024－03－08）［2023－03－08］. https：//www.fda.gov/drugs/development-resources/antibacterial-susceptibility-test-interpretive-criteria.

［5］ Kadri SS，Adjemian J，Lai YL，et al. National Institutes of Health Antimicrobial Resistance Outcomes Research Initiative（NIH－ARORI）：Difficult-to-treat resistance in gram-negative bacteremia at 173 US hospitals：retrospective cohort analysis of prevalence，predictors，and outcome of resistance to all first-line agents［J］. Clin Infect Dis，2018；67（12）：1803－1814.

［6］ EUCAST. Reading guide：EUCAST disk diffusion method for antimicrobial susceptibility testing；Version 8. 0［M］. EUCAST，Sweden：Växjö，2021.

［7］ Han R，Yang X，Yang Y，et al. Assessment of ceftazidime-avibactam 30/20 μg disk，etest versus broth microdilution results when tested against enterobacterales clinical isolates［J］. Microbiol Spectr，2022，10（1）：e0109221.

［8］ Simner PJ，Patel R. Cefiderocol antimicrobial susceptibility testing considerations：the achilles' heel of the trojan horse？［J］. J Clin Microbiol，2020，59（1）：e00951－20.

［9］ Barry AL，Jones RN. Criteria for disk susceptibility tests and quality control guidelines for the cefoperazone-sulbactam combination［J］. J Clin Microbiol，1988，26（1）：13－17.

［10］ EUCAST. Guidance document on broth microdilution testing of cefiderocol［EB/OL］.（2020－12－01）［2024－03－08］. https：//www. eucast. org/fileadmin/src/media/PDFs/EUCAST _ files/Guidance _ documents/Cefiderocol _ MIC _ testing_EUCAST_guidance_document_201217.pdf.

［11］ Tamma PD，Aitken SL，Bonomo RA，et al. Infectious Diseases Society of America 2022 guidance on the treatment of extended-spectrum *β*-lactamase producing enterobacterales（ESBL－E），carbapenem-resistant enterobacterales（CRE），and pseudomonas aeruginosa with difficult-to-treat resistance（DTR-P. aeruginosa）［J］. Clin Infect Dis，2022，75（2）：187－212.

第二章

铜绿假单胞菌

（*Pseudomonas aeruginosa*）

　　铜绿假单胞菌是一种条件致病菌，是医院感染的主要病原菌之一。CHINET 中国细菌耐药监测网历年监测数据显示：铜绿假单胞菌在革兰阴性菌中检出率大多排在第三位到第五位，并且其分离率近年来有逐年下降趋势，对各抗菌药物的耐药率也呈现下降趋势。2023 年 CHINET 中国细菌耐药监测网数据显示，该菌对所测试的抗菌药的耐药率均低于 29.1%，对碳青霉烯类抗菌药物亚胺培南和美罗培南的耐药率分别为 21.9% 和 17.4%，对黏菌素和多黏菌素 B 的耐药率分别为 2.3% 和 1.2%。2022 年 CHINET 监测网主动监测研究结果显示，铜绿假单胞菌中难治型耐药菌株（difficult to treat resistance，DTR）的检出率为 5.8%。

一、药敏试验报告注意点

　　1. 亚胺培南和美罗培南药敏结果不一致：铜绿假单胞菌对亚胺培南和美罗培南的耐药机制有所不同，可以出现不一样的药敏试验结果，但需复核确认后报告；两者的药敏试验结果不能相互推导。无论是亚胺培南耐药还是美罗培南耐药均是碳青霉烯类耐药铜绿假单胞菌（carbapenem-resistant *pseudomonas aeruginosa*，CRPA），药敏报告上需加以说明及标识其为 CRPA 菌株。

　　2. 少见的"矛盾"耐药表型：根据细菌对抗菌药物的耐药机制，一般地说，下述耐药现象：① 阿米卡星耐药而庆大霉素敏感；② 头孢他啶-阿维巴坦耐药而哌拉西林-他唑巴坦或头孢哌酮-舒巴坦敏感；③ 左氧氟沙星敏感而环丙沙星耐药等，均需要进行菌种鉴定复核和药敏结果复核。

　　3. 黏菌素和多黏菌素 B：对于黏菌素，肉汤微量稀释法、CBDE（黏菌素肉汤纸片洗脱）和 CAT（黏菌素琼脂试验）均可接受；对于多黏菌素 B，肉汤微量稀释法是唯一批准方法。不应采用纸片扩散法和梯度稀释法。

　　4. 分离自囊性纤维化患者呼吸道标本的铜绿假单胞菌可以使用纸片扩散法和稀释法测定

药敏结果，孵育时间需延长至 24 h。

二、天 然 耐 药

铜绿假单胞菌对氨苄西林、阿莫西林、氨苄西林-舒巴坦、阿莫西林-克拉维酸、头孢噻肟、头孢曲松、厄他培南、四环素类（包括替加环素）、甲氧苄啶、甲氧苄啶-磺胺甲噁唑和氯霉素天然耐药。

三、可 预 报 药 物

对 β-内酰胺类单药敏感的菌株可推导对 β-内酰胺类/β-内酰胺酶抑制剂复方制剂敏感。然而，对 β-内酰胺类/β-内酰胺酶抑制剂复方制剂敏感的菌株无法推导对 β-内酰胺类单药敏感。同样，对 β-内酰胺类单药检测为中介或耐药的菌株可能对 β-内酰胺类/β-内酰胺酶抑制剂复方制剂敏感。

四、流 行 病 学 界 值

某些抗菌药物仅开展了流行病学折点制订研究，建立了流行病学界值（epidemiological cutoff value，ECOFF 或 ECV）。ECOFF 将细菌区分为野生型和非野生型菌株两大类。野生型菌株是指对该抗菌药物不存在任何耐药机制的群体，类似于临床折点中的"敏感"解释分类，而非野生型菌株是指对该抗菌药物可能存在耐药机制的群体。

五、铜绿假单胞菌药敏试验执行标准

纸片扩散法				MIC 法			
培养基	接种菌量	孵育条件	孵育时间	培养基	接种菌量	孵育条件	孵育时间
MHA	0.5 麦氏浊度	CLSI：35℃±2℃、空气；EUCAST：35℃±1℃，空气	CLSI：16~18 h；EUCAST：18 h±2 h	CLSI：CAMHB（肉汤稀释法）（头孢地尔用去铁离子肉汤）、MHA（琼脂稀释法）；EUCAST：MH 肉汤（头孢地尔用去铁离子肉汤）	肉汤稀释法：5×10^5 CFU/mL；琼脂稀释法：10^4 CFU/点	CLSI：35℃±2℃、空气；EUCAST：35℃±1℃，空气	CLSI：16~20 h；EUCAST：18 h±2 h

质控菌株

1. CLSI：铜绿假单胞菌 ATCC 27853。
2. EUCAST：铜绿假单胞菌 ATCC 27853。

六、铜绿假单胞菌抗菌药物判断标准

抗 菌 药 物	纸片含量(μg)	纸片扩散法(mm)				MIC(μg/mL)				来源及备注
		S	SDD	I	R	S	SDD	I	R	
哌拉西林 Piperacillin	100	≥22	-	18-21	≤17	≤16	-	32	≥64	CLSI
	30	≥50	-	-	<18	≤0.001	-	-	>16	EUCAST
	-	-	-	-	-	-	-	-	-	FDA
哌拉西林- 他唑巴坦 Piperacillin- tazobactam	100/10	≥22	-	18-21	≤17	≤16/4	-	32/4	≥64/4	CLSI
	100/10	≥23	19-22	-	≤18	≤8/4	16/4	-	≥32/4	FDA
	30/6	≥50	-	-	<18	≤0.001	-	-	>16	EUCAST
头孢哌酮- 舒巴坦 Cefoperazone- sulbactam	75/30	≥21	-	16-20	≤15	≤16/8	-	32/16	≥64/32	JCM,1988,26(1):13
头孢他啶- 阿维巴坦 Ceftazidime- avibactam	30/20	≥21	-	-	≤20	≤8/4	-	-	≥16/4	CLSI,FDA
	10/4	≥17	-	-	<17	≤8	-	-	>8	EUCAST
头孢洛生- 他唑巴坦 Ceftolozane- tazobactam	30/10	≥21	-	17-20	≤16	≤4/4	-	8/4	16/4	CLSI,FDA
	30/10	≥23	-	-	<23	≤4	-	-	>4	EUCAST
替卡西林- 克拉维酸 Ticarcillin- clavulanate	75/10	≥24	-	16-23	≤15	≤16/2	-	32/2-64/2	≥128/2	CLSI,FDA
	75/10	≥50	-	-	<18	≤0.001	-	-	>16	EUCAST
头孢他啶 Ceftazidime	30	≥18	-	15-17	≤14	≤8	-	16	≥32	CLSI
	10	≥50	-	-	<17	≤0.001	-	-	>8	EUCAST
	30	≥18	-	-	≤17	≤8	-	-	≥16	FDA
FDA:敏感性解释标准基于肾功能正常患者(2 g q8h)										
头孢吡肟 Cefepime	30	≥18	-	15-17	≤14	≤8	-	16	≥32	CLSI
	30	≥50	-	-	<21	≤0.001	-	-	>8	EUCAST
	30	≥18	-	-	≤17	≤8	-	-	≥16	FDA
FDA:敏感性解释标准基于肾功能正常患者(2 g q8h)										

（续表）

抗菌药物	纸片含量(μg)	纸片扩散法(mm)				MIC(μg/mL)				来源及备注
		S	SDD	I	R	S	SDD	I	R	
头孢地尔 Cefiderocol	30	≥18	-	13-17	≤12	≤4	-	8	≥16	CLSI
	30	≥22	-	-	<22	≤2	-	-	>2	EUCAST
	30	≥22	-	13-21	≤12	≤1	-	2	≥4	FDA
氨曲南 Aztreonam	30	≥22	-	16-21	≤15	≤8	-	16	≥32	CLSI，FDA
	30	≥50	-	-	<18	≤0.001	-	-	>16	EUCAST
多立培南 Doripenem	10	≥19	-	16-18	≤15	≤2	-	4	≥8	CLSI，FDA
	10	≥50	-	-	<22	≤0.001	-	-	>2	EUCAST
亚胺培南 Imipenem	10	≥19	-	16-18	≤15	≤2	-	4	≥8	CLSI，FDA
	10	≥50	-	-	<20	≤0.001	-	-	>4	EUCAST
亚胺培南-瑞来巴坦 Imipenem-relebactam	10/25	≥23	-	20-22	≤19	≤2/4	-	4/4	≥8/4	CLSI，FDA
	10/25	≥22	-	-	<22	≤2	-	-	>2	EUCAST
美罗培南 Meropenem	10	≥19	-	16-18	≤15	≤2	-	4	≥8	CLSI，FDA
	10	≥20	-	-	<14	≤2	-	-	>8	EUCAST-1
	EUCAST-1：除外铜绿假单胞菌所致的脑膜炎									
	10	≥24	-	-	<18	≤2	-	-	>8	EUCAST-2
	EUCAST-2：除外除铜绿假单胞菌外其他假单胞菌所致的脑膜炎									
	10	≥20	-	-	<20	≤2	-	-	>2	EUCAST-3
	EUCAST-3：铜绿假单胞菌所致的脑膜炎									
美罗培南-韦博巴坦 Meropenem-vaborbactam	-	-	-	-	-	-	-	-	-	CLSI，FDA
	20/10	≥14	-	-	<14	≤8	-	-	>8	EUCAST
黏菌素 Colistin	-	-	-	-	-	-	-	≤2	≥4	CLSI
	-	-	-	-	-	≤(4)	-	-	>(4)	EUCAST
	-	-	-	-	-	-	-	-	-	FDA
多黏菌素 B Polymyxin B	-	-	-	-	-	-	-	≤2	≥4	CLSI
	-	-	-	-	-	-	-	-	-	EUCAST，FDA

(续表)

抗菌药物	纸片含量(μg)	纸片扩散法(mm)				MIC(μg/mL)				来源及备注
		S	SDD	I	R	S	SDD	I	R	
妥布霉素 Tobramycin	10	≥19	-	13-18	≤12	≤1	-	2	≥4	CLSI
	10	≥15	-	13-14	≤12	≤4	-	8	≥16	FDA
	10	≥(18)	-	-	<(18)	≤(2)	-	-	>(2)	EUCAST:全身感染
	10	≥18	-	-	<18	≤2	-	-	>2	EUCAST:尿路感染
阿米卡星 Amikacin	30	≥17	-	15-16	≤14	≤16	-	32	≥64	CLSI(泌尿道标本分离株报告)、FDA
	30	≥(15)	-	-	<(15)	≤(16)	-	-	>(16)	EUCAST:全身感染
	30	≥15	-	-	<15	≤16	-	-	>16	EUCAST:尿路感染
奈替米星 Netilmicin	30	≥15	-	13-14	≤12	≤8	-	16	≥32	CLSI
	-	-	-	-	-	-	-	-	-	EUCAST,FDA
环丙沙星 Ciprofloxacin	5	≥25	-	19-24	≤18	≤0.5	-	1	≥2	CLSI,FDA
	5	≥50	-	-	<26	≤0.001	-	-	>0.5	EUCAST
左氧氟沙星 Levofloxacin	5	≥22	-	15-21	≤14	≤1	-	2	≥4	CLSI,FDA
	5	≥50	-	-	<18	≤0.001	-	-	>2	EUCAST
洛美沙星 Lomefloxacin	10	≥22	-	19-21	≤18	≤2	-	4	≥8	CLSI
	-	-	-	-	-	-	-	-	-	EUCAST,FDA
氧氟沙星 Ofloxacin	5	≥16	-	13-15	≤12	≤2	-	4	≥8	CLSI,FDA
	-	-	-	-	-	-	-	-	-	EUCAST
加替沙星 Gatifloxacin	5	≥18	-	15-17	≤14	≤2	-	4	≥8	CLSI
	-	-	-	-	-	-	-	-	-	EUCAST,FDA
德拉沙星 Delafloxacin	-	-	-	-	-	-	-	-	-	CLSI,EUCAST
	5	≥23	-	20-22	≤19	≤0.5	-	1	≥2	FDA
奈诺沙星 Nemonoxacin	5	≥16	-	-	≤15	≤4	-	-	≥8	ECOFF
西他沙星 Sitafloxacin	-	-	-	-	-	≤0.5	-	-	≥1	ECOFF
诺氟沙星 Norfloxacin	10	≥17	-	13-16	≤12	≤4	-	8	≥16	CLSI

说明:此表抗菌药物药敏试验判断标准来源于 CLSI(M100,34^(th))、EUCAST(v14.0)和 FDA(https://www.fda.gov/drugs/development-resources/antibacterial-susceptibility-test-interpretive-criteria)颁布的判断标准,若某抗菌药物无 FDA 药敏试验判断标准,说明该药在 FDA 的判断标准等同于 CLSI 判断标准或无 FDA 判断标准。

七、铜绿假单胞菌感染治疗方案推荐

感染部位：局部或全身感染（有/无免疫抑制），如医院获得性肺炎。

敏感性	首选方案及疗程	备选方案及疗程	来源及备注
药敏未知	（1）哌拉西林-他唑巴坦 静脉，4.5 g 负荷剂量静脉滴注 30 min，4 h 后 4.5 g q8h IV，每次维持 4 h； （2）头孢他啶 2 g iv q8h； （3）头孢吡肟 2 g iv q8h； （4）美罗培南 1～2 g iv q8h； （5）头孢洛生-他唑巴坦 1.5 g iv 维持 1 h q8h（非肺炎）或 3 g iv 维持 1 h q8h（HAP/VAP）； （6）β-内酰胺类过敏：氨曲南 2 g iv q6h 或环丙沙星 400 mg iv q8h 或左氧氟沙星 750 mg iv q24h； （7）妥布霉素 7 mg/kg iv q8h（非一线，严重的 β-内酰胺过敏可选，在非尿路感染患者中不推荐单药使用）	严重感染建议联合用药：哌拉西林-他唑巴坦或头孢他啶或美罗培南联合妥布霉素 7 mg/kg iv q24h 或环丙沙星 400 mg iv q8h 或左氧氟沙星 750 mg iv	Sanford Guide（2023 年 9 月 27 日更新）
敏感菌	（1）哌拉西林-他唑巴坦 静脉，4.5 g 负荷剂量静脉滴注 30 min，4 h 后 4.5 g q8h iv，每次维持 4 h； （2）头孢他啶 2 g iv q8h； （3）头孢吡肟 2 g iv q8h； （4）美罗培南 1～2 g iv q8h； （5）β-内酰胺类过敏：氨曲南 2 g iv q6h		（1）严重感染或 MICs 接近折点时推荐使用美罗培南并维持 3 h q8h iv 给药； （2）头孢他啶和头孢吡肟推荐静脉维持 3 h
产 ESBL/AmpC	（1）美罗培南 1～2 g iv q8h（严重感染或 MICs 接近折点时可加大剂量并维持 3 h q8h iv 给药）； （2）头孢洛生-他唑巴坦 1.5 g iv 维持 1 h q8h（非肺炎）或 3 g iv 维持 1 h q8h（HAP/VAP）	（1）头孢他啶-阿维巴坦 2.5 h iv q8h； （2）亚胺培南-西司他丁 0.5～1 g iv q8h	头孢菌素间存在交叉耐药，即使对其中部分药物敏感，仍推荐美罗培南或头孢洛生-他唑巴坦。若敏感，可选用环丙沙星 400 mg iv q8h 或 750 mg po
碳青霉烯类耐药，但对抗铜绿 β-内酰胺类敏感	（1）哌拉西林-他唑巴坦 静脉，4.5 g 负荷剂量静脉滴注 30 min，4 h 后 4.5 g q8h iv，维持 4 h； （2）头孢他啶 2 g iv q8h 维持 3 h； （3）头孢吡肟 2 g iv q8h 维持 3 h； （4）β-内酰胺类过敏：氨曲南 2 g iv q6h； （5）头孢洛生-他唑巴坦 3 g iv 维持 1 h q8h（HAP/VAP）		需确认菌株对第三代头孢和哌拉西林-他唑巴坦的敏感性

（续表）

敏感性	首选方案及疗程	备选方案及疗程	来源及备注
碳青霉烯类及抗铜绿β-内酰胺类均耐药	（1）头孢他啶-阿维巴坦 2.5 g iv q8h 维持 3 h 或亚胺培南-西司他丁-瑞来巴坦 1.25 g iv q6h 维持 30 min（CrCl＞90 mL/min）； （2）若上述药物耐药：头孢他啶-阿维巴坦 2.5 g iv q8h 维持 3 h 联合氨曲南 2 g iv q6h 维持 3 h； （3）头孢地尔 2 g iv q8h 维持 3 h	产金属酶：多黏菌素 B（若 UTI 则多黏菌素 E）	

参 考 文 献

［1］CHINET 数据云.CHINET 2023 年全年细菌耐药监测结果［EB/OL］.（2024－03－08）［2024－03－08］.http://www.chinets.com/Document/Index#.

［2］Clinical and Laboratory Standards Institute. Performance standards for antimicrobial susceptibility testing［S］. In: Clinical and Laboratory Standards Institute. M100, 34th Edition. Wayne, PA: CLSI, 2024.

［3］The European Committee on Antimicrobial Susceptibility Testing. Breakpoint tables for interpretation of MICs and zone diameters. Version 14.0［EB/OL］.（2024－03－08）［2024－03－10］. http://www.eucast.org.

［4］U. S. Food & Drug Administration. Antibacterial susceptibility test interpretive criteria［EB/OL］.（2024－03－08）［2023－03－08］. https://www.fda.gov/drugs/development-resources/antibacterial-susceptibility-test-interpretive-criteria.

［5］Kadri SS, Adjemian J, Lai YL, et al. National Institutes of Health Antimicrobial Resistance Outcomes Research Initiative（NIH－ARORI）: Difficult-to-treat resistance in gram-negative bacteremia at 173 US hospitals: retrospective cohort analysis of prevalence, predictors, and outcome of resistance to all first-line agents［J］. Clin Infect Dis, 2018; 67(12): 1803－1814.

［6］Barry AL, Jones RN. Criteria for disk susceptibility tests and quality control guidelines for the cefoperazone-sulbactam combination［J］. J Clin Microbiol, 1988, 26 (1): 13－17.

［7］EUCAST. Guidance document on broth microdilution testing of cefiderocol［EB/OL］.（2020－12－01）［2024－03－08］. https://www.eucast.org/fileadmin/src/media/PDFs/EUCAST_files/Guidance_documents/Cefiderocol_MIC_testing_EUCAST_guidance_document_201217.pdf.

［8］Tamma PD, Aitken SL, Bonomo RA, et al. Infectious Diseases Society of America 2022 guidance on the treatment of extended-spectrum β-lactamase producing enterobacterales（ESBL－E）, carbapenem-resistant enterobacterales（CRE）, and pseudomonas aeruginosa with difficult-to-treat resistance（DTR－P. aeruginosa）［J］. Clin Infect Dis, 2022, 75(2): 187－212.

第三章

不动杆菌属

(*Acinetobacter spp.*)

不动杆菌属存在于正常人体的皮肤、呼吸道和泌尿道,也广泛分布于自然界的水及土壤中。临床标本中分离到的菌种主要以鲍曼不动杆菌、皮特不动杆菌和乌尔新不动杆菌最为常见。2023 年 CHINET 中国细菌耐药监测网数据显示,不动杆菌属细菌除对多黏菌素 B、黏菌素和替加环素耐药率较低外(分别为 1.8%、1.8% 和 1.7%),对其余抗菌药的耐药率均接近或高于 50%,对碳青霉烯类抗菌药物(亚胺培南和美罗培南)的耐药率分别高达 67.5% 和 68.1%。部分医院碳青霉烯类抗菌药物的耐药率甚至高达 80% 以上。2022 年 CHINET 监测网主动监测研究结果显示,鲍曼不动杆菌中难治型耐药菌株(difficult to treat resistance,DTR)的检出率为 59.1%。

一、药敏试验报告注意点

1. 无论对亚胺培南耐药还是美罗培南耐药的鲍曼不动杆菌,均是耐碳青霉烯类鲍曼不动杆菌菌株(carbapenem-resistant acinetobacter baumannii,CRAB),药敏报告上需加以说明及标识 CRAB 菌株。

2. 当仪器法测定不动杆菌属菌株对庆大霉素耐药、对阿米卡星敏感时,需用稀释法等其他药敏试验方法复核药敏试验结果。

3. 少见的"矛盾"耐药现象,如对左氧氟沙星耐药而环丙沙星敏感、阿米卡星耐药而庆大霉素敏感等,应当要复核菌种鉴定结果和药敏结果。

4. 黏菌素和多黏菌素 B 唯一批准的 MIC 法是肉汤微量稀释法,不应采用 CBDE(黏菌素肉汤纸片洗脱)、CAT(黏菌素琼脂试验)、纸片扩散法和梯度稀释法。

二、天 然 耐 药

鲍曼不动杆菌/醋酸钙不动杆菌复合群对氨苄西林、阿莫西林、阿莫西林-克拉维酸、氨曲南、厄他培南、甲氧苄啶、氯霉素和磷霉素天然耐药。

三、可 预 报 药 物

1. 对 β-内酰胺类单药敏感的菌株可推导对 β-内酰胺类/β-内酰胺酶抑制剂复方制剂敏感。然而，对 β-内酰胺类/β-内酰胺酶抑制剂复方制剂敏感的菌株无法推导对 β-内酰胺类单药敏感。同样，对 β-内酰胺类单药检测为中介或耐药的菌株可能对 β-内酰胺类/β-内酰胺酶抑制剂复方制剂敏感。

2. 对四环素敏感的不动杆菌属，也被认为对多西环素、米诺环素和替加环素敏感。然而，对四环素中介或耐药的某些菌株可以对多西环素、米诺环素或替加环素或三者均敏感。

四、流行病学界值

某些抗菌药物仅开展了流行病学折点制定研究，建立了流行病学界值（epidemiological cutoff value，ECOFF 或 ECV）。ECOFF 将细菌区分为野生型菌株和非野生型菌株两大类。野生型菌株是指对该抗菌药物不存在任何耐药机制的群体，类似于临床折点中的"敏感"解释分类，而非野生型菌株是指对该抗菌药物可能存在耐药机制的群体。

五、不动杆菌属药敏试验执行标准

纸片扩散法				MIC 法			
培养基	接种菌量	孵育条件	孵育时间	培养基	接种菌量	孵育条件	孵育时间
MHA	0.5 麦氏浊度	CLSI: 35℃±2℃，空气；EUCAST: 35℃±1℃，空气	CLSI: 20～24 h；EUCAST: 18 h±2 h	CLSI: CAMHB（肉汤稀释法）（头孢地尔用去铁离子肉汤）、MHA（琼脂稀释法）；EUCAST: MH 肉汤（头孢地尔用去铁离子肉汤）	肉汤稀释法：5×10⁵ CFU/mL；琼脂稀释法：10⁴ CFU/点	CLSI: 35℃±2℃，空气；EUCAST: 35℃±1℃，空气	CLSI: 20～24 h；EUCAST: 18 h±2 h

质控菌株

1. CLSI：① 大肠埃希菌 ATCC 25922（适用于四环素和甲氧苄啶-磺胺甲噁唑）；② 铜绿假单胞菌 ATCC 27853。

2. EUCAST：铜绿假单胞菌 ATCC 27853。

六、不动杆菌属抗菌药物判断标准

抗 菌 药 物	纸片含量（μg）	纸片扩散法（mm）				MIC（μg/mL）				来源及备注
		S	SDD	I	R	S	SDD	I	R	
哌拉西林 Piperacillin	100	≥21	-	18-20	≤17	≤16		32-64	≥128	CLSI
	-	-	-	-	-	-	-	-	-	EUCAST，FDA
氨苄西林-舒巴坦 Ampicillin-sulbactam	10/10	≥15	-	12-14	≤11	≤8/4	-	16/8	≥32/16	CLSI，FDA
		-	-	-	-	-	-	-	-	EUCAST
哌拉西林-他唑巴坦 Piperacillin-tazobactam	100/10	≥21	-	18-20	≤17	≤16/4	-	32/4-64/4	≥128/4	CLSI，FDA
		-	-	-	-	-	-	-	-	EUCAST
头孢哌酮-舒巴坦 Cefoperazone-sulbactam	75/30	≥21	-	16-20	≤15	≤16/8	-	32/16	≥64/32	JCM 1988；26（1）：13
替卡西林-克拉维酸 Ticarcillin-clavulanate	75/10	≥20	-	15-19	≤14	≤16/2	-	32/2-64/2	≥128/2	CLSI
	-	-	-	-	-	-	-	-	-	EUCAST，FDA
头孢他啶 Ceftazidime	30	≥18	-	15-17	≤14	≤8	-	16	≥32	CLSI
	-	-	-	-	-	≤8	-	16	≥32	FDA
		-	-	-	-	-	-	-	-	EUCAST
头孢吡肟 Cefepime	30	≥18	-	15-17	≤14	≤8	-	16	≥32	CLSI
	-	-	-	-	-	-	-	-	-	EUCAST，FDA
头孢噻肟 Cefotaxime	30	≥23	-	15-22	≤14	≤8	-	16-32	≥64	CLSI
	-	-	-	-	-	-	-	-	-	EUCAST
	-	-	-	-	-	≤1	-	2	≥4	FDA
头孢曲松 Ceftriaxone	30	≥21	-	14-20	≤13	≤8	-	16-32	≥64	CLSI
	-	-	-	-	-	-	-	-	-	EUCAST，FDA
头孢地尔 Cefiderocol	30	≥15	-			≤4	-	8	≥16	CLSI
	-	-	-	-	-	-	-	-	-	EUCAST
	30	≥19	-	12-18	≤11	≤1	-	2	≥4	FDA：鲍曼不动杆菌复合群
舒巴坦-度洛巴坦 Sulbactam-durlobactam	10/10	≥17	-	14-16	≤13	≤4/4	-	8/4	≥16/4	CLSI

（续表）

抗 菌 药 物	纸片含量（μg）	纸片扩散法(mm)				MIC(μg/mL)				来源及备注
		S	SDD	I	R	S	SDD	I	R	
多立培南 Doripenem	10	≥18	-	15-17	≤14	≤2	-	4	≥8	CLSI，FDA
	10	≥50	-	-	<22	≤0.001	-	-	>2	EUCAST
亚胺培南 Imipenem	10	≥22	-	19-21	≤18	≤2	-	4	≥8	CLSI，FDA
	10	≥24	-	-	<21	≤2	-	-	>4	EUCAST
亚胺培南-瑞来巴坦 Imipenem-relebactam	-	-	-	-	-	-	-	-	-	CLSI
	-	-	-	-	-	-	-	-	-	EUCAST
						≤2/4	-	4/4	≥8/4	FDA：适用鲍曼不动杆菌复合群
美罗培南 Meropenem	10	≥18	-	15-17	≤14	≤2	-	4	≥8	CLSI，FDA
	10	≥21	-	-	<15	≤2	-	-	>8	EUCAST：非脑膜炎
	10	≥21	-	-	<21	≤2	-	-	>2	EUCAST：脑膜炎
黏菌素 Colistin	-	-	-	-	-	-	-	≤2	≥4	CLSI
	-	-	-	-	-	≤2	-	-	>2	EUCAST
	-	-	-	-	-	-	-	-	-	FDA
多黏菌素 B Polymyxin B	-	-	-	-	-	-	-	≤2	≥4	CLSI
	-	-	-	-	-	-	-	-	-	EUCAST，FDA
庆大霉素 Gentamicin	10	≥15	-	13-14	≤12	≤4	-	8	≥16	CLSI
	10	≥(17)	-	-	<(17)	≤(4)	-	-	>(4)	EUCAST：全身感染
	10	≥17	-	-	<17	≤4	-	-	>4	EUCAST：尿路感染
	-	-	-	-	-	-	-	-	-	FDA
妥布霉素 Tobramycin	10	≥15	-	13-14	≤12	≤4	-	8	≥16	CLSI
	10	≥(17)	-	-	<(17)	≤(4)	-	-	>(4)	EUCAST：全身感染
	10	≥17	-	-	<17	≤4	-	-	>4	EUCAST：尿路感染
	-	-	-	-	-	-	-	-	-	FDA
阿米卡星 Amikacin	30	≥17	-	15-16	≤14	≤16	-	32	≥64	CLSI，FDA
	30	≥(19)	-	-	<(19)	≤(8)	-	-	>(8)	EUCAST：全身感染
	30	≥19	-	-	<19	≤8	-	-	>8	EUCAST：尿路感染

（续表）

抗 菌 药 物	纸片含量（μg）	纸片扩散法（mm）				MIC（μg/mL）				来源及备注
		S	SDD	I	R	S	SDD	I	R	
奈替米星 Netilmicin	-	-	-	-	-	≤8	-	16	≥32	CLSI
	-	-	-	-	-	-	-	-	-	EUCAST，FDA
多西环素 Doxycycline	30	≥13	-	10-12	≤9	≤4	-	8	≥16	CLSI，FDA
	-	-	-	-	-	-	-	-	-	EUCAST
米诺环素 Minocycline	30	≥16	-	13-15	≤12	≤4	-	8	≥16	CLSI，FDA
	-	-	-	-	-	-	-	-	-	EUCAST
替加环素 Tigecycline	15	≥16	-	13-15	≤12	≤2	-	4	≥8	JCM，2007：227-230
依拉环素 Eravacycline	20	≥15	-	-	-	≤1	-	-	-	ECAST
四环素 Tetracycline	30	≥15	-	12-14	≤11	≤4	-	8	≥16	CLSI，FDA
	-	-	-	-	-	-	-	-	-	EUCAST
环丙沙星 Ciprofloxacin	5	≥21	-	16-20	≤15	≤1	-	2	≥4	CLSI
	5	≥50	-	-	<21	≤0.001	-	-	>1	EUCAST
	-	-	-	-	-	-	-	-	-	FDA
左氧氟沙星 Levofloxacin	5	≥17	-	14-16	≤13	≤2	-	4	≥8	CLSI
	5	≥23	-	-	<20	≤0.5	-	-	>1	EUCAST
	-	-	-	-	-	-	-	-	-	FDA
加替沙星 Gatifloxacin	5	≥18	-	15-17	≤14	≤2	-	4	≥8	CLSI
	-	-	-	-	-	-	-	-	-	EUCAST，FDA
西他沙星 Sitafloxacin	-	-	-	-	-	≤0.06	-	-	≥0.125	ECOFF：鲍曼不动杆菌
甲氧苄啶-磺胺甲噁唑 Trimethoprim-sulfamethoxazole	1.25/23.75	≥16	-	11-15	≤10	≤2/38	-	-	≥4/76	CLSI
	1.25/23.75	≥14	-	-	<11	≤2	-	-	>4	EUCAST
	-	-	-	-	-	-	-	-	-	FDA

说明： 此表抗菌药物药敏试验判断标准来源于 CLSI（*M 100*，34th）、EUCAST（v14.0）和 FDA（https://www.fda.gov/drugs/development-resources/antibacterial-susceptibility-test-interpretive-criteria）颁布的判断标准。若某抗菌药物无 FDA 药敏试验判断标准，说明该药在 FDA 的判断标准等同于 CLSI 判断标准或无 FDA 判断标准。

七、药敏试验结果阅读注意事项

1. 头孢地尔纸片扩散法阅读规则：在黑色的背景下，反射光下阅读 MH 平板背面的抑菌圈直径，如果抑菌圈内有明显的菌落生长，必要时检查菌株的纯度和重复测试；如果菌株纯，在测量直径时应考虑忽略抑菌圈内的生长菌落，建议读取外圈边缘为抑菌圈直径（图 3-1）。

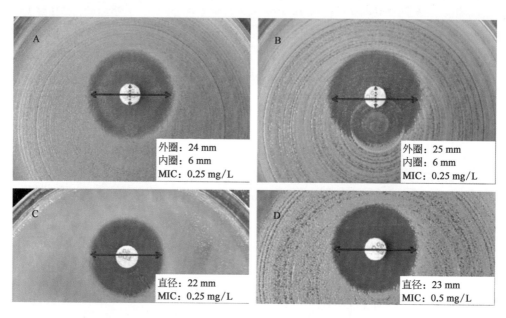

A. Eagle 现象：抑制圈内有明显的沙滩状菌落生长，蓝色虚线箭头表示内圈，红色实线箭头表示外圈，阅读外圈直径；B. 抑制圈内有明显的散在菌落，蓝色虚线箭头表示内圈，红色实线箭头表示外圈，阅读外圈直径；C. 忽略抑菌圈内的针尖状菌落（蓝色箭头），阅读外圈直径；D. 抑制圈边缘清晰。

图 3-1 鲍曼不动杆菌抑菌圈直径阅读示例(引自参考文献[7])

2. MIC 为抑制细菌生长的最低药物浓度，但头孢地尔 MIC 测定时可能存在拖尾现象。如出现拖尾现象，应读取拖尾现象开始的第一孔作为该药的 MIC(图 3-2，A 行第 7 孔，红圈所示)。

图 3-2 头孢地尔 MIC 法结果阅读(引自参考文献[8])

八、鲍曼不动杆菌复合群感染治疗方案推荐

感染部位：免疫正常或抑制人群的局部或系统性感染，医院获得性感染（HAP 常见），皮肤软组织、伤口或骨、脑膜炎、尿路感染及眼内炎等。

分　类	首选方案及疗程	备选方案及疗程	来源及备注
痰或无菌体液标本分离，药敏未知，该地区 MDR 低流行（<10% ～15%），非重症	经验性单药治疗：头孢吡肟 2 g iv q8h 或美罗培南 2 g q8h 维持 3 h 或氨苄西林-舒巴坦 6 g/3 g iv q8h 维持 4 h		Sanford Guide（2023 年 12 月 8 日更新）
痰或无菌体液标本分离，药敏未知，该地区 MDR 高流行（>10% ～15%），重症	经验性联合用药： (1) 舒巴坦-度洛巴坦 1 g/1 g iv q6h 维持 3 h+ 亚胺培南-西司他丁 1 g iv q6h 维持 1 h； (2) 氨苄西林-舒巴坦 6 g/3 g iv q8h 维持 4 h+ 美罗培南 2 g iv q8h 维持 3 h+ 多黏菌素 B 2.5 g/kg iv 维持 2 h，续以 1.5 mg/kg iv q12h 维持 1 h		
非多重耐药	头孢他啶、美罗培南或氨苄西林-舒巴坦	根据药敏可选： (1) 环丙沙星 400 mg iv q8h 或左氧氟沙星 750 mg iv q24h； (2) TMP－SMX 10 mg/(kg·d) iv q8h/q12h 给药	
碳青霉烯类耐药，对多黏菌素敏感	舒巴坦-度洛巴坦+亚胺培南-西司他丁或氨苄西林-舒巴坦+美罗培南+多黏菌素 B，剂量同上	根据药敏可选氨基糖苷类、依拉环素或奥马环素	
对目前所有抗菌药物均耐药	舒巴坦-度洛巴坦+亚胺培南-西司他丁或可考虑头孢地尔 2 g iv q8h 维持 3 h+ 米诺环素 200 mg iv q12h		

参 考 文 献

［1］CHINET 数据云.CHINET 2023 年全年细菌耐药监测结果［EB/OL］.（2024－03－08）［2024－03－08］.http://www.chinets.com/Document/Index#.

［2］Clinical and Laboratory Standards Institute. Performance standards for antimicrobial susceptibility testing［S］. In：Clinical and Laboratory Standards Institute. M100，34th Edition. Wayne，PA：CLSI，2024.

［3］The European Committee on Antimicrobial Susceptibility Testing. Breakpoint tables for interpretation of MICs and zone diameters. Version 14.0［EB/OL］.（2024－03－08）［2024－03－10］. http://www.eucast.org.

［4］U. S. Food & Drug Administration. Antibacterial susceptibility test interpretive criteria［EB/OL］.（2024－03－08）

〔2023‑03‑08〕. https://www.fda.gov/drugs/development-resources/antibacterial-susceptibility-test-interpretive-criteria.

〔5〕 Kadri SS，Adjemian J，Lai YL，et al. National Institutes of Health Antimicrobial Resistance Outcomes Research Initiative（NIH‑ARORI）：Difficult-to-treat resistance in gram-negative bacteremia at 173 US hospitals：retrospective cohort analysis of prevalence，predictors，and outcome of resistance to all first-line agents〔J〕. Clin Infect Dis，2018；67(12)：1803‑1814.

〔6〕 Barry AL，Jones RN. Criteria for disk susceptibility tests and quality control guidelines for the cefoperazone-sulbactam combination〔J〕. J Clin Microbiol，1988，26(1)：13‑17.

〔7〕 Liu Y，Ding L，Han R，et al. Assessment of cefiderocol disk diffusion versus broth microdilution results when tested against Acinetobacter baumannii complex clinical isolates〔J〕. Microbiol Spectr，2023，19：e0535522.

〔8〕 Simner PJ，Patel R. Cefiderocol antimicrobial susceptibility testing considerations：the achilles' heel of the trojan horse？〔J〕. J Clin Microbiol，2020，59(1)：e00951‑20.

〔9〕 Jones RN，Ferraro MJ，Reller LB，et al. Multicenter studies of tigecycline disk diffusion susceptibility results for Acinetobacter spp〔J〕. J Clin Microbiol，2007，45(1)：227‑230.

〔10〕 EUCAST. Guidance document on broth microdilution testing of cefiderocol〔EB/OL〕.（2020‑12‑01）〔2024‑03‑08〕. https://www.eucast.org/fileadmin/src/media/PDFs/EUCAST_files/Guidance_documents/Cefiderocol_MIC_testing_EUCAST_guidance_document_201217.pdf.

〔11〕 Tamma PD，Aitken SL，Bonomo RA，et al. Infectious Diseases Society of America 2022 guidance on the treatment of extended-spectrum β-lactamase producing enterobacterales（ESBL‑E），carbapenem-resistant enterobacterales（CRE），and pseudomonas aeruginosa with difficult-to-treat resistance（DTR‑P. aeruginosa）〔J〕. Clin Infect Dis，2022，75(2)：187‑212.

第四章

洋葱伯克霍尔德菌复合群
（*Burkholderia cepacia complex*）

洋葱伯克霍尔德菌复合群是医院感染的重要病原菌之一，也是引起囊性纤维化病的重要条件致病菌。CHINET 中国细菌耐药监测网 2023 年资料显示，洋葱伯克霍尔德菌复合群对头孢他啶和米诺环素的耐药率分别为 5.4% 和 4.1%；对甲氧苄啶-磺胺甲噁唑、美罗培南、氯霉素、左氧氟沙星的耐药率分别为 4.7%、11.3%、10.6%、16.1%；对替卡西林克拉维酸的耐药率为 76.6%。

一、药敏试验报告注意点

CLSI 推荐有 7 种抗菌药，其中替卡西林克拉维酸、左氧氟沙星和氯霉素只有 MIC 的折点，因此检验报告中不应该出现这三种抗菌药物的纸片扩散法药敏试验结果。

二、天　然　耐　药

1. 洋葱伯克霍尔德菌复合群对氨苄西林、阿莫西林、哌拉西林、替卡西林、氨苄西林-舒巴坦、阿莫西林-克拉维酸、厄他培南、多黏菌素 B、黏菌素和磷霉素天然耐药。

2. 洋葱伯克霍尔德菌复合群存在可发生突变导致耐药的染色体基因，这种突变发生的频率尚不明确，故无法确认该菌对哌拉西林-他唑巴坦、头孢噻肟、头孢曲松、头孢吡肟、氨曲南、亚胺培南、氨基糖苷类和甲氧苄啶存在天然耐药。

3. 与其他葡萄糖不发酵革兰阴性菌一样，洋葱伯克霍尔德菌复合群对青霉素类（如苄青霉素）、第一代头孢菌素（头孢噻吩、头孢唑林）、第二代头孢菌素（头孢呋辛）、头霉素类（头孢西丁、头孢替坦）、克林霉素、达托霉素、夫西地酸、糖肽类（万古霉素、替考拉宁）、利奈唑胺、大环内酯类(红霉素、阿奇霉素、克拉霉素)、喹奴普丁-达福普汀和利福平等,也存在天然耐药。

三、洋葱伯克霍尔德菌复合群药敏试验执行标准

纸片扩散法				MIC 法			
培养基	接种菌量	孵育条件	孵育时间	培养基	接种菌量	孵育条件	孵育时间
MHA	0.5 麦氏浊度	35℃±2℃,空气	20~24 h	CAMHA(肉汤稀释法);MHA(琼脂稀释法)	5×10^5 CFU/mL 10^4 CFU/点	35℃±2℃,空气	20~24 h

质控菌株

CLSI:① 大肠埃希菌 ATCC 25922(适用于氯霉素、米诺环素和甲氧苄啶-磺胺甲噁唑);② 铜绿假单胞菌 ATCC 27853。

四、洋葱伯克霍尔德菌复合群抗菌药物判断标准

抗菌药物	纸片含量(μg)	纸片扩散法(mm)				MIC(μg/mL)				来源及备注
		S	SDD	I	R	S	SDD	I	R	
替卡西林-克拉维酸 Ticarcillin-clavulanate	-	-	-	-	-	≤16/2	-	32/2 - 64/2	≥128/2	CLSI
	-	-	-	-	-	-	-	-	-	EUCAST,FDA
头孢他啶 Ceftazidime	-	-	-	-	-	≤8	-	16	≥32	CLSI
		-	-	-	-	≤8	-	16	≥32	FDA
						-	-	-	-	EUCAST
美罗培南 Meropenem						≤4	-	8	≥16	CLSI
						-	-	-	-	EUCAST,FDA
米诺环素 Minocycline						≤4	-	8	≥16	CLSI
						-	-	-	-	EUCAST,FDA
左氧氟沙星 Levofloxacin	-	-	-	-	-	≤2	-	4	≥8	CLSI
						-	-	-	-	EUCAST,FDA
甲氧苄啶-磺胺甲噁唑 Trimethoprim-sulfamethoxazole						≤2/38	-	-	≥4/76	CLSI
						-	-	-	-	EUCAST,FDA

（续表）

抗 菌 药 物	纸片含量（μg）	纸片扩散法（mm）				MIC（μg/mL）				来源及备注
		S	SDD	I	R	S	SDD	I	R	
氯霉素 Chloramphenicol	-	-	-	-	-	≤8	-	16	≥32	CLSI：泌尿道标本分离株不进行测试和报告
	-	-	-	-	-	-	-	-	-	EUCAST，FDA

说明： 此抗菌药物药敏试验判断标准来源于 CLSI（ *M 100* ，34th）、EUCAST（v 14.0）和 FDA（https://www.fda.gov/drugs/development-resources/antibacterial-susceptibility-test-interpretive-criteria）颁布的判断标准，若某抗菌药物无 FDA 药敏试验结果判断标准，说明该药在 FDA 的判断标准等同于 CLSI 判断标准或无 FDA 判断标准。

五、洋葱伯克霍尔德菌复合群感染治疗方案推荐

菌 名	感 染 部 位	首选方案及疗程	备选方案及疗程	来源及备注
洋葱伯克霍尔德菌复合群	HAP 及囊性纤维化患者感染的重要病原体	（1）TMP－SMX 8～10 mg/（kg·d）iv/po 分为 q8h 或 q6h 给药； （2）左氧氟沙星 750 mg iv/po q24h	（1）米诺环素：首剂 200 mg iv，后续 100 mg iv/po bid； （2）美罗培南 2 g iv q8h； （3）头孢他啶 2 g iv q8h	（1）Sanford Guide（2023 年 8 月 7 日更新）； （2）不同菌株敏感性差异大，应根据体外药敏结果选择用药； （3）通常对氨基糖苷类耐药，对多黏菌素类天然耐药

参 考 文 献

［1］CHINET 数据云.CHINET 2023 年全年细菌耐药监测结果［EB/OL］.（2024－03－08）［2024－03－08］.http://www.chinets.com/Document/Index#.

［2］Clinical and Laboratory Standards Institute. Performance standards for antimicrobial susceptibility testing［S］. In：Clinical and Laboratory Standards Institute. M100，34th Edition. Wayne, PA：CLSI，2024.

［3］The European Committee on Antimicrobial Susceptibility Testing. Breakpoint tables for interpretation of MICs and zone diameters.Version 14.0［EB/OL］.（2024－03－08）［2024－03－10］. http://www.eucast.org.

［4］U.S. Food & Drug Administration. Antibacterial susceptibility test interpretive criteria［EB/OL］.（2024－03－08）［2023－03－08］. https://www.fda.gov/drugs/development-resources/antibacterial-susceptibility-test-interpretive-criteria.

［5］El Chakhtoura NG，Saade E，Wilson BM，et al. A 17-year nationwide study of burkholderia cepacia complex bloodstream infections among patients in the United States Veterans Health Administration［J］. Clin Infect Dis，2017，65（8）：1253－1259.

第五章

嗜麦芽窄食单胞菌
(*Stenotrophomonas maltophilia*)

嗜麦芽窄食单胞菌是一种不发酵糖的革兰阴性杆菌,广泛分布于自然界、人体呼吸道、泌尿道与消化道等部位,为条件致病菌,是医院获得性感染的重要病原菌之一。CHINET 中国细菌耐药监测网 2023 年资料显示,嗜麦芽窄食单胞菌对米诺环素的耐药率最低为 0.9%;对甲氧苄啶-磺胺甲噁唑、左氧氟沙星、氯霉素的耐药率分别为 5.9%、8.5%、18.7%。

一、药敏试验报告注意点

1. CLSI 提供了 7 种抗菌药物敏感性折点,包括推荐常规检测并报告的 6 种抗菌药物(甲氧苄啶-磺胺甲噁唑、左氧氟沙星、米诺环素、头孢他啶、头孢地尔、氯霉素)以及替卡西林-克拉维酸。其中,头孢他啶、氯霉素、替卡西林-克拉维酸只有 MIC 的判断标准,因此报告中不应该出现这三种抗菌药物纸片扩散法药敏试验结果。

2. EUCSAT 建议:读取甲氧苄啶-磺胺甲噁唑的纸片扩散法抑菌圈直径时,忽略抑菌圈内任何沙滩样生长,读取外圈直径。对甲氧苄啶-磺胺甲噁唑耐药的菌株罕见,必要时需测定 MIC 进行复核。

二、天然耐药

1. 嗜麦芽窄食单胞菌对氨苄西林、阿莫西林、哌拉西林、替卡西林、氨苄西林-舒巴坦、阿莫西林-克拉维酸、哌拉西林-他唑巴坦、头孢噻肟、头孢曲松、氨曲南、亚胺培南、美罗培南、厄他培南、甲氧苄啶、磷霉素和氨基糖苷类天然耐药。

2. 嗜麦芽窄食单胞菌对四环素天然耐药,但对多西环素、米诺环素或替加环素无天然耐药。

3. 与其他葡萄糖不发酵革兰阴性菌一样,嗜麦芽窄食单胞菌对青霉素类(如苄青霉素)、第一代头孢菌素(头孢噻吩、头孢唑林)、第二代头孢菌素(头孢呋辛)、头霉素类(头孢西丁、头孢替坦)、克林霉素、达托霉素、夫西地酸、糖肽类(万古霉素、替考拉宁)、利奈唑胺、大环内酯类(红霉素、阿奇霉素、克拉霉素)、喹奴普丁-达福普汀和利福平等,也存在天然耐药。

三、嗜麦芽窄食单胞菌药敏试验执行标准

纸片扩散法				MIC 法			
培养基	接种菌量	孵育条件	孵育时间	培养基	接种菌量	孵育条件	孵育时间
MHA	0.5 麦氏浊度	CLSI: 35℃±2℃,空气;EUCAST: 35℃±1℃,空气	CLSI: 20~24 h;EUCAST: 18 h±2 h	CLSI: CAMHA(肉汤稀释法)(头孢地尔需要去铁离子 CAMHB)、MHA(琼脂稀释法);EUCAST: MH 肉汤(头孢地尔用去铁离子肉汤)	肉汤稀释法:5×10⁵ CFU/mL;琼脂稀释法:10⁴ CFU/点	CLSI: 35℃±2℃,空气;EUCAST: 35℃±1℃,空气	CLSI: 20~24 h;EUCAST: 18 h±2 h

质控菌株

(1) CLSI:① 大肠埃希菌 ATCC 25922(适用于氯霉素、米诺环素和甲氧苄啶-磺胺甲噁唑);② 铜绿假单胞菌 ATCC 27853。

(2) EUCAST:大肠埃希菌 ATCC 25922。

四、嗜麦芽窄食单胞菌抗菌药物判断标准

抗菌药物	纸片含量(μg)	纸片扩散法(mm)				MIC(μg/mL)				来源及备注
		S	SDD	I	R	S	SDD	I	R	
替卡西林-克拉维酸 Ticarcillin-clavulanate	-	-	-	-	-	≤16/2	-	32/2-64/2	≥128/2	CLSI
	-	-	-	-	-	-	-	-	-	EUCAST,FDA
头孢地尔 Cefiderocol	30	≥15	-	-	-	≤1	-	-	-	CLSI
	-	-	-	-	-	-	-	-	-	EUCAST,FDA
米诺环素 Minocycline	30	≥26	-	21-25	≤20	≤1	-	2	≥4	CLSI
	-	-	-	-	-	-	-	-	-	EUCAST,FDA

（续表）

抗 菌 药 物	纸片含量（μg）	纸片扩散法（mm）				MIC（μg/mL）				来源及备注
		S	SDD	I	R	S	SDD	I	R	
左氧氟沙星 Levofloxacin	5	≥17	-	14-16	≤13	≤2	-	4	≥8	CLSI
	-	-	-	-	-	-	-	-	-	EUCAST，FDA
甲氧苄啶-磺胺甲噁唑 Trimethoprim-sulfamethoxazole	1.25/23.75	≥16	-	11-15	≤10	≤2/38	-	-	≥4/76	CLSI
	1.25/23.75	≥50	-	-	<16	≤0.001	-	-	>4	EUCAST
	-	-	-	-	-	-	-	-	-	FDA
氯霉素 Chloramphenicol	-	-	-	-	-	≤8	-	16	≥32	CLSI：泌尿道标本分离株不进行测试和报告
	-	-	-	-	-	-	-	-	-	EUCAST，FDA

说明： 此表抗菌药物药敏试验判断标准来源于 CLSI（M 100，34th）、EUCAST（v14.0）和 FDA（https://www.fda.gov/drugs/development-resources/antibacterial-susceptibility-test-interpretive-criteria）颁布的判断标准，若某抗菌药物无 FDA 药敏试验结果判断标准，说明该药在 FDA 的判断标准等同于 CLSI 判断标准或无 FDA 判断标准。

五、药敏试验结果阅读注意事项

请参看图 5-1。

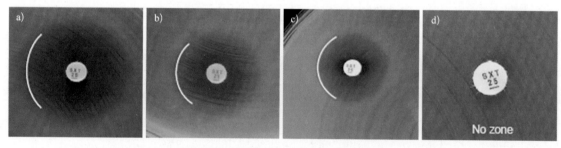

a)～c) 读取肉眼可见的外圈边缘为抑菌圈直径，并按照相应折点报告；d) 无抑菌圈，报告为耐药

图 5-1　甲氧苄啶-磺胺甲噁唑对嗜麦芽窄食单胞菌抑菌圈直径阅读示例（引自参考文献[5]）

六、嗜麦芽窄食单胞菌感染治疗方案推荐

感染部位：肺部感染、血流感染等，免疫力低下及衰弱患者易感，可能是囊性纤维化患者急性恶化的因素。

分　类	首选方案及疗程	备选方案及疗程	来源及备注
中重度感染	肺部感染：TMP－SMX 8～12 mg/(kg·d)iv/po 分2～3次给药＋米诺环素200 mg iv/po q12h	（1）选用以下两种药物的联合方案：TMP－SMX 8～12 mg/(kg·d)iv/po 分2～3次给药、左氧氟沙星（750 mg iv/po q24h）、米诺环（750 mg iv/po q24h）、替加环（首剂200 mg iv，100 mg iv q12h）或头孢地尔2 g iv q8h 维持3 h； （2）头孢他啶-阿维巴坦2.5 mg iv q8h 维持3 h 联合氨曲南2 g iv q8h 维持2 h	（1）Sanford Guide（2023年5月19日更新）； （2）对青霉素类、头孢菌素类、氨曲南和碳青霉烯类天然耐药
轻度感染或混合感染中嗜麦芽窄食单胞菌的感染意义不明	TMP－SMX 8～12 mg/(kg·d) iv/po，1 d 分2次或3次给药	单药治疗：TMP－SMX、左氧氟沙星、米诺环素、替加环素或头孢地尔	

参 考 文 献

［1］CHINET数据云.CHINET 2023年全年细菌耐药监测结果［EB/OL］.（2024－03－08）［2024－03－08］.http://www.chinets.com/Document/Index#.
［2］Clinical and Laboratory Standards Institute. Performance standards for antimicrobial susceptibility testing［S］. In：Clinical and Laboratory Standards Institute. M100, 34th Edition. Wayne，PA：CLSI，2024.
［3］The European Committee on Antimicrobial Susceptibility Testing. Breakpoint tables for interpretation of MICs and zone diameters. Version 14.0［EB/OL］.（2024－03－08）［2024－03－10］. http://www.eucast.org.
［4］U.S. Food & Drug Administration. Antibacterial susceptibility test interpretive criteria［EB/OL］.（2024－03－08）［2023－03－08］. https://www.fda.gov/drugs/development-resources/antibacterial-susceptibility-test-interpretive-criteria.
［5］EUCAST. Reading guide：EUCAST disk diffusion method for antimicrobial susceptibility testing；Version 8.0［M］. European Committee on Antimicrobial Susceptibility Testing，Sweden：Växjö，2021.
［6］EUCAST. Guidance document on broth microdilution testing of cefiderocol［EB/OL］.（2020－12－01）［2024－03－08］. https://www. eucast. org/fileadmin/src/media/PDFs/EUCAST _ files/Guidance _ documents/Cefiderocol _ MIC _ testing_EUCAST_guidance_document_201217.pdf.
［7］Tamma PD，Aitken SL，Bonomo RA，et al. Infectious Diseases Society of America Guidance on the treatment of Ampc β-Lactamase-producing enterobacterales，carbapenem-resistant acinetobacter baumannii，and stenotrophomonas maltophilia infections［J］. Clin Infect Dis，2022，74（12）：2089－2114.

第六章

其他非肠杆菌目细菌

（Non-*Enterobacterales*）

　　其他革兰阴性非肠杆菌目细菌包括除铜绿假单胞菌外的假单胞菌属及除不动杆菌属、洋葱伯克霍尔德菌复合群和嗜麦芽窄食单胞菌外的其他非苛养、不发酵糖的革兰阴性杆菌。CLSI M45 文件推荐试验和报告气单胞菌属（包括豚鼠气单胞菌属、嗜水气单胞菌属、维罗纳气单胞菌属）、鼻疽伯克霍尔德菌、类鼻疽伯克霍尔德菌和弧菌属细菌（包含霍乱弧菌）。该类细菌均为条件致病菌，致病力较弱，检出率较低而且在临床实验室鉴定较困难，药敏试验 CLSI 也无纸片法判断标准，其流行病学资料及耐药机制研究目前国内比较匮乏。

一、药敏试验报告注意

　　1. 此类细菌目前 CLSI 只有稀释法药敏试验结果判读判断标准，无纸片法折点，故药敏试验报告不可出现纸片法药敏试验的结果，需用稀释法测试获得的药敏试验结果向临床报告。

　　2. 根据这类细菌的耐药特点，以及考虑国内临床用药的选择和耐药监测的需要，建议报告的抗菌药物品种在 CLSI 推荐的基础上增加头孢哌酮-舒巴坦。头孢哌酮-舒巴坦目前无 CLSI 的判断标准，建议分别参考 2010 年 CLSI（CLSI *M100 - S20*）铜绿假单胞菌纸片法和稀释法的头孢哌酮的判断标准。当临床有需求时可做免责性提示。

二、天 然 耐 药

　　目前 CLSI 文件无此类细菌的天然耐药提示。

三、可 预 报 药 物

对 β -内酰胺类单药敏感的菌株可推导对 β -内酰胺类/β -内酰胺酶抑制剂复方制剂敏感。然而,对 β -内酰胺类/β -内酰胺酶抑制剂复方制剂敏感的菌株无法推导对 β -内酰胺类单药敏感。同样,对 β -内酰胺类单药检测为中介或耐药的菌株可能对 β -内酰胺类/β -内酰胺酶抑制剂复方制剂敏感。

四、其他非肠杆菌目细菌药敏试验执行标准

MIC 法			
培 养 基	接 种 菌 量	孵 育 条 件	孵 育 时 间
CAMHB(肉汤稀释法),头孢地尔需用去铁离子 CAMHB;MHA(琼脂稀释法)	肉汤培养法或菌落直接悬浮法,相当于接种菌量 5×10⁵ CFU/mL	35℃±2℃,空气	16~20 h

质控菌株

CLSI:① 大肠埃希菌 ATCC 25922 用于氯霉素、四环素、磺胺类和甲氧苄啶-磺胺甲噁唑;② 铜绿假单胞菌 ATCC 27853。β -内酰胺类/β -内酰胺酶抑制剂复方制剂的常规 QC 菌株的选择参考 CLSI 非苛养菌与 β -内酰胺类/β -内酰胺酶抑制剂复方制剂纸片扩散法/MIC法质量控制。使用商品化检测系统进行抗菌药物敏感性试验时,请参考制造商 QC 测试推荐和 QC 范围的说明。

通用注释:

CLSI:① 其他非肠杆菌目细菌包括除铜绿假单胞菌外的假单胞菌属、不动杆菌属、洋葱伯克霍尔德菌复合群和嗜麦芽窄食单胞菌外的其他非苛养、不发酵葡萄糖的革兰阴性杆菌(分别参考不动杆菌属、洋葱伯克霍尔德菌和嗜麦芽窄食单胞菌)。② 对于其他非肠杆菌目细菌,纸片扩散法并没有系统研究。因此,对这些微生物群,不推荐纸片扩散法。

五、其他非肠杆菌目细菌抗菌药物判断标准

抗 菌 药 物	纸片含量(μg)	纸片扩散法(mm)				MIC(μg/mL)				来源及备注
		S	SDD	I	R	S	SDD	I	R	
哌拉西林 Piperacillin	-	-	-	-	-	≤16	-	32 - 64	≥128	CLSI
	-	-	-	-	-	-	-	-	-	EUCAST,FDA
哌拉西林-他唑巴坦 Piperacillin-tazobactam	-	-	-	-	-	≤16/4	-	32/4 - 64/4	≥128/4	CLSI
	-	-	-	-	-	-	-	-	-	EUCAST,FDA

（续表）

抗菌药物	纸片含量(μg)	纸片扩散法(mm)				MIC(μg/mL)				来源及备注
		S	SDD	I	R	S	SDD	I	R	
头孢哌酮-舒巴坦 Cefoperazone-sulbactam	75/30	≥21	-	16-20	≤15	≤16/8	-	32/16	≥64/32	JCM, 1988, 26(1): 13
替卡西林-克拉维酸 Ticarcillin-clavulanate	-	-	-	-	-	≤16/2	-	32/2-64/2	≥128/2	CLSI
	-	-	-	-	-	-	-	-	-	EUCAST，FDA
头孢他啶 Ceftazidime	-	-	-	-	-	≤8	-	16	≥32	CLSI
	-	-	-	-	-	-	-	-	-	EUCAST，FDA
头孢吡肟 Cefepime	-	-	-	-	-	≤8	-	16	≥32	CLSI
	-	-	-	-	-	-	-	-	-	EUCAST，FDA
头孢噻肟 Cefotaxime	-	-	-	-	-	≤8	-	16-32	≥64	CLSI
	-	-	-	-	-	-	-	-	-	EUCAST
	-	-	-	-	-	≤1	-	2	≥4	FDA：静脉
头孢曲松 Ceftriaxone	-	-	-	-	-	≤8	-	16-32	≥64	CLSI
	-	-	-	-	-	-	-	-	-	EUCAST，FDA
头孢哌酮 Cefoperazone	-	-	-	-	-	≤16	-	32	≥64	CLSI
	-	-	-	-	-	-	-	-	-	EUCAST
	-	-	-	-	-	≤8	-	-	≥16	FDA
头孢唑肟 Ceftizoxime	-	-	-	-	-	≤8	-	16-32	≥64	CLSI
	-	-	-	-	-	-	-	-	-	EUCAST，FDA
拉氧头孢 Moxalactam	-	-	-	-	-	≤8	-	16-32	≥64	CLSI
	-	-	-	-	-	-	-	-	-	EUCAST，FDA
氨曲南 Aztreonam	-	-	-	-	-	≤8	-	16	≥32	CLSI
	-	-	-	-	-	-	-	-	-	EUCAST，FDA
亚胺培南 Imipenem	-	-	-	-	-	≤4	-	8	≥16	CLSI
	-	-	-	-	-	-	-	-	-	EUCAST，FDA

（续表）

抗 菌 药 物	纸片含量（µg）	纸片扩散法（mm）				MIC（µg/mL）				来源及备注
		S	SDD	I	R	S	SDD	I	R	
美罗培南 Meropenem	-	-	-	-	-	≤4	-	8	≥16	CLSI
	-	-	-	-	-	-	-	-	-	EUCAST，FDA
庆大霉素 Gentamicin	-	-	-	-	-	≤4	-	8	≥16	CLSI
	-	-	-	-	-	-	-	-	-	EUCAST，FDA
妥布霉素 Tobramycin	-	-	-	-	-	≤4	-	8	≥16	CLSI
	-	-	-	-	-	-	-	-	-	EUCAST，FDA
阿米卡星 Amikacin	-	-	-	-	-	≤16	-	32	≥64	CLSI
	-	-	-	-	-	-	-	-	-	EUCAST，FDA
奈替米星 Netilmicin	-	-	-	-	-	≤8	-	16	≥32	CLSI
	-	-	-	-	-	-	-	-	-	EUCAST，FDA
四环素 Tetracycline	-	-	-	-	-	≤4	-	8	≥16	CLSI：用于泌尿道标本分离株
	-	-	-	-	-	-	-	-	-	EUCAST，FDA
多西环素 Doxycycline	-	-	-	-	-	≤4	-	8	≥16	CLSI
	-	-	-	-	-	-	-	-	-	EUCAST，FDA
米诺环素 Minocycline	-	-	-	-	-	≤4	-	8	≥16	CLSI
	-	-	-	-	-	-	-	-	-	EUCAST，FDA
环丙沙星 Ciprofloxacin	-	-	-	-	-	≤1	-	2	≥4	CLSI
	-	-	-	-	-	-	-	-	-	EUCAST，FDA
左氧氟沙星 Levofloxacin	-	-	-	-	-	≤2	-	4	≥8	CLSI
	-	-	-	-	-	-	-	-	-	EUCAST，FDA
加替沙星 Gatifloxacin	-	-	-	-	-	≤2	-	4	≥8	CLSI
	-	-	-	-	-	-	-	-	-	EUCAST，FDA
洛美沙星 Lomefloxacin	-	-	-	-	-	≤2	-	4	≥8	CLSI
	-	-	-	-	-	-	-	-	-	EUCAST，FDA

(续表)

抗菌药物	纸片含量(μg)	纸片扩散法(mm)				MIC(μg/mL)				来源及备注
		S	SDD	I	R	S	SDD	I	R	
诺氟沙星 Norfloxacin	-	-	-	-	-	≤4	-	8	≥16	CLSI(仅测试和报告泌尿道标本分离株)
	-	-	-	-	-	-	-	-	-	EUCAST，FDA
氧氟沙星 Ofloxacin	-	-	-	-	-	≤2	-	4	≥8	CLSI
	-	-	-	-	-	-	-	-	-	EUCAST，FDA
甲氧苄啶-磺胺甲噁唑 Trimethoprim-sulfamethoxazole	-	-	-	-	-	≤2/38	-	-	≥4/76	CLSI
	-	-	-	-	-	-	-	-	-	EUCAST，FDA
磺胺类 Sulfonamides	-	-	-	-	-	≤256	-	-	≥512	CLSI：仅测试和报告泌尿道标本分离株
	-	-	-	-	-	-	-	-	-	EUCAST，FDA
氯霉素 Chloramphenicol	-	-	-	-	-	≤8	-	16	≥32	CLSI：不常规报告泌尿道标本分离株
	-	-	-	-	-	-	-	-	-	EUCAST，FDA

说明：此表抗菌药物药敏试验判断标准来源于 CLSI(*M 100*，34th)、EUCAST(v14.0)和 FDA(https://www.fda.gov/drugs/development-resources/antibacterial-susceptibility-test-interpretive-criteria)颁布的判断标准,若某抗菌药物无 FDA 药敏试验结果判断标准,说明该药在 FDA 的判断标准等同于 CLSI 判断标准或无 FDA 判断标准。

六、药敏试验结果阅读注意事项

参见图 6-1 至图 6-3(皆引自参考文献[4])。

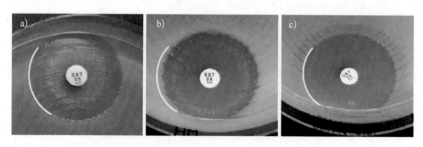

a)～c) 读取明显的区域边缘为抑菌圈直径,忽略抑菌圈内的薄雾状或明显生长

图 6-1 甲氧苄啶-磺胺甲噁唑对气单胞菌属抑菌圈直径阅读示例(气单胞菌属)

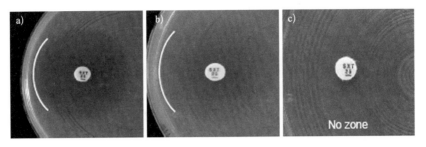

a）～b）读取肉眼可见的外圈边缘为抑菌圈直径，并按照相应折点报告药敏结果；c）无抑菌圈，报告为耐药

图 6-2　甲氧苄啶-磺胺甲噁唑对木糖氧化无色杆菌抑菌圈直径阅读示例（木糖氧化无色杆菌）

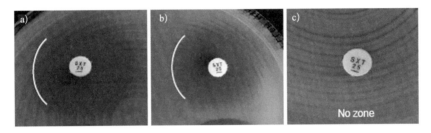

a）～b）读取肉眼可见的外圈边缘为抑菌圈直径，并按照相应折点报告药敏结果；c）无抑菌圈，报告为耐药

图 6-3　甲氧苄啶-磺胺甲噁唑对假鼻疽伯克霍尔德菌抑菌圈直径阅读示例（假鼻疽伯克霍尔德菌）

参 考 文 献

［1］Clinical and Laboratory Standards Institute. Performance standards for antimicrobial susceptibility testing［S］. In：Clinical and Laboratory Standards Institute. M100，34th Edition. Wayne，PA：CLSI，2024.

［2］The European Committee on Antimicrobial Susceptibility Testing. Breakpoint tables for interpretation of MICs and zone diameters. Version 14.0［EB/OL］.（2024-03-08）［2024-03-10］. http：//www.eucast.org.

［3］U.S. Food & Drug Administration. Antibacterial susceptibility test interpretive criteria［EB/OL］.（2024-03-08）［2023-03-08］. https：//www.fda.gov/drugs/development-resources/antibacterial-susceptibility-test-interpretive-criteria.

［4］EUCAST. Reading guide：EUCAST disk diffusion method for antimicrobial susceptibility testing；Version 8.0［M］. European Committee on Antimicrobial Susceptibility Testing，Sweden：Växjö，2021.

［5］Barry AL，Jones RN. Criteria for disk susceptibility tests and quality control guidelines for the cefoperazone-sulbactam combination［J］. J Clin Microbiol，1988，26（1）：13-17.

第七章

流感嗜血杆菌和副流感嗜血杆菌

（Haemophilus influenza and Haemophilus parainfluenzae）

流感嗜血杆菌和副流感嗜血杆菌是人类口咽部寄居的正常菌群，当机体免疫力下降时可引发感染，尤其是儿童、老年人和有免疫缺陷的个体，属于条件致病菌。流感嗜血杆菌是儿童呼吸道感染最常见的致病菌，同时也是成人上呼吸道感染和肺炎的重要病原菌。其中，b型流感嗜血杆菌致病性强，主要引起细菌性脑膜炎，也可随血流引起化脓性关节炎、骨髓炎、蜂窝织炎、心包炎等。无荚膜流感嗜血杆菌主要引起儿童中耳炎、化脓性细菌性结膜炎、鼻窦炎、急性或慢性下呼吸道感染，很少引起菌血症。

氨苄西林和磺胺类药物曾是治疗流感嗜血杆菌感染的首选药物，但是近些年耐药率逐渐上升。2023年CHINET细菌耐药网监测数据显示，儿童和成人分离的流感嗜血杆菌对氨苄西林的耐药率分别从2005年的16.4%和23.0%上升到80.1%和66.5%；儿童分离株和成人分离株对甲氧苄啶-磺胺甲噁唑的耐药率分别是71.6%和54.6%。但流感嗜血杆菌对左氧氟沙星、美罗培南、头孢曲松和氯霉素依然保持较高的敏感率，均超过95%。

流感嗜血杆菌对氨苄西林的耐药性主要是产生质粒介导的β-内酰胺酶，能使氨苄西林和阿莫西林水解失活。目前主要有2种基因型，TEM-1和ROB-1，其中绝大多数是TEM-1型，ROB-1型的β-内酰胺酶＜5%。此外，青霉素结合蛋白改变 ftsI 基因突变导致青霉素结合蛋白（PBP3）改变已被公认为是流感嗜血杆菌β-内酰胺酶阴性和对氨苄西林耐药（β-lactamase-negative and ampicillin-resistant，BLNAR）的重要机制。目前，临床分离到BLNAR株占3%～7%。

一、药敏试验报告注意点

1. 0.5麦氏浊度菌悬液浓度为（1～4）×10^8CFU/mL，由于接种菌量过高可导致某些β-内酰胺类药物出现假耐药结果，尤其是产β-内酰胺酶流感嗜血杆菌，药敏试验时需要准确制备菌悬液,确保细菌接种菌量准确。

2. 分离自脑脊液的流感嗜血杆菌,常规只测试并报告氨苄西林、一种第三代头孢菌素、氯霉素和美罗培南的药敏结果。

3. 流感嗜血杆菌对第三代、第四代头孢菌素、碳青霉烯类、喹诺酮类以及阿奇霉素的耐药菌株罕见。如出现上述耐药菌株,必须进行菌种复核和采用稀释法确认药敏试验结果。

4. 喹诺酮类抗菌药物对流感嗜血杆菌有良好的抗菌作用,临床罕见耐药菌株,尤其是对下呼吸道的感染抗菌效果好,但其影响儿童骨骼生长,故儿童需慎用。

5. 阿莫西林-克拉维酸、阿奇霉素、头孢克洛、头孢地尼、头孢克肟、头孢泊肟、头孢丙烯、头孢呋辛和克拉霉素可用于嗜血杆菌属所致呼吸道感染的经验治疗。这些抗菌药物的药敏试验结果对个体患者的治疗参考价值不大。

6. 产 β-内酰胺酶是流感嗜血杆菌对氨苄西林耐药的主要机制(主要为 TEM 型),对流感嗜血杆菌测定 β-内酰胺酶可快速预测其对氨苄西林的耐药性,故必须测定和报告细菌产生 β-内酰胺酶的特性。

7. β-内酰胺酶阴性、氨苄西林耐药的流感嗜血杆菌为 BLNAR 菌株,较为罕见,应视作对阿莫西林-克拉维酸、氨苄西林-舒巴坦、头孢克洛、头孢孟多、头孢他美、头孢尼西、头孢丙烯、氯碳头孢和哌拉西林-他唑巴坦等抗生素耐药,因此无论 BLNAR 菌株体外对上述抗生素显示敏感与否,均应作耐药修正。

8. 对于流感嗜血杆菌的 MIC 检测,使用 HTM 肉汤或 MHF 肉汤时,氨苄西林、阿莫西林-克拉维酸、头孢噻肟、头孢曲松、头孢呋辛、克拉维酸、氯霉素、左氧氟沙星、美罗培南、利福平、四环素和甲氧苄啶-磺胺甲噁唑的结果是等效的。但 MHF 肉汤对头孢呋辛和利福平获得的 MIC 与 HTM 肉汤相比,可能显示出一倍的稀释偏差,以获得更多的耐药性。研究显示,对于上述所有药物,使用 MHF 和 HTM 肉汤的 MIC 基本一致率>90%。

9. 对于流感嗜血杆菌的纸片扩散法试验,使用 MHF 和 HTM 琼脂,氨苄西林、头孢曲松、头孢呋辛、克拉维酸、氯霉素、左氧氟沙星和四环素的结果是等效的。但甲氧苄啶-磺胺甲噁唑的结果不等效,建议使用 HTM 琼脂。

二、天 然 耐 药

目前 CLSI 和 EUCSAT 文件均无天然耐药提示。

三、可 预 报 药 物

1. 氨苄西林敏感性试验结果可预报阿莫西林的敏感性。

2. 目前国内鲜见 BLNAR 流感嗜血杆菌的报道,这类菌株应当认为对阿莫西林-克拉维酸、氨苄西林-舒巴坦、头孢克洛、头孢孟多、头孢他美、头孢尼西、头孢丙烯、头孢呋辛、氯碳头孢和哌拉西林-他唑巴坦耐药,即使某些 BLNAR 菌株对上述药物在体外显示为敏感。

3. 对 β-内酰胺类单药敏感的菌株应认为对 β-内酰胺类/β-内酰胺酶抑制剂复方制剂也敏感。但对 β-内酰胺类/β-内酰胺酶抑制剂复方制剂敏感的菌株不能认为对 β-内酰胺类单药敏感。同理,对 β-内酰胺类单药中介或耐药的菌株可能对 β-内酰胺类/β-内酰胺酶抑制剂复方制剂敏感。

4. 对四环素敏感的菌株也被认为对多西环素和米诺环素敏感,但对四环素耐药的菌株不能被推断为对多西环素和米诺环素耐药。

四、流行病学界值

某些抗菌药物仅开展了流行病学折点制定研究,建立了流行病学界值(epidemiological cutoff value,ECOFF 或 ECV)。ECOFF 将细菌区分为野生型和非野生型菌株两大类。野生型菌株是指对该抗菌药物不存在任何耐药机制的群体,类似于临床折点中的"敏感"解释分类,而非野生型菌株是指对该抗菌药物可能存在耐药机制的群体。

五、流感嗜血杆菌和副流感嗜血杆菌
药敏试验执行标准

纸片扩散法				MIC 法			
培 养 基	接种菌量	孵育条件	孵育时间	培 养 基	接种菌量	孵育条件	孵育时间
CLSI：HTM 或 MHF 琼脂(MHA+ 5% 脱纤维马血+ 20 mg/L NAD,仅限流感嗜血杆菌的部分药物);EUCAST：MHA+ 5% 脱纤维马血+ 20 mg/L β-NAD(MH-F 琼脂)	0.5 麦氏浊度	CLSI：35℃ ±2℃ ,5% CO_2；EUCAST：35℃ ±1℃ ,5% CO_2	CLSI：16~18 h；EUCAST：18 h±2 h	CLSI：HTM(肉汤稀释法);EUCAST：MH 肉汤+ 5% 裂解马血+ 20 mg/L β- NAD(MH-F 肉汤)	5×10^5 CFU/mL	CLSI：35℃ ±2℃ ,空气；EUCAST：35℃ ±1℃ ,空气	CLSI：20~24 h；EUCAST：18 h±2 h

质控菌株

1. CLSI：流感嗜血杆菌 ATCC 49247、流感嗜血杆菌 ATCC 49766。QC 使用流感嗜血杆菌 ATCC 49247 或流感嗜血杆菌 ATCC 49766 或两者是基于所测试的抗菌药物。任何一种质控菌株都不能覆盖对流感嗜血杆菌或副流感嗜血杆菌所测试的全部抗菌药物。大肠埃希菌 ATCC 35218 用于阿莫西林-克拉维酸。使用商品化检测系统进行敏感性试验时,请参考制造商 QC 测试推荐和 QC 范围的说明。

2. EUCAST：流感嗜血杆菌 ATCC 49766,对于该菌株未能涵盖的抗菌药以及 β-内酰胺类/β-内酰胺酶抑制剂复方制剂的质控,请参照 EUCAST QC 表格。

六、流感嗜血杆菌和副流感嗜血杆菌抗菌药物判断标准

抗菌药物	纸片含量（μg）	纸片扩散法（mm）				MIC（μg/mL）				来源及备注
		S	SDD	I	R	S	SDD	I	R	
氨苄西林 Ampicillin	10	≥22	-	19-21	≤18	≤1	-	2	≥4	CLSI（基于 2 g, q4 脑膜炎）、FDA
	2	≥18	-	-	<18	≤1	-	-	>1	EUCAST：非脑膜炎
氨苄西林-舒巴坦 Ampicillin-sulbactam	10/10	≥20	-	-	≤19	≤2/1	-	-	≥4/2	CLSI（基于 3 g, q6 注射）、FDA
	-	-	-	-	-	≤1	-	-	>1	EUCAST
青霉素 Benzylpenicillin	-	-	-	-	-	-	-	-	-	CLSI，FDA
	1U	≥12	-	-	<12	-	-	-	-	EUCAST：筛选 β-内酰胺类耐药株
阿莫西林 Amoxicillin	-	-	-	-	-	-	-	-	-	CLSI，FDA
	-	-	-	-	-	≤2	-	-	>2	EUCAST：非脑膜炎、注射
	-	-	-	-	-	≤0.001	-	-	>2	EUCAST：口服
阿莫西林-克拉维酸 Amoxicillin-clavulanate	20/10	-	-	-	-	≤2/1	-	4/2	≥8/4	CLSI
	CLSI：基于 875/125 mg, q12h 或 500/125 mg, q8h 口服给药									
	2/1	≥15	-	-	<15	≤2	-	-	>2	EUCAST：注射
	2/1	≥50	-	-	<15	≤0.001	-	-	>2	EUCAST：口服
	20/10	≥20	-	-	≤19	≤4/2	-	-	≥8/4	FDA：口服，仅流感嗜血杆菌
头孢洛生-他唑巴坦 Ceftolozane-tazobactam	-	-	-	-	-	≤0.5/4	-	-	-	CLSI，FDA
	CLSI：敏感折点基于 3 g, q8h；仅用于报告流感嗜血杆菌									
	30/10	≥23	-	-	<23	≤0.5	-	-	>0.5	EUCAST：肺炎
哌拉西林-他唑巴坦 Piperacillin-tazobactam	100/10	≥21	-	-	-	≤1/4	-	-	≥2/4	CLSI，FDA
	30/6	≥27	-	-	<27	≤0.25	-	-	>0.25	EUCAST

抗 菌 药 物	纸片含量(μg)	纸片扩散法(mm)				MIC(μg/mL)				来源及备注
		S	SDD	I	R	S	SDD	I	R	
头孢噻肟 Cefotaxime	30	≥26	-	-	-	≤2	-	-	-	CLSI
	5	≥27	-	-	<27	≤0.125	-	-	>0.125	EUCAST
		-	-	-	-	≤1	-	-	-	FDA：注射
头孢他啶 Ceftazidime	30	≥26	-	-	-	≤2	-	-	-	CLSI，FDA
	-	-	-	-	-	-	-	-	-	EUCAST
头孢曲松 Ceftriaxone	30	≥26	-	-	-	≤2	-	-	-	CLSI，FDA
	30	≥32	-	-	<32	≤0.125	-	-	>0.125	EUCAST
头孢替安 Cefotiam	30	≥18	-	-	≤17	≤8	-	-	≥16	ECOFF
头孢呋辛 Cefuroxime	30	≥20	-	17 - 19	≤16	≤4	-	8	≥16	CLSI，FDA
	30	≥27	-	-	<25	≤1	-	-	>2	EUCAST：注射
	30	≥50	-	-	<27	≤0.001	-	-	>1	EUCAST：口服
头孢硫脒 Cefathiamidine	30	≥21	-	-	≤20	≤16	-	-	≥32	ECOFF：流感嗜血杆菌
头孢嗪脒 Cefazinamidine	30	≥24	-	-	≤23	≤4	-	-	≥8	ECOFF：流感嗜血杆菌
头孢罗膦 Ceftaroline	30	≥30	-	-	-	≤0.5	-	-	-	CLSI，FDA
	CLSI：600 mg，q12h,仅用于流感嗜血杆菌									
	-	-	-	-	-	≤0.03	-	-	>0.03	EUCAST
头孢尼西 Cefonicid	30	≥20	-	17 - 19	≤16	≤4	-	8	≥16	CLSI
	-	-	-	-	-	-	-	-	-	EUCAST，FDA
头孢孟多 Cefamandole	-	-	-	-	-	≤4	-	8	≥16	CLSI
	-	-	-	-	-	-	-	-	-	EUCAST，FDA
头孢吡肟 Cefepime	30	≥26	-	-	-	≤2	-	-	-	CLSI
	30	≥28	-	-	<28	≤0.25	-	-	>0.25	EUCAST
	-	-	-	-	-	-	-	-	-	FDA

（续表）

抗菌药物	纸片含量（μg）	纸片扩散法（mm）				MIC（μg/mL）				来源及备注
		S	SDD	I	R	S	SDD	I	R	
头孢唑肟 Ceftizoxime	30	≥26	-	-	-	≤2	-	-	-	CLSI
	-	-	-	-	-	-	-	-	-	EUCAST，FDA
头孢克洛 Cefaclor	30	≥20	-	17-19	≤16	≤8	-	16	≥32	CLSI
	-	-	-	-	-	-	-	-	-	EUCAST，FDA
头孢丙烯 Cefprozil	30	≥18	-	15-17	≤14	≤8	-	16	≥32	CLSI
	-	-	-	-	-	-	-	-	-	EUCAST，FDA
头孢地尼 Cefdinir	5	≥20	-	-	-	≤1	-	-	-	CLSI，FDA
										EUCAST
头孢克肟 Cefixime	5	≥21	-	-	-	≤1	-	-	-	CLSI，FDA
	5	≥26	-	-	<26	≤0.125	-	-	>0.125	EUCAST
头孢泊肟 Cefpodoxime	10	≥21	-	-	-	≤2	-	-	-	CLSI，FDA
	10	≥26	-	-	<26	≤0.25	-	-	>0.25	EUCAST
氯碳头孢 Loracarbef	30	≥19	-	16-18	≤15	≤8	-	16	≥32	CLSI
	-	-	-	-	-	-	-	-	-	EUCAST，FDA
头孢布烯 Ceftibuten	30	≥28	-	-	-	≤2	-	-	-	CLSI
	30	≥25	-	-	<25	≤1	-	-	>1	EUCAST
	-	-	-	-	-	-	-	-	-	FDA
头孢他美 Cefetamet	10	≥18	-	15-17	≤14	≤4	-	8	≥16	CLSI
	-	-	-	-	-	-	-	-	-	EUCAST，FDA
头孢妥仑 Cefditoren Pivoxil	-	-	-	-	-	-	-	-	-	CLSI，EUCAST
	-	-	-	-	-	≤0.125	-	0.25	>0.5	FDA：口服
头孢替坦 Cefotetan	-	-	-	-	-	-	-	-	-	CLSI，EUCAST
	-	-	-	-	-	-	≤4	8	≥16	FDA：注射，仅流感嗜血杆菌
氨曲南 Aztreonam	30	≥26	-	-	-	≤2	-	-	-	CLSI，FDA
	-	-	-	-	-	-	-	-	-	EUCAST

（续表）

抗 菌 药 物	纸片含量(μg)	纸片扩散法(mm)				MIC(μg/mL)				来源及备注
		S	SDD	I	R	S	SDD	I	R	
美罗培南 Meropenem	10	≥20	-	-	-	≤0.5	-	-	-	CLSI，FDA
	10	≥20	-	-	<20	≤2	-	-	>2	EUCAST：非脑膜炎
	-	-	-	-	-	≤0.25	-	-	>0.25	EUCAST：脑膜炎
厄他培南 Ertapenem	10	≥19	-	-	-	≤0.5	-	-	-	CLSI，FDA
	10	≥23	-	-	<23	≤0.5	-	-	>0.5	EUCAST
亚胺培南 Imipenem	10	≥16	-	-	-	≤4	-	-	-	CLSI，FDA
	10	≥20	-	-	<20	≤2	-	-	>2	EUCAST
多立培南 Doripenem	10	≥16	-	-	-	≤1	-	-	-	CLSI
	10	≥23	-	-	<23	≤1	-	-	>1	EUCAST
	-	-	-	-	-	-	-	-	-	FDA
法罗培南 Faropenem	-	-	-	-	-	≤1	-	-	≥2	ECOFF：流感嗜血杆菌
亚胺培南-瑞来巴坦 Imipenem-relebactam	-	-	-	-	-	-	-	-	-	CLSI，EUCAST
	-	-	-	-	-	≤4/4	-	-	-	FDA：仅流感嗜血杆菌
阿奇霉素 Azithromycin	15	≥12	-	-	-	≤4	-	-	-	CLSI，FDA
	-	-	-	-	-	-	-	-	-	EUCAST
克拉霉素 Clarithromycin	15	≥13	-	11-12	≤10	≤8	-	16	≥32	CLSI，FDA
	-	-	-	-	-	-	-	-	-	EUCAST
环丙沙星 Ciprofloxacin	5	≥21	-	-	-	≤1	-	-	-	CLSI，FDA
	5	≥30	-	-	<30	≤0.06	-	-	>0.06	EUCAST：非脑膜炎
	5	-	-	-	-	≤0.03	-	-	>0.03	EUCAST：脑膜炎
左氧氟沙星 Levofloxacin	5	≥17	-	-	-	≤2	-	-	-	CLSI，FDA
	5	≥30	-	-	<30	≤0.06	-	-	>0.06	EUCAST
莫西沙星 Moxifloxacin	5	≥18	-	-	-	≤1	-	-	-	CLSI，FDA
	5	≥28	-	-	<28	≤0.125	-	-	>0.125	EUCAST

（续表）

抗菌药物	纸片含量（μg）	纸片扩散法（mm）				MIC（μg/mL）				来源及备注
		S	SDD	I	R	S	SDD	I	R	
吉米沙星 Gemifloxacin	5	≥18	-	-	-	≤0.12	-	-	-	CLSI，FDA
	-	-	-	-	-	-	-	-	-	EUCAST
加替沙星 Gatifloxacin	5	≥18	-	-	-	≤1	-	-	-	CLSI
	-	-	-	-	-	-	-	-	-	EUCAST，FDA
格雷沙星 Grepafloxacin	5	≥24	-	-	-	≤0.5	-	-	-	CLSI
	-	-	-	-	-	-	-	-	-	EUCAST，FDA
洛美沙星 Lomefloxacin	10	≥22	-	-	-	≤2	-	-	-	CLSI
	-	-	-	-	-	-	-	-	-	EUCAST，FDA
氧氟沙星 Ofloxacin	5	≥16	-	-	-	≤2	-	-	-	CLSI，FDA
	5	≥30	-	-	<30	≤0.06	-	-	>0.06	EUCAST
司帕沙星 Sparfloxacin	-	-	-	-	-	≤0.25	-	-	-	CLSI
	-	-	-	-	-	-	-	-	-	EUCAST，FDA
曲伐沙星 Trovafloxacin	10	≥22	-	-	-	≤1	-	-	-	CLSI
	-	-	-	-	-	-	-	-	-	EUCAST，FDA
氟罗沙星 Fleroxacin	5	≥19	-	-	-	≤2	-	-	-	CLSI
	-	-	-	-	-	-	-	-	-	EUCAST，FDA
奈诺沙星 Nemonoxacin	5	≥21	-	-	≤20	≤0.5	-	-	≥1	ECOFF：流感嗜血杆菌
甲氧苄啶-磺胺甲噁唑 Trimethoprim-sulfamethoxazole	1.25/23.75	≥16	-	11-15	≤10	≤0.5/9.5	-	1/19-2/38	≥4/76	CLSI，FDA
	1.25/23.75	≥23	-	-	<20	≤0.5	-	-	>1	EUCAST
氯霉素 Chloramphenicol	30	≥29	-	26-28	≤25	≤2	-	4	≥8	CLSI（泌尿道标本分离株常规不报告），FDA
	30	≥28	-	-	<28	≤2	-	-	>2	EUCAST
利福平 Rifampin	5	≥20	-	17-19	≤16	≤1	-	2	≥4	CLSI

(续表)

抗 菌 药 物	纸片含量(μg)	纸片扩散法(mm)				MIC(μg/mL)				来源及备注
		S	SDD	I	R	S	SDD	I	R	
利福平 Rifampin	5	≥18	-	-	<18	≤1	-	-	>1	EUCAST：仅作预防用药
	-	-	-	-	-	-	-	-	-	FDA
来法莫林 Lefamulin	20	≥18	-	-		≤2	-	-		CLSI，FDA（仅流感嗜血杆菌）
	CLSI：基于 q12h,150 mg 静脉给药或者 600 mg 口服给药方案									
	-	-	-	-	-	-	-	-	-	EUCAST
多西环素 Doxycycline	-	-	-	-	-	-	-	-	-	CLSI，FDA
	-	-	-	-	-	≤1	-	-	>1	EUCAST
米诺环素 Minocycline	-	-	-	-	-	-	-	-	-	CLSI，FDA
	30	≥24	-	-	<24	≤1	-	-	>1	EUCAST
四环素 Tetracycline	30	≥29	-	26-28	≤25	≤2	-	4	≥8	CLSI，FDA
	30	≥25	-	-	<25	≤2	-	-	>2	EUCAST
替加环素 Tigecycline	-	-	-	-	-	-	-	-	-	CLSI，EUCAST
	15	≥19	-	-	-	≤0.25	-	-	-	FDA
	FDA：仅流感嗜血杆菌,除"敏感"结果外,MIC 结果应进一步验证									
萘啶酸 Nalidixic acid	-	-	-	-	-	-	-	-	-	CLSI，FDA
	30	≥23	-	-	<23	-	-	-	-	EUCAST
	EUCAST：氟喹诺酮类耐药菌株筛选									

说明： 此表抗菌药物药敏试验判断标准来源于 CLSI（M 100,34th）、EUCAST（v14.0）和 FDA（https://www.fda.gov/drugs/development-resources/antibacterial-susceptibility-test-interpretive-criteria）颁布的判断标准,若某抗菌药物无 FDA 药敏试验判断标准,说明该药在 FDA 的判断标准等同于 CLSI 判断标准或无 FDA 判断标准。

七、药敏试验结果阅读注意事项

抑菌圈内纸片周围出现明显的菌落生长,读取外部边缘为抑菌圈直径。请参见图 7-1。

图 7-1　β-内酰胺抑制剂对流感嗜血杆菌抑菌圈直径阅读示例(引自参考文献[7])

八、流感嗜血杆菌感染治疗方案推荐

感染部位	首选方案及疗程	备选方案及疗程	来源及备注
脑膜炎、会厌炎等威胁生命的感染	(1) 成人: 1) 头孢曲松 2 g iv q12h; 2) 头孢噻肟 2 g iv q4-6 h。 (2) 儿童:头孢曲松日剂量 100 mg/(kg·d),分 q12h 给药	(1) β-内酰胺类严重过敏者:氯霉素 75~100 mg/(kg·d) iv,分成 q6h 给药,最大剂量 4 g/d; (2) 若 β-内酰胺酶阴性且氨苄西林敏感: 1) 成人:氨苄西林 2 g iv q4h 或氨曲南 2 g q6h; 2) 儿童:氨苄西林 300 mg/(kg·d),分成 q4h 给药,最大量 12 g/d;氨曲南 90~120 mg/(kg·d),分 q6~8 h 给药,最大量 8 g/d	Sanford Guide(2023 年 10 月 5 日更新)
其他非威胁生命的感染	成人: 1) 阿莫西林克拉维酸片 875/125 mg po bid; 2) 头孢呋辛酯片 500 mg po q12h; 3) 头孢丙烯片 500 mg po q12h; 4) 头孢地尼片 600 mg po q24h,疗程 5~7 d	非产 β-内酰胺酶菌株: 1) 氨苄西林 2 g iv q6h 或阿莫西林 1 g po q8h; 2) 左氧氟沙星 750 mg iv/po qd; 3) 莫西沙星 400 mg iv/po qd; 4) 克拉霉素 500 mg po bid 或阿奇霉素 500 mg po,1 d 后改为 250 mg po qd; 5) 多西环素 100 mg po bid,疗程 5~7 d	

─────────── 参 考 文 献 ───────────

[1] Clinical and Laboratory Standards Institute. Performance standards for antimicrobial susceptibility testing[S]. In:Clinical and Laboratory Standards Institute. M100,34th Edition. Wayne,PA:CLSI,2024.

［2］The European Committee on Antimicrobial Susceptibility Testing. Breakpoint tables for interpretation of MICs and zone diameters. Version 14.0［EB/OL］.（2024－03－08）［2024－03－10］. http：//www.eucast.org.

［3］U.S. Food & Drug Administration. Antibacterial susceptibility test interpretive criteria［EB/OL］.（2024－03－08）［2023－03－08］. https://www.fda.gov/drugs/development-resources/antibacterial-susceptibility-test-interpretive-criteria.

［4］CHINET 数据云.CHINET 2023 年全年细菌耐药监测结果［EB/OL］.（2024－03－08）［2024－03－08］.http://www.chinets.com/Document/Index#.

［5］Yamamoto K，Ubukata K. Beta-lactamase negative ampicillin-resistant Haemophilus nfluenza（BLNAR）［J］. Nihon Rinsho，2001，59（4）：688－693.

［6］Kuvat N，Nazik H，Berkiten R，Öngen B. TEM－1 and ROB－1 Presence and Antimicrobial Resistance in Haemophilus Influenzae Strains，ISTANBUL，TURKEY［J］. Southeast Asian J Trop Med Public Health，2015，46（2）：254－261.

［7］EUCAST. Reading guide：EUCAST disk diffusion method for antimicrobial susceptibility testing；Version 8.0［M］. EUCAST，Sweden：Växjö，2021.

［8］Khattak ZE，Anjum F. Haemophilus influenzae Infection. 2023 Apr 27［M］. In：StatPearls［Internet］. Treasure Island（FL）：StatPearls Publishing；2024.

第八章

卡他莫拉菌
(*Moraxella catarrhalis*)

卡他莫拉菌大多定植于上呼吸道,为条件致病菌,能够引起呼吸道感染(肺炎、支气管炎、鼻窦炎、喉炎等)、中耳炎、结膜炎等,是仅次于肺炎链球菌和流感嗜血杆菌的第三位呼吸道感染病原菌,与慢性阻塞性肺疾病(COPD)的加重有关。卡他莫拉菌在人体中的感染与年龄相关,儿童多见,成人罕见,且具有明显的季节性变化,好发于冬季。卡他莫拉菌感染被认为与机体免疫力,特别是体内卡他莫拉菌的 IgG 抗体含量有关。由于卡他莫拉菌是儿童上呼吸道常见的定植菌,因此儿童上呼吸道标本分离出该菌(如咽拭子培养)不能作为中耳炎和鼻窦炎感染的病原学依据。但对于窦道抽吸物和鼓膜穿刺术抽取的中耳液中分离出卡他莫拉菌时应进行鉴定并报告。

CHINET 中国细菌耐药监测网数据显示,卡他莫拉菌的检出率不断增多,从 2005 年的0.03% 上升至 2019 年的 1.25%。卡他莫拉菌除对氨苄西林耐药率、阿奇霉素不敏感率较高外,对其他抗菌药物较为敏感,包括阿莫西林-克拉维酸、第二代和第三代头孢菌素(如头孢呋辛、头孢噻肟、头孢曲松、头孢泊肟、口服的头孢克肟和头孢克洛)、四环素、利福平、喹诺酮类及磺胺类药物等。CHINET 数据显示 2005—2014 年中国卡他莫拉菌 β-内酰胺酶的检出率为 93.2%(1202/1289),其中儿童株检出率为 94.6%,成人株检出率为90.0%。卡他莫拉菌对氨苄西林耐药的主要原因为产生染色体介导的 BRO1 或 BRO2 型 β-内酰胺酶。

一、药敏试验报告注意点

1. 由于卡他莫拉菌产酶检出率高达 90% 以上,所以对卡他莫拉菌是否需要检测和报告 β-内酰胺酶存在争议。但是由于医院流行病调查、医院管理和院感控制的需要,对卡他莫拉菌常

规检测 β-内酰胺酶还是必要的。

2. 药敏报告中不可遗漏阿莫西林-克拉维酸、头孢呋辛、甲氧苄啶-磺胺甲噁唑的药敏结果,甲氧苄啶-磺胺甲噁唑耐药的菌株较为少见。

二、天 然 耐 药

目前 CLSI 和 EUCAST 指南均无卡他莫拉菌天然耐药的提示。

三、流行病学界值

某些抗菌药物仅开展了流行病学折点制定研究,建立了流行病学界值(epidemiological cutoff value,ECOFF 或 ECV)。ECOFF 将细菌区分为野生型和非野生型菌株两大类。野生型菌株是指对该抗菌药物不存在任何耐药机制的群体,类似于临床折点中的"敏感"解释分类,而非野生型菌株是指对该抗菌药物可能存在耐药机制的群体。

四、卡他莫拉菌药敏试验执行标准

纸片扩散法				MIC 法			
培 养 基	接种菌量	孵育条件	孵育时间	培 养 基	接种菌量	孵育条件	孵育时间
CLSI：MHA；EUCAST：MHA + 5% 脱纤维马血+ 20 mg/L β-NAD(MH-F 琼脂)	0.5 麦氏浊度	CLSI：35℃, 5% CO_2；EUCAST：35℃±1℃, 5% CO_2	CLSI：20～24 h；EUCAST：18 h±2 h	CLSI：CAMHB(肉汤稀释法)；EUCAST：MH 肉汤+5% 裂解马血+20 mg/L β-NAD(MH-F 肉汤)	5×10^5 CFU/mL	35℃空气；35℃±1℃, 空气	CLSI：20～24 h；EUCAST：18 h±2 h

质控菌株

1. CLSI：金黄葡萄球菌 ATCC 29213(MIC 法)、大肠埃希菌 ATCC 35218(β-内酰胺类/β-内酰胺酶抑制剂复方制剂)、金黄葡萄球菌 ATCC 25923(纸片扩散法)。

2. EUCAST：流感嗜血杆菌 ATCC 49766。对于该菌株未涵盖的抗菌药和 β-内酰胺类/β-内酰胺酶抑制剂复方制剂的质控,见 EUCAST 质量控制表。

五、卡他莫拉菌抗菌药物判断标准

抗 菌 药 物	纸片含量（μg）	纸片扩散法（mm）				MIC（μg/mL）				来　源
		S	SDD	I	R	S	SDD	I	R	
阿莫西林-克拉维酸 Amoxicillin-clavulanate	20/10	≥24	-	-	≤23	≤4/2	-	-	≥8/4	CLSI
	2/1	≥19	-	-	<19	≤1	-	-	>1	EUCAST
	-	-	-	-	-	-	-	-	-	FDA
氨苄西林-舒巴坦 Ampicillin-sulbactam	-	-	-	-	-	-	-	-	-	CLSI，FDA
	-	-	-	-	-	≤1	-	-	>1	EUCAST
头孢呋辛 Cefuroxime	-	-	-	-	-	≤4	-	8	≥16	CLSI、FDA：口服
	30	≥21	-	-	<18	≤4	-	-	>8	EUCAST：注射
	30	≥50	-	-	<21	≤0.001	-	-	>4	EUCAST：口服
头孢硫脒 Cefathiamidine	30	≥20	-	-	≤19	≤16	-	-	≥32	ECOFF
头孢嗪脒 Cefazinamidine	30	≥20	-	-	≤19	≤16	-	-	≥32	ECOFF
头孢他啶 Ceftazidime	-	-	-	-	-	≤2	-	-	-	CLSI
	-	-	-	-	-	-	-	-	-	EUCAST，FDA
头孢曲松 Ceftriaxone	-	-	-	-	-	≤2	-	-	-	CLSI
	30	≥24	-	-	<21	≤1	-	-	>2	EUCAST
	-	-	-	-	-	-	-	-	-	FDA
头孢地尼 Cefdinir	-	-	-	-	-	-	-	-	-	CLSI，EUCAST
	5	≥20	-	17-19	≤16	≤1	-	2	≥4	FDA（口服）
头孢吡肟 Cefepime	-	-	-	-	-	-	-	-	-	CLSI，FDA
	30	≥20	-	-	<20	≤4	-	-	>4	EUCAST
头孢克肟 Cefixime	-	-	-	-	-	-	-	-	-	CLSI，FDA
	5	≥21	-	-	<21	≤0.5	-	-	>0.5	EUCAST

(续表)

抗菌药物	纸片含量(μg)	纸片扩散法(mm)				MIC(μg/mL)				来 源
		S	SDD	I	R	S	SDD	I	R	
头孢噻肟 Cefotaxime	-	-	-	-	-	≤2	-	-	-	CLSI
	5	≥20	-	-	<17	≤1	-	-	>2	EUCAST
阿奇霉素 Azithromycin	15	≥26	-	-	-	≤0.25	-	-	-	CLSI，FDA
		-	-	-	-	≤0.25	-	-	>0.25	EUCAST
克拉霉素 Clarithromycin	15	≥24	-	-	-	≤1	-	-	-	CLSI
	-	-	-	-	-	≤0.25	-	-	>0.25	EUCAST
	-	-	-	-	-	-	-	-	-	FDA
红霉素 Erythromycin	15	≥21	-	-	-	≤2	-	-	-	CLSI
	15	≥23	-	-	<23	≤0.25	-	-	>0.25	EUCAST
	-	-	-	-	-	-	-	-	-	FDA
罗红霉素 Roxithromycin	-	-	-	-	-	-	-	-	-	CLSI，FDA
	-	-	-	-	-	≤0.5	-	-	>0.5	EUCAST
环丙沙星 Ciprofloxacin	-	-	-	-	-	≤1	-	-	-	CLSI
	5	≥31	-	-	<31	≤0.125	-	-	>0.125	EUCAST
左氧氟沙星 Levofloxacin	-	-	-	-	-	≤2	-	-	-	CLSI
	5	≥29	-	-	<29	≤0.125	-	-	>0.125	EUCAST
莫西沙星 Moxifloxacin	-	-	-	-	-	-	-	-	-	CLSI，FDA
	5	≥26	-	-	<26	≤0.25	-	-	>0.25	EUCAST
氧氟沙星 Ofloxacin	-	-	-	-	-	-	-	-	-	CLSI，FDA
	5	≥28	-	-	<28	≤0.25	-	-	>0.25	EUCAST
萘啶酸 Nalidixic acid	-	-	-	-	-	-	-	-	-	CLSI，FDA
	30	≥23	-	-	<23	-	-	-	-	EUCAST：筛选试验
四环素 Tetracycline	30	≥29	-	25-28	≤24	≤2	-	4	≥8	CLSI
	30	≥26	-	-	<26	≤2	-	-	>2	EUCAST
	-	-	-	-	-	-	-	-	-	FDA

（续表）

抗 菌 药 物	纸片含量（μg）	纸片扩散法（mm）				MIC（μg/mL）				来　源
		S	SDD	I	R	S	SDD	I	R	
多西环素 Doxycycline	-	-	-	-	-	-	-	-	-	CLSI，FDA
	-	-	-	-	-	≤1	-	-	≥1	EUCAST
米诺环素 Minocycline	-	-	-	-	-	-	-	-	-	CLSI，FDA
	30	≥25	-	-	＜25	≤1	-	-	≥1	EUCAST
克林霉素 Clindamycin	-	-	-	-	-	≤0.5	-	1 - 2	≥4	CLSI
	-	-	-	-	-	-	-	-	-	EUCAST，FDA
甲氧苄啶-磺胺甲噁唑 Trimethoprim-Sulfamethoxazole	1.25/23.75	≥13	-	11 - 12	≤10	≤0.5/9.5	-	1/19 - 2/38	≥4/76	CLSI
	1.25/23.75	≥18	-	-	＜15	≤0.5	-	-	＞1	EUCAST
	-	-	-	-	-	-	-	-	-	FDA
氯霉素 Chloramphenicol	-	-	-	-	-	≤2	-	4	≥8	CLSI
	-	-	-	-	-	-	-	-	-	EUCAST，FDA
利福平 Rifampicin	-	-	-	-	-	≤1	-	2	≥4	CLSI：不能单独用于治疗
	-	-	-	-	-	-	-	-	-	EUCAST，FDA
多立培南 Doripenem	-	-	-	-	-	-	-	-	-	CLSI，FDA
	10	≥30	-	-	＜30	≤1	-	-	＞1	EUCAST
厄他培南 Ertapenem	-	-	-	-	-	-	-	-	-	CLSI，FDA
	10	≥29	-	-	＜29	≤0.5	-	-	＞0.5	EUCAST
亚胺培南 Imipenem	-	-	-	-	-	-	-	-	-	CLSI，FDA
	10	≥29	-	-	＜29	≤2	-	-	＞2	EUCAST
美罗培南 Meropenem	-	-	-	-	-	-	-	-	-	CLSI，FDA
	10	≥33	-	-	＜33	≤2	-	-	＞2	EUCAST

说明：此表抗菌药物药敏试验判断标准来源于 CLSI（*M 100*，34th）、EUCAST（v14.0）和 FDA（https://www.fda.gov/drugs/development-resources/antibacterial-susceptibility-test-interpretive-criteria）颁布的判断标准，若某抗菌药物无 FDA 药敏试验结果判断标准，说明该药在 FDA 的判断标准等同于 CLSI 判断标准或无 FDA 判断标准。

六、卡他莫拉菌感染治疗方案推荐

感染部位	首选方案及疗程	备选方案及疗程	来源及备注
呼吸道感染肺部为主	(1) 阿莫西林克拉维酸钾每次一片(875/125 mg)口服,2 次/d,疗程 5～7 d; (2) 头孢呋辛酯 500 mg po,1 次/12 h,疗程 5～7 d	(1) TMP－SMZ 每次一片(80/400 mg) po bid,5～7 d; (2) 阿奇霉素首剂 500 mg po;第 2～5 d 250 mg po;疗程 5～7 d; (3) 头孢丙烯每次 500 mg po,1 次/12 h,疗程 5～7 d; (4) 头孢地尼每次 600 mg po,bid,疗程 5～7 d	Sanford Guide(2023 年 3 月 24 日更新),红霉素、多西环素、氟喹诺酮类也有效

参 考 文 献

［1］Clinical and Laboratory Standards Institute. Performance standards for antimicrobial susceptibility testing［S］. In：Clinical and Laboratory Standards Institute. M100, 34th Edition. Wayne，PA：CLSI，2024.

［2］The European Committee on Antimicrobial Susceptibility Testing. Breakpoint tables for interpretation of MICs and zone diameters. Version 14.0［EB/OL］.（2024－01－01）［2024－03－10］. http://www.eucast.org.

［3］U.S. Food & Drug Administration. Antibacterial susceptibility test interpretive criteria［EB/OL］.（2024－03－08）［2023－03－08］. https://www.fda.gov/drugs/development-resources/antibacterial-susceptibility-test-interpretive-criteria.

［4］CHINET 数据云.CHINET 2023 年全年细菌耐药监测结果［EB/OL］.（2024－03－08）［2024－03－08］. http://www.chinets.com/Document/Index#.

［5］孙燕,孔菁,张泓,等.2005—2014 年 CHINET 流感嗜血杆菌和卡他莫拉菌耐药性监测［J］.中国感染与化疗杂志,2016,16(2)：153－159.

［6］Kadry AA，Fouda SI，Elkhizzi NA，Shibl AM. Correlation between susceptibility and BRO type enzyme of Moraxella catarrhalis strains［J］. Int J Antimicrob Agents，2003，22(5)：532－536.

第九章

葡萄球菌属

(*Staphylococcus* spp.)

葡萄球菌属细菌在自然界中广泛分布。其中,金黄葡萄球菌具有较强的致病性,是葡萄球菌属细菌中对人类致病的主要病原体之一,可引起各种化脓性感染,包括社区和医院感染。常见的有伤口化脓性感染、骨髓炎、心内膜炎等。凝固酶阴性葡萄球菌是人体皮肤黏膜正常菌群,也是引起医院感染的主要病原菌。临床标本中常见的凝固酶阴性葡萄球菌包括表皮葡萄球菌、人葡萄球菌、溶血葡萄球菌、腐生葡萄球菌、头葡萄球菌等。所致的感染常见的有静脉导管感染、血流感染、女性尿路感染等。

葡萄球菌产生青霉素诱导酶、*mecA* 基因或 *mecC* 基因介导的青霉素结合蛋白(PBP2)的突变,是葡萄球菌属细菌对甲氧西林或苯唑西林耐药的主要机制,即亦称甲氧西林耐药葡萄球菌(MRSA、MRCNS)。菌株表现为对所有青霉素类、头孢菌素类(除外第五代头孢菌素如头孢罗膦、头孢比罗等)和 β-内酰胺类/β-内酰胺酶抑制剂复方制剂均耐药。非 *mecA* 基因介导的甲氧西林(或苯唑西林)耐药机制罕见,包括近年发现的与 *mecA* 基因同源的 *mecC* 基因,直接检测 *mecA* 和 PBP2a 的方法无法检测 *mecC* 介导的耐药性。此外,葡萄球菌还具有万古霉素敏感性降低、克林霉素诱导耐药(ICR)和高水平莫匹罗星耐药等耐药机制。

CHINET 中国细菌耐药监测网历年监测数据显示,2023 年金黄葡萄球菌是所有临床分离菌中排名第三位的分离株(占比 9.23%),位居革兰阳性菌首位。其中,甲氧西林耐药金黄葡萄球菌的检出率从 2005 年的 69.0% 下降到 29.6%,表皮葡萄球菌占所有临床分离菌株的 1.9%。其中,甲氧西林耐药菌株的检出率从 2005 年的 85.3% 下降到 81.9%,其他甲氧西林耐药凝固酶阴性葡萄球菌的检出率从 2005 年的 64.0% 上升到 78.5%。

一、药敏试验报告注意点

1. β-内酰胺类抗生素仅报告青霉素和苯唑西林(头孢西丁是苯唑西林的替代药,药敏报告时需以苯唑西林结果报告)。如遇耐药者必须报告为 MRSA 或 MRCNS。

2. 经头孢西丁或苯唑西林测试为 MRS 菌株，应认为其对其他 β-内酰胺类药物耐药，如青霉素类、β-内酰胺类/β-内酰胺酶抑制剂复方制剂、头孢菌素类(除外头孢罗膦)和碳青霉烯类。这是因为绝大多数文献报道甲氧西林耐药菌株所致感染对 β-内酰胺类药物的治疗反应差，或因为尚未提供上述药物令人信服的临床疗效资料。

3. 青霉素对葡萄球菌的药敏试验结果显示纸片法抑菌圈直径≥29 mm 或稀释法显示 MIC≤0.125 mg/L 时，必须对菌株进行青霉素酶试验，确定为非产 β-内酰胺酶菌株，方可报告青霉素敏感结果。

4. 万古霉素结果只可报告稀释法药敏，即测定 MIC。

5. 对利奈唑胺采用纸片法进行药敏试验时，结果必须采用透射光观察抑菌圈，有任一菌落生长均应判定为耐药。

6. 对药敏试验结果中出现的少见耐药表型现象，如菌株对万古霉素或利奈唑胺不敏感，必须对受试菌株进行菌种复核鉴定及采用肉汤微量稀释法再次确认药敏结果，如确定为耐药株应送参考实验室进一步确认。

7. 药敏试验结果显示红霉素耐药、克林霉素敏感的菌株，需进行诱导性克林霉素耐药(ICR)试验，即 D 试验。如果 D 试验结果显示阳性时，需报告菌株对克林霉素耐药。

8. 磷霉素对葡萄球菌包括 MRSA 和 MSSA 均有良好的抗菌作用。目前 CLSI 无折点，故不用常规报告给临床。作为耐药监测资料积累，当临床有需求时应做免责性提示。

二、天 然 耐 药

1. 葡萄球菌属细菌对氨曲南、多黏菌素 B/黏菌素和萘啶酸存在天然耐药；不同菌种对新生霉素、磷霉素和夫西地酸存在不同程度的天然耐药情况。

2. 金黄葡萄球菌、路邓葡萄球菌、表皮葡萄球菌、溶血葡萄球菌对新生霉素、磷霉素和夫西地酸无天然耐药。

3. 腐生葡萄球菌对新生霉素、磷霉素和夫西地酸天然耐药。

4. 头状葡萄球菌对磷霉素天然耐药。

5. 科氏葡萄球菌和木糖葡萄球菌对新生霉素天然耐药。

三、可 预 报 药 物

1. 不产青霉素酶的葡萄球菌亦称青霉素敏感葡萄球菌，其对葡萄球菌感染具有确定临床疗效的 β-内酰胺类抗生素(包括耐酶和不耐酶青霉素类)也敏感。产青霉素酶但非 MRS 者对不耐酶青霉素类也耐药，但对耐酶青霉素呈现敏感。

2. 甲氧西林敏感葡萄球菌(MSSA、MSCNS)应认为对下列抗菌药物也敏感：β-内酰胺类/β-

内酰胺酶抑制剂复方制剂(阿莫西林-克拉维酸、氨苄西林-舒巴坦、哌拉西林-他唑巴坦)、口服头孢菌素类(头孢克洛、头孢地尼、头孢氨苄、头孢泊肟、头孢丙烯、头孢呋辛、氯碳头孢)、注射用头孢菌素类包括第一代至第五代头孢菌素(头孢孟多、头孢唑林、头孢吡肟、头孢美唑、头孢尼西、头孢哌酮、头孢噻肟、头孢替坦、头孢唑肟、头孢曲松、头孢呋辛和头孢罗膦)、碳青霉烯类(多立培南、厄他培南、亚胺培南、美罗培南)、氧头孢烯类(拉氧头孢)。

3. 除第五代头孢菌素如头孢罗膦、头孢比罗外,甲氧西林耐药葡萄球菌(MRSA、MRCNS)对目前所有β-内酰胺类抗生素均耐药。

4. 对四环素敏感的菌株,也被认为对多西环素和米诺环素敏感。然而,对四环素中介或耐药的某些菌株可以对多西环素或米诺环素或二者均敏感。

5. 采用抗菌药物最低抑菌浓度(MIC)法检测对利奈唑胺敏感的金黄葡萄球菌也应认为对特地唑胺敏感。然而,一些对利奈唑胺耐药的菌株可能对特地唑胺敏感。

6. 对金黄葡萄球菌和凝固酶阴性葡萄球菌,采用抗菌药物最低抑菌浓度(MIC)法检测对利奈唑胺敏感的金黄葡萄球菌和凝固酶阴性葡萄球菌,即可被认为是对康替唑胺的野生型菌株;对利奈唑胺耐药的金黄葡萄球菌和凝固酶阴性葡萄球菌,即可被认为是对康替唑胺的非野生型菌株。

四、流行病学界值

某些抗菌药物仅开展了流行病学折点制定研究,建立了流行病学界值(epidemiological cutoff value,ECOFF 或 ECV)。ECOFF 将细菌区分为野生型和非野生型菌株两大类。野生型菌株是指对该抗菌药物不存在任何耐药机制的群体,类似于临床折点中的"敏感"解释分类,而非野生型菌株是指对该抗菌药物可能存在耐药机制的群体。

五、葡萄球菌属药敏试验执行标准

纸片扩散法				MIC 法			
培养基	接种菌量	孵育条件	孵育时间	培养基	接种菌量	孵育条件	孵育时间
MHA	0.5 麦氏浊度	CSLI: 35℃ ± 2℃,空气;EUCAST: 35℃ ±1℃,空气	CSLI: 16~18 h;24 h(用于头孢西丁测定除金黄葡萄球菌、路邓葡萄球菌、假中间葡萄球菌和施氏葡萄球菌以外的其他葡萄球菌属);EUCAST: 18 h ±2 h	CSLI: CAMHB(肉汤稀释法)、CAMHB+ 2% NaCl 用于苯唑西林;达托霉素需补充 50 mg/L 的 Ca²⁺;EUCAST: MHA(琼脂稀释法)、MHA+ 2% NaCl 用于苯唑西林;注:琼脂稀释法不适用于达托霉素	肉汤稀释法:5× 10⁵ CFU/ mL;琼脂稀释法:10⁴ CFU/点	CSLI: 35℃ ± 2℃,空气,注:孵育温度超过 35℃可能会漏检 MRS;EUCAST: 35℃ ±1℃,空气	CSLI: 16~ 20 h;苯唑西林和万古霉素需孵育至 24 h;EUCAST: 18 h±2 h

质控菌株

1. CLSI:① 纸片扩散法:金黄葡萄球菌 ATCC 25923;② 稀释法:金黄葡萄球菌 ATCC 29213。

2. EUCAST:① 纸片扩散法:金黄葡萄球菌 ATCC 29213;② 稀释法:金黄葡萄球菌 ATCC 29213。

六、葡萄球菌属抗菌药物判断标准

抗菌药物	纸片含量(µg)	纸片扩散法				MIC				来源及备注
		S	SDD	I	R	S	SDD	I	R	
氨苄西林 Ampicillin	-	-	-	-	-	-	-		-	CLSI，FDA
	2	≥18	-	-	<18	-	-	-		EUCAST：腐生葡萄球菌
青霉素 Penicillin	10U	≥29	-	-	≤28	≤0.12	-	-	≥0.25	CLSI，FDA
	1U	≥26	-	-	<26	≤0.125	-	-	>0.125	EUCAST：金黄葡萄球菌和路邓葡萄球菌
苯唑西林 Oxacillin	-	-	-	-	-	≤2 苯唑西林	-	-	≥4 苯唑西林	CLSI‑1、FDA
	CLSI‑1：金黄葡萄球菌和路邓葡萄球菌									
	-	-	-	-	-	≤0.5 苯唑西林	-	-	≥1 苯唑西林	CLSI‑2、FDA、EUCAST
	CLSI‑2：表皮葡萄球菌、假中间葡萄球菌和施氏葡萄球菌；EUCAST：除金葡菌、路郑葡萄球菌、表皮葡萄球菌、假中间葡萄球菌和施氏葡萄球菌以外的葡萄球菌									
	≥22	-	-	≤21	≤4	-	-	≥8		CLSI‑1、FDA
	CLSI‑1：金黄葡萄球菌和路邓葡萄球菌									
	≥25	-	-	≤24	-	-	-	-		CLSI‑2、FDA
	CLSI‑2：除外金葡菌、路郑葡萄球菌、表皮葡萄球菌、假中间葡萄球菌和施氏葡萄球菌以外的其他葡萄球菌属细菌									
	30 µg 头孢西丁 ≥27	-	-	<27	-	-	-	-		EUCAST‑1
	EUCAST‑1：表皮葡萄球菌和路邓葡萄球菌,仅用于筛查 MRS									
	≥22	-	-	<22	-	-	-	-		EUCAST‑2
	EUCAST‑2：金黄葡萄球菌、除外表皮葡萄球菌、路邓葡萄球菌、假中间葡萄球菌、施氏葡萄球菌和施氏葡萄球菌凝集亚种以外的其他凝固酶阴性葡萄球菌,仅用于筛查 MRS									

（续表）

抗菌药物	纸片含量(μg)	纸片扩散法				MIC				来源及备注
		S	SDD	I	R	S	SDD	I	R	
苯唑西林 Oxacillin	1 μg 苯唑西林	≥18	-	-	≤17	≤0.5 苯唑西林	-	-	≥1 苯唑西林	CLSI，FDA
		CLSI：表皮葡萄球菌、中间葡萄球菌、假中间葡萄球菌和施氏葡萄球菌								
		≥20	-	-	<20	-	-	-	-	EUCAST
	EUCAST：假中间葡萄球菌、中间葡萄球菌、施氏葡萄球菌、施氏葡萄球菌凝集亚种和 S. *coagularis*，仅用于筛选 MR 菌株									
头孢罗膦 Ceftaroline	30	≥25	20-24	-	≤19	≤1	2-4	-	≥8	CLSI：金黄葡萄球菌（包括 MRSA）
	5	≥20	-	-	<17	≤1	-	-	>2	EUCAST：金黄葡萄球菌（非肺炎）
	5	≥20	-	-	<20	≤1	-	-	>1	EUCAST：金黄葡萄球菌（肺炎）
	30	≥24	-	21-23	≤20	≤1	-	2	≥4	FDA：注射，金黄葡萄球菌（包括 MRSA）
头孢比罗 Ceftobiprole	5	≥17	-	-	<17	≤2	-	-	>2	CLSI，FDA \ EUCAST：金黄葡萄球菌
万古霉素 Vancomycin	-	-	-	-	-	≤2	-	4-8	≥16	CLSI（金黄葡萄球菌）、FDA
	-	-	-	-	-	≤4	-	8-16	≥32	CLSI（除外金黄葡萄球菌）、FDA
	-	-	-	-	-	≤2	-	-	>2	EUCAST：金黄葡萄球菌
	-	-	-	-	-	≤4	-	-	>4	EUCAST：凝固酶阴性葡萄球菌
去甲万古霉素 Norvancomycin	-	-	-	-	-	≤1	-	-	≥2	ECOFF：金葡菌和人葡萄球菌
	-	-	-	-	-	≤2	-	-	≥4	ECOFF：表皮葡萄球菌和溶血葡萄球菌

（续表）

抗菌药物	纸片含量(μg)	纸片扩散法				MIC				来源及备注
		S	SDD	I	R	S	SDD	I	R	
替考拉宁 Teicoplanin	-	-	-	-	-	≤8	-	16	≥32	CLSI：注射
	-	-	-	-	-	≤2	-	-	>2	EUCAST：金黄葡萄球菌
	-	-	-	-	-	≤4	-	-	>4	EUCAST：凝固酶阴性葡萄球菌
	-	-	-	-	-	-	-	-	-	FDA
达巴万星 Dalbavancin	-	-	-	-	-	≤0.25	-	-	-	CLSI(金黄葡萄球菌，包括 MRSA)、FDA
	-	-	-	-	-	≤0.125	-	-	>0.125	EUCAST
奥利万星 Oritavancin	-	-	-	-	-	≤0.12	-	-	-	CLSI(金黄葡萄球菌，包括 MRSA)、FDA
	-	-	-	-	-	≤0.125	-	-	>0.125	EUCAST：金黄葡萄球菌
特拉万星 Telavancin	-	-	-	-	-	≤0.12	-	-	-	CLSI(金黄葡萄球菌，包括 MRSA)、FDA
	-	-	-	-	-	≤0.125	-	-	>0.125	EUCAST：MRSA
达托霉素 Daptomycin	-	-	-	-	-	≤1	-	-	-	CLSI，FDA
	CLSI：全部葡萄球菌，下呼吸道标本分离株不常规报告；FDA：仅金黄葡萄球菌(包括 MRSA)									
	-	-	-	-	-	≤1	-	-	>1	EUCAST
磷霉素 Fosfomycin	-	-	-	-	-	-	-	-	-	CLSI，FDA
	-	-	-	-	-	-	-	-	-	EUCAST
夫西地酸 (Fusidic acid)	-	-	-	-	-	-	-	-	-	CLSI，FDA
	10	≥24	-	-	<24	≤1	-	-	>1	EUCAST
庆大霉素 Gentamicin	10	≥15	-	13-14	≤12	≤4	-	8	≥16	CLSI，FDA
	10	≥18	-	-	<18	≤2	-	-	>2	EUCAST：金黄葡萄球菌
	10	≥22	-	-	<22	≤2	-	-	>2	EUCAST：凝固酶阴性葡萄球菌

（续表）

抗 菌 药 物	纸片含量（μg）	纸片扩散法				MIC				来源及备注
		S	SDD	I	R	S	SDD	I	R	
阿奇霉素 Azithromycin	15	≥18	-	14-17	≤13	≤2	-	4	≥8	CLSI，FDA
	-	-	-	-	-	≤2	-	-	>2	EUCAST
克拉霉素 Clarithromycin	15	≥18	-	14-17	≤13	≤2	-	4	≥8	CLSI，FDA
	-	-	-	-	-	≤1	-	-	>1	EUCAST
红霉素 Erythromycin	15	≥23	-	14-22	≤13	≤0.5	-	1-4	≥8	CLSI，FDA
	15	≥21	-	-	<21	≤1	-	-	>1	EUCAST
罗红霉素 Roxithromycin	-	-	-	-	-	-	-	-	-	CLSI，FDA
	-	-	-	-	-	≤1	-	-	>1	EUCAST
地红霉素 Dirithromycin	15	≥19	-	16-18	≤15	≤2	-	4	≥8	CLSI
	-	-	-	-	-	-	-	-	-	EUCAST，FDA
四环素 Tetracycline	30	≥19	-	15-18	≤14	≤4	-	8	≥16	CLSI，FDA
	30	≥22	-	-	<22	≤1	-	-	>1	EUCAST
多西环素 Doxycycline	30	≥16	-	13-15	≤12	≤4	-	8	≥16	CLSI
	-	-	-	-	-	≤1	-	-	>1	EUCAST
	-	-	-	-	-	-	-	-	-	FDA
米诺环素 Minocycline	30	≥19	-	15-18	≤14	≤4	-	8	≥16	CLSI，FDA
	30	≥23	-	-	<23	≤0.5	-	-	>0.5	EUCAST
依拉环素 Eravacycline	-	-	-	-	-	-	-	-	-	CLSI
	20	≥20	-	-	<20	≤0.25	-	-	>0.25	EUCAST：金黄葡萄球菌
	-	-	-	-	-	≤0.06	-	-	-	FDA：金黄葡萄球菌
	20	≥20	-	-	-	≤0.25	-	-	-	ECAST：金黄葡萄球菌
替加环素 Tigecycline	-	-	-	-	-	-	-	-	-	CLSI
	15	≥19	-	-	<19	≤0.5	-	-	>0.5	EUCAST
	-	≥19	-	-	-	≤0.5	-	-	-	FDA

FDA：金黄葡萄球菌（包括 MRSA），除"敏感"结果外，MIC 结果应进一步验证

（续表）

抗 菌 药 物	纸片含量(µg)	纸片扩散法				MIC				来源及备注
		S	SDD	I	R	S	SDD	I	R	
环丙沙星 Ciprofloxacin	5	≥21	-	16 - 20	≤15	≤1	-	2	≥4	CLSI，FDA
	5	≥50	-	-	<17	≤0.001	-	-	>2	EUCAST：金黄葡萄球菌
	5	≥50	-	-	<22	≤0.001	-	-	>2	EUCAST：凝固酶阴性葡萄球菌
左氧氟沙星 Levofloxacin	5	≥19	-	16 - 18	≤15	≤1	-	2	≥4	CLSI
	5	≥50	-	-	<22	≤0.001	-	-	>1	EUCAST：金黄葡萄球菌
	5	≥50	-	-	<24	≤0.001	-	-	>1	EUCAST：凝固酶阴性葡萄球菌
	5	≥17	-	14 - 16	≤13	≤2	-	4	≥8	FDA：仅 MSSA
莫西沙星 Moxifloxacin	5	≥24	-	21 - 23	≤20	≤0.5	-	1	≥2	CLSI，FDA
	5	≥25	-	-	<25	≤0.25	-	-	>0.25	EUCAST：金黄葡萄球菌
	5	≥28	-	-	<28	≤0.25	-	-	>0.25	EUCAST：凝固酶阴性葡萄球菌
依诺沙星 Enoxacin	10	≥18	-	15 - 17	≤14	≤2	-	4	≥8	CLSI：仅泌尿道标本分离株报告
	-	-	-	-	-	-	-	-	-	EUCAST，FDA
加替沙星 Gatifloxacin	5	≥23	-	20 - 22	≤19	≤0.5	-	1	≥2	CLSI
	-	-	-	-	-	-	-	-	-	EUCAST，FDA
格雷沙星 Grepafloxacin	5	≥18	-	15 - 17	≤14	≤1	-	2	≥4	CLSI
	-	-	-	-	-	-	-	-	-	EUCAST，FDA
洛美沙星 Lomefloxacin	10	≥22	-	19 - 21	≤18	≤2	-	4	≥8	CLSI
	-	-	-	-	-	-	-	-	-	EUCAST，FDA
氧氟沙星 Ofloxacin	5	≥18	-	15 - 17	≤14	≤1	-	2	≥4	CLSI
	-	-	-	-	-	-	-	-	-	EUCAST
	5	≥16	-	13 - 15	≤12	≤2	-	4	≥8	FDA：仅 MSSA

（续表）

抗菌药物	纸片含量（μg）	纸片扩散法				MIC				来源及备注
		S	SDD	I	R	S	SDD	I	R	
司帕沙星 Sparfloxacin	5	≥19	-	16-18	≤15	≤0.5	-	1	≥2	CLSI
	-	-	-	-	-	-	-	-	-	EUCAST，FDA
氟罗沙星 Fleroxacin	5	≥19	-	16-18	≤15	≤2	-	4	≥8	CLSI
	-	-	-	-	-	-	-	-	-	EUCAST，FDA
诺氟沙星 Norfloxacin	10	≥17	-	13-16	≤12	≤4	-	8	≥16	CLSI：泌尿道
	10	≥17	-	-	<17	-	-	-	-	EUCAST：仅筛选
	-	-	-	-	-	-	-	-	-	FDA
奈诺沙星 Nemonoxacin	5	≥20	-	-	≤19	≤1	-	-	≥2	ECOFF
西他沙星 Sitafloxacin	-	-	-	-	-	≤0.125	-	-	≥0.25	ECOFF：金葡菌
呋喃妥因 Nitrofurantoin	300	≥17	-	15-16	≤14	≤32	-	64	≥128	CLSI（仅测试和报告泌尿道分离株），FDA
	100	≥13	-	-	<13	≤64	-	-	>64	EUCAST
	EUCAST：仅适用于腐生葡萄球菌导致的非复杂性尿路感染									
利福平 Rifampicin	5	≥20	-	17-19	≤16	≤1	-	2	≥4	CLSI
	5	≥26	-	-	<26	≤0.06	-	-	>0.06	EUCAST：金葡菌
	5	≥30	-	-	<30	≤0.06	-	-	>0.06	EUCAST：凝固酶阴性葡萄球菌
	-	-	-	-	-	-	-	-	-	FDA
克林霉素 Clindamycin	2	≥21	-	15-20	≤14	≤0.5	-	1-2	≥4	CLSI，FDA
	2	≥22	-	-	<22	≤0.25	-	-	>0.25	EUCAST
甲氧苄啶-磺胺甲噁唑 Trimethoprim-sulfamethoxazole	1.25/23.75	≥16	-	11-15	≤10	≤2/38	-	-	≥4/76	CLSI
	1.25/23.75	≥17	-	-	<14	≤2	-	-	>4	EUCAST
	-	-	-	-	-	-	-	-	-	FDA
磺胺类 Sulfonamides	250 或 300	≥17	-	13-16	≤12	≤256	-	-	≥512	CLSI（U）
	-	-	-	-	-	-	-	-	-	EUCAST，FDA

(续表)

抗 菌 药 物	纸片含量(µg)	纸片扩散法				MIC				来源及备注
		S	SDD	I	R	S	SDD	I	R	
甲氧苄啶 Trimethoprim	5	≥16	-	11-15	≤10	≤8	-	-	≥16	CLSI(U),FDA
	5	≥14	-	-	<14	≤4	-	-	>4	EUCAST:仅非复杂性尿路感染
氯霉素 Chloramphenicol	30	≥18	-	13-17	≤12	≤8	-	16	≥32	CLSI:泌尿道标本分离菌不报告
	-	-	-	-	-	-	-	-	-	EUCAST,FDA
奎奴普丁-达福普汀 Quinupristin-dalfopristin	15	≥19	-	16-18	≤15	≤1	-	2	≥4	CLSI(仅报告MSSA)、FDA(MSSA)
	15	≥21	-	-	<21	≤1	-	-	>1	EUCAST
利奈唑胺 Linezolid	30	≥26	-	23-25	≤22	≤4	-	-	≥8	CLSI,FDA
	10	≥21	-	-	<21	≤4	-	-	>4	EUCAST
特地唑胺 Tedizolid	2	≥19	-	16-18	≤15	≤0.5	-	1	≥2	CLSI(金黄葡萄球菌,包括MRSA)
	-	-	-	-	-	≤0.5	-	1	≥2	FDA
	2	≥20	-	-	<20	≤0.5	-	-	>0.5	EUCAST
康替唑胺 Contezolid	30	≥21			≤20	≤4			≥8	ECOFF
来法莫林 Lefamulin	20	≥23	-	-	-	≤0.25	-	-	-	CLSI,FDA
	CLSI:金黄葡萄球菌包括MRSA,泌尿道标本分离株不常规报告;基于q12h,150 mg静脉给药或者600 mg口服给药方案;FDA:仅MSSA									
	5	≥23	-	-	<23	≤0.25	-	-	>0.25	EUCAST:金黄葡萄球菌
阿米卡星 Amikacin	-	-	-	-	-	-	-	-	-	CLSI
	30	≥15	-	-	<15	≤16	-	-	>16	EUCAST
	30	≥17	-	15-16	≤14	≤16	-	32	≥64	FDA:金黄葡萄球菌
妥布霉素 Tobramycin	-	-	-	-	-	-	-	-	-	CLSI
	10	≥18	-	-	<18	≤2	-	-	>2	EUCAST:金黄葡萄球菌
	10	≥20	-	-	<20	≤2	-	-	>2	EUCAST:凝固酶阴性葡萄球菌
	10	≥15	-	13-14	≤12	≤4	-	8	≥16	FDA:金黄葡萄球菌

（续表）

抗 菌 药 物	纸片含量（μg）	纸片扩散法				MIC				来源及备注
		S	SDD	I	R	S	SDD	I	R	
德拉沙星 Delafloxacin	-	-	-	-	-	-			-	CLSI
	-	-	-	-	-	≤0.016			＞0.016	EUCAST－1
	EUCAST－1：适用于金葡菌导致的社区获得性肺炎									
	-	-	-	-	-	≤0.25	-	-	＞0.25	EUCAST－2
	EUCAST－2：适用于金葡菌导致的皮肤和皮肤组织感染									
	5	≥23	-	20-22	≤19	≤0.25	-	0.5	≥1	FDA：金黄葡萄球菌
	5	≥24	-	21-23	≤20	≤0.25	-	0.5	≥1	FDA：溶血葡萄球菌
	5	≥31	-	-	-	≤0.03	-	-		FDA：路邓葡萄球菌
厄他培南 Ertapenem	-	-	-	-	-	-	-	-	-	CLSI，EUCAST
	10	≥19	-	16-18	≤15	≤2	-	4	≥8	FDA：注射
法罗培南 Faropenem	-	-	-	-	-	≤0.25	-	-	≥0.5	ECOFF
卡那霉素 Kanamycin	-	-	-	-	-	-	-	-	-	CLSI，EUCAST
	30	≥18	-	14-17	≤13	≤16	-	32	≥64	FDA：注射,金黄葡萄球菌

说明： 此表抗菌药物药敏试验判断标准来源于 CLSI（ *M 100* ，34th）、EUCAST（v14.0）和 FDA（https://www.fda.gov/drugs/development-resources/antibacterial-susceptibility-test-interpretive-criteria）颁布的判断标准,若某抗菌药物无 FDA 药敏试验结果判断标准,说明该药在 FDA 的判断标准等同于 CLSI 判断标准或无 FDA 判断标准。

七、药敏试验结果阅读注意事项

1. 如果抑菌圈边缘出现薄雾状生长,把平板置于深色背景,距离肉眼 30 cm 左右估计抑菌圈边缘位置;避免使用透射光或放大镜观察。见图 9-1、图 9-2(皆引自参考文献[6])。

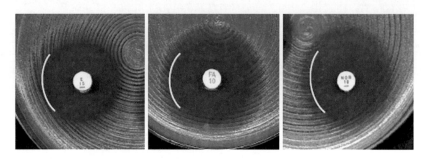

图 9-1　葡萄球菌属细菌抑菌圈直径阅读示例

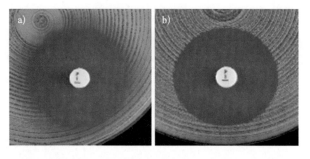

a) 抑菌圈边缘模糊,呈现沙滩状,且直径≥26 mm,报告为敏感;
b) 抑菌圈边缘清晰锐利,呈现出悬崖状,且直径≥26 mm,报告为耐药

图 9-2　青霉素对金黄葡萄球菌抑菌圈直径阅读示例

2. 克林霉素耐药试验(D 试验):将红霉素纸片放在离克林霉素纸片 12～20 mm(纸片边缘之间的距离),观察细菌是否诱导产生克林霉素耐药性,即出现 D 现象,见图 9-3(引自参考文献[6])。

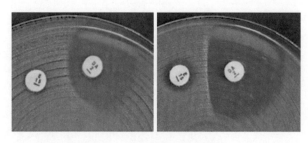

图 9-3　葡萄球菌属的诱导

八、葡萄球菌属感染治疗方案推荐

菌 名	感染部位	首选方案及疗程	备选方案及疗程	来源及备注
金黄葡萄球菌				Sanford Guide 2023 年 3 月 25 日更新
甲氧西林敏感金葡菌（MSSA）	菌血症（非心内膜炎）	（1）萘夫西林或苯唑西林 2 g iv q4h； （2）头孢唑林 2 g iv q8h。 非复杂性血流感染疗程 2 周	对 β-内酰胺类严重过敏者： （1）万古霉素 15～20 mg/kg iv q8～12 h； （2）达托霉素 6 mg/kg iv q24h； （3）利奈唑胺 600 mg iv/po q12h。仅推荐用于原发于皮肤软组织感染或肺部感染的非复杂性血流感染	万古霉素检测血药浓度，血谷值 15～20 μg/mL（以下用万古霉素的方案，血药浓度监测同上）
	心内膜炎（自然瓣膜）	萘夫西林或苯唑西林每次 2 g，ivgtt，1 次/4 h，疗程 6 周	（1）头孢唑林 2 g iv q8h； （2）（对 β-内酰胺类严重过敏等）：万古霉素，15～20 mg/kg iv q8～12 h；达托霉素 8～12 mg/kg iv q24h，疗程均为 6 周	根据美国心脏病协会指南推荐，Ciculation，2015，132：1435
	心内膜炎（人工瓣膜）	萘夫西林或苯唑西林每次 2 g，ivgtt，q4h+利福平 600～900 mg/d 分 2～3 次给药（≥6 周）。另推荐联合庆大霉素 1 mg/kg iv q8h×2 周		
	肺部感染	用药同菌血症推荐	用药同菌血症推荐，或在 β-内酰胺类严重过敏时可选择利奈唑胺 600 mg，iv/po，q12h	肺部感染疗程推荐 7～14 d，若合并菌血症，建议延长至 4 周
	骨髓炎	（1）萘夫西林或苯唑西林 2 g iv q4h； （2）头孢唑林 2 g iv q8h；建议可加用利福平 300～450 mg iv/po bid 以减少复发，疗程 6～8 周（椎体骨髓炎疗程 8 周以上）	（1）万古霉素 15～20 mg/kg，iv，q8～12 h，可考虑±利福平 300～450 mg iv/po，bid； （2）达托霉素 6 mg/kg iv q24h，疗程 6～8 周（椎体骨髓炎疗程 8 周以上）	可根据体外药敏报告，更改为口服治疗方案： （1）TMP－SMX 8－10 mg/（kg·d）po/iv q8h+利福平 600 mg qd po； （2）左氧氟沙星 750 mg qd+利福平 300～450 mg bid po
	化脓性关节炎	（1）萘夫西林或苯唑西林 1.5～2 g iv q4h； （2）头孢唑林 2 g iv q8h，疗程 2～3 周	（1）万古霉素，15～20 mg/kg iv q8～12 h； （2）达托霉素 6 mg/kg iv q24h； （3）利奈唑胺 600 mg iv/po q12h，疗程 2～3 周	

（续表）

菌　名	感染部位	首选方案及疗程	备选方案及疗程	来源及备注
甲氧西林敏感金葡菌（MRSA）	菌血症（非心内膜炎）	（1）万古霉素，15～20 mg/kg iv q8～12 h； （2）达托霉素，8～12 mg/kg iv q24h（高于美国 FDA 批准剂量 6 mg/kg iv q24h）； （3）利奈唑胺 600 mg iv/po q12h，仅推荐用于原发于皮肤软组织感染或肺部感染的非复杂性血流感染。非复杂性血流感染疗程 2 周	特拉万星 10 mg/kg iv q24h	
	心内膜炎（自然瓣膜）	万古霉素，15～20 mg/kg iv q8～12 h，疗程 6 周	达托霉素 8～12 mg/kg iv q24h 疗程 6 周	
	心内膜炎（人工瓣膜）	万古霉素，15～20 mg/kg iv q8～12 h＋利福平 600～900 mg/d 分 2～3 次给药（≥6 周）。另推荐联合庆大霉素 1 mg/kg iv q8h×2 周		
	肺部感染	（1）万古霉素 15～20 mg/kg iv q8～12 h； （2）利奈唑胺 600 mg iv/po q12h	特拉万星 10 mg/kg iv q24h	肺部感染疗程推荐 7～14 d，若合并菌血症，建议延长至 4 周
	骨髓炎	万古霉素 15～20 mg/kg iv q8～12 h，可考虑±利福平 300～450 mg iv/po bid，疗程 6～8 周（椎体骨髓炎疗程 8 周以上）	达托霉素 8～12 mg/kg iv q24h，可考虑±利福平 300～450 mg iv/po bid。疗程 6～8 周（椎体骨髓炎疗程 8 周以上）	可根据体外药敏报告，更改为口服治疗方案： （1）TMP‐SMX 8～10 mg/（kg·d）po/iv q8h＋利福平 600 mg qd po； （2）左氧氟沙星 750 mg qd＋利福平 300～450 mg bid po
	化脓性关节炎	万古霉素，15～20 mg/kg iv q8～12 h，疗程 2～3 周	（1）达托霉素 6 mg/kg iv q24h； （2）利奈唑胺 600 mg iv/po q12h，疗程 2～3 周	
凝固酶阴性葡萄球菌：包括表皮葡萄球菌、头状葡萄球菌、人葡萄球菌、溶血葡萄球菌和路邓葡萄球菌等				Sanford Guide 2023 年 1 月 19 日更新
甲氧西林敏感株		（1）萘夫西林或苯唑西林 2 g iv q4～6 h； （2）头孢唑林 2 g iv q8h		
甲氧西林耐药株		（1）万古霉素 15～20 mg/kg iv q8～12 h； （2）达托霉素 6 mg/kg iv q24h； （3）万古霉素中介菌株利奈唑胺 600 mg po/iv q12h	口服方案可以选择利福平联合（TMP‐SMZ 或者喹诺酮类）	备选的口服治疗方案更新药敏试验选择人工置入物的感染常联合利福平 300～450 mg q12h

参 考 文 献

［1］ Clinical and Laboratory Standards Institute. Performance standards for antimicrobial susceptibility testing［S］. In：Clinical and Laboratory Standards Institute. M100, 34th Edition. Wayne, PA：CLSI, 2024.

［2］ The European Committee on Antimicrobial Susceptibility Testing. Breakpoint tables for interpretation of MICs and zone diameters. Version 14.0［EB/OL］.（2024-03-08）［2024-03-10］. http://www.eucast.org.

［3］ U.S. Food & Drug Administration. Antibacterial susceptibility test interpretive criteria［EB/OL］.（2024-03-08）［2023-03-08］. https://www.fda.gov/drugs/development-resources/antibacterial-susceptibility-test-interpretive-criteria.

［4］ CHINET 数据云.CHINET 2023 年全年细菌耐药监测结果［EB/OL］.（2024-03-08）［2024-03-08］.http://www.chinets.com/Document/Index#.

［5］ Lakhundi S, Zhang K. Methicillin-resistant staphylococcus aureus：molecular characterization, evolution, and epidemiology［J］. Clin Microbiol Rev, 2018, 31(4)：e00020-18.

［6］ EUCAST. Reading guide：EUCAST disk diffusion method for antimicrobial susceptibility testing；Version 8.0［M］. EUCAST, Sweden：Växjö, 2021.

［7］ Baddour LM, Wilson WR, Bayer AS, et al. Infective endocarditis in adults：diagnosis, antimicrobial therapy, and management of complications：a scientific statement for healthcare professionals from the American Heart Association［J］. Circulation, 2015, 132 (15)：1435-1486.

［8］ Holland TL, Arnold C, Fowler VG Jr. Clinical management of Staphylococcus aureus bacteremia：a review［J］. JAMA, 2014, 312 (13)：1330-1341.

［9］ Berbari EF, Kanj SS, Kowalski TJ, et al. 2015 Infectious Diseases Society of America（IDSA）clinical practice guidelines for the diagnosis and treatment of native vertebral osteomyelitis in adults［J］. Clin Infect Dis, 2015, 61 (6)：e26-e46.

［10］ Kavanagh N, Ryan EJ, Widaa A, et al. Staphylococcal osteomyelitis：disease progression, treatment challenges, and future directions［J］. Clin Microbiol Rev, 2018, 31 (2)：e00084-17.

第十章

肠球菌属

(Enterococcus spp.)

肠球菌属为革兰阳性球菌,约 90% 为粪肠球菌和屎肠球菌,坚韧肠球菌、鹑鸡肠球菌、铅黄肠球菌等其他肠球菌约占 10%。肠球菌属细菌是医院感染的重要病原菌。2023 年 CHINET 中国细菌耐药监测结果显示,肠球菌属占比 7.74%,菌种分布位列所有细菌的第 6 位。药敏试验结果显示,粪肠球菌和屎肠球菌对氨苄西林的耐药率分别为 2.3% 和 91.3%,对万古霉素的耐药率分别为 0.1% 和 3.2%。携带 vanA～vanI 等基因是肠球菌属对万古霉素耐药的主要机制,以 vanA 和 vanB 最为常见,vanM 在上海地区首先被报道。VanA 表现为对万古霉素和替考拉宁高水平耐药,VanB 仅对万古霉素中度到高度耐药。vanC 属天然耐药,鹑鸡肠球菌(vanC1)和铅黄肠球菌(vanC2～ vanC4)由于 vanC 基因的存在,可检测到结构性低水平万古霉素耐药(2～32 μg/mL)。

一、药敏试验报告注意点

1. 头孢菌素、氨基糖苷类(高浓度除外)、克林霉素和甲氧苄啶-磺胺甲噁唑可在体外显示抗菌活性但临床无效,因此不应报告敏感。

2. 当使用纸片扩散法测试万古霉素、利奈唑胺的敏感性时,必须使用透射光观察抑菌圈,如抑菌圈内出现雾状或任何可辨别的生长均应视为耐药。

3. 罕见肠球菌属细菌对万古霉素和利奈唑胺不敏感株,如有发现必须重新纯分细菌和进行菌种鉴定,以确保受试菌菌种纯分和鉴定无误,并使用肉汤稀释法(或 Etest 法)对药敏测试结果进行复核后方可报告临床。如果确为不敏感菌株应保留菌株,必要时送药敏试验参考实验室确认。

4. 临床罕见有产 β-内酰胺酶而导致对青霉素/氨苄西林耐药的肠球菌,故无需对肠球菌常

规进行 β-内酰胺酶测定；如需测定可直接采用头孢硝噻吩纸片法检测。产酶菌株可预测其对青霉素、氨苄西林和哌拉西林、阿洛西林等耐药。

5. 高水平氨基糖苷类耐药（high-level aminoglycoside resistance，HLAR）筛选试验结果显示高浓度庆大霉素或链霉素敏感"S"，表示与作用于细胞壁的抗菌药物（如氨苄西林、青霉素或万古霉素）联合使用可发挥协同作用。

6. 对于磷霉素，CLSI 批准的 MIC 试验方法是琼脂稀释法。琼脂培养基中应补充 25 mg/L 的葡萄糖-6-磷酸。不能使用肉汤稀释法。

二、天 然 耐 药

1. 肠球菌属细菌对头孢菌素类、氨基糖苷类、克林霉素、甲氧苄啶、甲氧苄啶-磺胺甲噁唑和夫西地酸天然耐药。

2. 粪肠球菌对喹奴普丁-达福普汀天然耐药。

3. 肠球菌属对氨曲南、多黏菌素 B/黏菌素和萘啶酸天然耐药。

4. 鹑鸡肠球菌和铅黄肠球菌对万古霉素和喹奴普丁-达福普汀天然耐药。

三、可 预 报 药 物

1. 氨苄西林敏感性试验的结果可预报阿莫西林对肠球菌的抗菌活性。氨苄西林结果亦可预报不产 β-内酰胺酶肠球菌属对阿莫西林-克拉维酸、氨苄西林-舒巴坦和哌拉西林-他唑巴坦的敏感性。假如菌株被确认为粪肠球菌，氨苄西林的敏感性可预报其对亚胺培南的敏感性。

2. 对青霉素敏感的肠球菌可预报其对氨苄西林和阿莫西林的敏感性，亦可以预报不产 β-内酰胺酶的肠球菌对氨苄西林-舒巴坦、阿莫西林-克拉维酸和哌拉西林-他唑巴坦敏感。反之，对氨苄西林敏感的肠球菌属细菌不可推定其对青霉素敏感。如需要青霉素结果，必须对青霉素进行敏感性试验。

3. 对四环素敏感的肠球菌株，也被认为对多西环素和米诺环素敏感。然而，对四环素中介或耐药的某些菌株可以对多西环素或米诺环素或二者均敏感。

4. 采用抗菌药物最低抑菌浓度（MIC）法测定粪肠球菌对利奈唑胺敏感的菌株也应认为对特地唑胺敏感。反之，一些对利奈唑胺耐药的菌株有可能对特地唑胺敏感。

5. 对粪肠球菌和屎肠球菌，采用抗菌药物最低抑菌浓度（MIC）法检测对利奈唑胺敏感的粪肠球菌和屎肠球菌，即可被认为是对康替唑胺的野生型菌株；然而，一些对利奈唑胺中介或耐药的菌株也可能是对康替唑胺的野生型菌株。

四、流行病学界值

某些抗菌药物仅开展了流行病学折点制定研究,建立了流行病学界值(epidemiological cutoff value,ECOFF 或 ECV)。ECOFF 将细菌区分为野生型和非野生型菌株两大类。野生型菌株是指对该抗菌药物不存在任何耐药机制的群体,类似于临床折点中的"敏感"解释分类,而非野生型菌株是指对该抗菌药物可能存在耐药机制的群体。

五、肠球菌属药敏试验执行标准

纸片扩散法				MIC 法			
培养基	接种菌量	孵育条件	孵育时间	培养基	接种菌量	孵育条件	孵育时间
MHA	0.5 麦氏浊度	CSLI:35 ± 2℃,空气;EUCAST:35℃ ±1℃,空气	CSLI:16～18 h;万古霉素需孵育至 24 h;EUCAST:18 h±2 h;糖肽类抗菌药物需孵育 24 h	CSLI:CAMHB(肉汤稀释法)、CAMHB 需补充 50 μg/mL 钙离子用于达托霉素、MHA(琼脂稀释法)。注:琼脂稀释法尚不适用于达托霉素;EUCAST:MH 肉汤(肉汤微量稀释法)	肉汤稀释法:5×10⁵ CFU/mL;琼脂稀释法:10⁴ CFU/点	CSLI:35℃ ± 2℃,空气;EUCAST:35℃ ±1℃,空气	CSLI:16～20 h,万古霉素需孵育至 24 h;EUCAST:18 h±2 h

质控菌株

1. CLSI:① 纸片扩散法:金黄葡萄球菌 ATCC 25923;② 稀释法:粪肠球菌 ATCC 29212。
2. EUCAST:① 纸片扩散法:粪肠球菌 ATCC 29212;② 稀释法:粪肠球菌 ATCC 29212。

六、肠球菌属抗菌药物判断标准

抗 菌 药 物	纸片含量(μg)	纸片扩散法(mm)				MIC(μg/mL)				来源及备注
		S	SDD	I	R	S	SDD	I	R	
青霉素 Penicillin	10U	≥15	-	-	≤14	≤8	-	-	≥16	CLSI,FDA
	-	-	-	-	-	-	-	-	-	EUCAST
氨苄西林 Ampicillin	10	≥17	-	-	≤16	≤8	-	-	≥16	CLSI,FDA
	2	≥10	-	-	<8	≤4	-	-	>8	EUCAST

(续表)

抗菌药物	纸片含量(μg)	纸片扩散法(mm)				MIC(μg/mL)				来源及备注
		S	SDD	I	R	S	SDD	I	R	
氨苄西林-舒巴坦 Ampicillin-sulbactam	-	-	-	-	-	-	-	-	-	CLSI，FDA
	-	-	-	-	-	≤4	-	-	≥8	EUCAST
阿莫西林 Amoxicillin	-	-	-	-	-	-	-	-	-	CLSI，FDA
	-	-	-	-	-	≤4	-	-	≥8	EUCAST
阿莫西林-克拉维酸 Amoxicillin-clavulanic acid	-	-	-	-	-	-	-	-	-	CLSI，FDA
	-	-	-	-	-	≤4	-	-	≥8	EUCAST
万古霉素 Vancomycin	30	≥17	-	15-16	≤14	≤4	-	8-16	≥32	CLSI，FDA
	5	≥12	-	-	<12	≤4	-	-	>4	EUCAST
替考拉宁 Teicoplanin	30	≥14	-	11-13	≤10	≤8	-	16	≥32	CLSI
	30	≥16	-	-	<16	≤2	-	-	>2	EUCAST
	-	-	-	-	-	-	-	-	-	FDA
达巴万星 Dalbavancin	-	-	-	-	-	≤0.25	-	-	-	CLSI，FDA
	CLSI：用于万古霉素敏感粪肠球菌报告；FDA：仅用于万古霉素敏感的肠球菌属报告									
	-	-	-	-	-	-	-	-	-	EUCAST
奥利万星 Oritavancin	-	-	-	-	-	≤0.12	-	-	-	CLSI，FDA
	CLSI：用于万古霉素敏感粪肠球菌报告；FDA：仅用于万古霉素敏感的肠球菌属报告									
	-	-	-	-	-	-	-	-	-	EUCAST
特拉万星 Telavancin	-	-	-	-	-	≤0.25	-	-	-	CLSI，FDA
	CLSI：用于万古霉素敏感粪肠球菌报告；FDA：仅用于万古霉素敏感的肠球菌属报告									
	-	-	-	-	-	-	-	-	-	EUCAST
达托霉素 Daptomycin	-	-	-	-	-	-	≤4	-	≥8	CLSI-1
	CLSI-1：仅屎肠球菌,呼吸道标本不常规报告									
	-	-	-	-	-	≤2	-	4	≥8	CLSI-2
	CLSI：除屎肠球菌外的其他肠球菌属,呼吸道标本不常规报告									

(续表)

抗菌药物	纸片含量(μg)	纸片扩散法(mm)				MIC(μg/mL)				来源及备注
		S	SDD	I	R	S	SDD	I	R	
达托霉素 Daptomycin	-	-	-	-	-	-	-	-	-	EUCAST
	-	-	-	-	-	≤2	-	4	≥8	FDA：仅粪肠球菌(包括 VRE)
红霉素 Erythromycin	15	≥23	-	14-22	≤13	≤0.5	-	1-4	≥8	CLSI，FDA
	CLSI：分离于泌尿道菌株常规不报告									
	-	-	-	-	-	-	-	-	-	EUCAST
四环素 Tetracycline	30	≥19	-	15-18	≤14	≤4	-	8	≥16	CLSI(仅测试和报告泌尿道分离株)，FDA
	-	-	-	-	-	-	-	-	-	EUCAST
多西环素 Doxycycline	30	≥16	-	13-15	≤12	≤4	-	8	≥16	CLSI
	-	-	-	-	-	-	-	-	-	EUCAST，FDA
米诺环素 Minocycline	30	≥19	-	15-18	≤14	≤4	-	8	≥16	CLSI
	-	-	-	-	-	-	-	-	-	EUCAST，FDA
环丙沙星 Ciprofloxacin	5	≥21	-	16-20	≤15	≤1	-	2	≥4	CLSI(仅测试和报告泌尿道分离株)，FDA
	5	≥15	-	-	<15	≤4	-	-	>4	EUCAST
	EUCAST：仅非复杂性尿路感染									
左氧氟沙星 Levofloxacin	5	≥17	-	14-16	≤13	≤2	-	4	≥8	CLSI(仅测试和报告泌尿道分离株)，FDA
	5	≥15	-	-	<15	≤4	-	-	>4	EUCAST
	EUCAST：仅非复杂性尿路感染									
加替沙星 Gatifloxacin	5	≥18	-	15-17	≤14	≤2	-	4	≥8	CLSI
	-	-	-	-	-	-	-	-	-	EUCAST，FDA
诺氟沙星 Norfloxacin	10	≥17	-	13-16	≤12	≤4	-	8	≥16	CLSI
	CLSI：仅测试和报告泌尿道标本分离株									
	10	≥12	-	-	<12	-	-	-	-	EUCAST
	EUCAST：环丙沙星和左氧氟沙星敏感性筛选试验									
	-	-	-	-	-	-	-	-	-	FDA

（续表）

抗菌药物	纸片含量(μg)	纸片扩散法(mm)				MIC(μg/mL)				来源及备注
		S	SDD	I	R	S	SDD	I	R	
西他沙星 Sitafloxacin	5	-	-	-	-	≤0.5	-	-	≥1	ECOFF,粪肠球菌
	5	-	-	-	-	≤0.25	-	-	≥0.5	ECOFF,屎肠球菌
德拉沙星 Delafloxacin	-	-	-	-	-	-	-	-	-	CLSI，EUCAST
	5	≥21	-	19-20	≤18	≤0.12	-	0.25	≥0.5	FDA：粪肠球菌
莫西沙星 Moxifloxacin	-	-	-	-	-	-	-	-	-	CLSI，EUCAST
	5	≥18	-	15-17	≤14	≤1	-	2	≥4	FDA：粪肠球菌
呋喃妥因 Nitrofurantoin	300	≥17	-	15-16	≤14	≤32	-	64	≥128	CLSI（仅测试和报告泌尿道分离株），FDA
	100	≥15	-	-	<15	≤64	-	-	>64	EUCAST
	EUCAST：仅适用于粪肠球菌导致的非复杂性尿路感染									
利福平 Rifampin	5	≥20	-	17-19	≤16	≤1	-	2	≥4	CLSI：不能单独用于抗菌治疗
	-	-	-	-	-	-	-	-	-	EUCAST，FDA
磷霉素 Fosfomycin	200（含50 μg葡萄糖-6-磷酸）	≥16	-	13-15	≤12	≤64	-	128	≥256	CLSI
	-	-	-	-	-	≤64	-	128	≥256	FDA：仅粪肠球菌
	CLSI：仅对泌尿道分离的粪肠球菌测试和报告									
	-	-	-	-	-	-	-	-	-	EUCAST
氯霉素 Chloramphenicol	30	≥18	-	13-17	≤12	≤8	-	16	≥32	CLSI
	CLSI：分离于泌尿道菌株常规不报告									
	-	-	-	-	-	-	-	-	-	EUCAST，FDA
奎奴普丁-达福普汀 Quinupristin-dalfopristin	15	≥19	-	16-18	≤15	≤1	-	2	≥4	CLSI
	CLSI：对万古霉素耐药屎肠球菌报告									
	15	≥22	-	-	<22	≤1	-	-	>1	EUCAST：屎肠球菌
	-	-	-	-	-	-	-	-	-	FDA

(续表)

抗 菌 药 物	纸片含量(μg)	纸片扩散法(mm)				MIC(μg/mL)				来源及备注
		S	SDD	I	R	S	SDD	I	R	
利奈唑胺 Linezolid	30	≥23	-	21-22	≤20	≤2	-	4	≥8	CLSI，FDA
	10	≥20	-	-	<20	≤4	-	-	>4	EUCAST
特地唑胺 Tedizolid	-	-	-	-	-	≤0.5	-	-	-	CLSI，FDA
	CLSI：仅粪肠球菌，基于 200 mg，q24h 给药方案									
	-	-	-	-	-	-	-	-	-	EUCAST
康替唑胺 Contezolid	30	≥21	-	-	≤20	≤4	-	-	≥8	ECOFF
亚胺培南 Imipenem	-	-	-	-	-	-	-	-	-	CLSI，FDA
	10	≥50	-	-	<21	≤0.001	-	-	>4	EUCAST
依拉环素 Eravacycline	-	-	-	-	-	-	-	-	-	CLSI
	20	≥22	-	-	<22	≤0.125	-	-	>0.125	EUCAST：粪肠球菌
	20	≥24	-	-	<24	≤0.125	-	-	>0.125	EUCAST：屎肠球菌
	-	-	-	-	-	≤0.06	-	-	-	FDA：粪肠球菌，屎肠球菌
	-	-	-	-	-	≤0.125	-	-	-	ECAST：粪肠球菌，屎肠球菌
替加环素 Tigecycline	-	-	-	-	-	-	-	-	-	CLSI
	15	≥20	-	-	<20	≤0.25	-	-	>0.25	EUCAST：粪肠球菌
	15	≥22	-	-	<22	≤0.25	-	-	>0.25	EUCAST：屎肠球菌
	15	≥19	-	-	-	≤0.25	-	-	-	FDA
	FDA：万古霉素敏感粪肠球菌，除"敏感"结果外，MIC结果应进一步验证									

说明：此表抗菌药物药敏试验判断标准来源于 CLSI(*M100*,34th)、EUCAST(v14.0)和 FDA(https://www.fda.gov/drugs/development-resources/antibacterial-susceptibility-test-interpretive-criteria)颁布的判断标准，若某抗菌药物无 FDA 药敏试验结果判断标准，说明该药在 FDA 的判断标准等同于 CLSI 判断标准或无 FDA 判断标准。

七、药敏试验结果阅读注意事项（EUCAST）

可参见图 10‑1（引自参考文献[7]）。

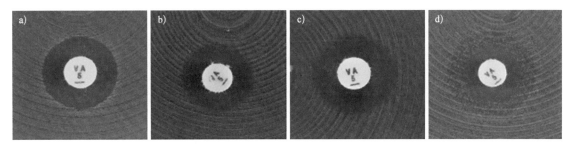

a）抑菌圈边缘清晰锐利，且直径≥12 mm（孵育时间超过 24 h），报告为敏感；b）～d）抑菌圈边缘模糊或抑菌圈内有菌落生长，且直径≥12 mm，需进行 PCR 确认试验或者报告为耐药

图 10‑1 万古霉素对肠球菌属抑菌圈直径阅读示例

八、肠球菌属感染治疗方案推荐

1. 粪肠球菌（Sanford guide，2023 年 8 月 7 日更新）

菌 名	感染部位	首选方案及疗程	备选方案及疗程	来源及备注
青霉素敏感菌株	全身性感染	（1）青霉素 G 300 万 U iv q4h； （2）氨苄西林 2 g iv q4h		
	膀胱炎	（1）呋喃妥因 100 mg po q6h； （2）磷霉素 3 g po，单剂给药； （3）阿莫西林 1 g q12h		
	心内膜炎	（1）氨苄西林 2 g q4h 联合头孢曲松 2 g iv q12h，疗程 6 周； （2）青霉素 G 400 万 U q4h 或氨苄西林 2 g q4h 联合庆大霉素 1 mg/kg q8h。疗程 4～6 周（6 周疗程推荐用于人工瓣膜心内膜炎或出现症状＞3 个月者）	β‑内酰胺类使用受限：达托霉素 8～12 mg/kg，iv q24h，可考虑联合利福平或庆大霉素	（1）氨苄西林联合头孢曲松的方案仅限于粪肠球菌不用于屎肠球菌； （2）联合庆大霉素的方案庆大霉素用药疗程为前 2 周，且只用于庆大霉素 MIC≤500 μg/mL 菌株
青霉素耐药菌株	全身性感染	万古霉素 15～20 mg/kg, iv, q8～12 h		

(续表)

菌 名	感染部位	首选方案及疗程	备选方案及疗程	来源及备注
青霉素耐药菌株	膀胱炎	(1) 呋喃妥因 100 mg po q6h; (2) 磷霉素 3 g po,单剂给药		
	心内膜炎	万古霉素 15~20 mg/kg,iv,q8~12 h 联合庆大霉素 1 mg/kg,iv,q8h,疗程 6 周	万古霉素使用受限:达托霉素 8~12 mg/kg,iv q24h,可考虑联合利福平或庆大霉素	联合庆大霉素的方案庆大霉素用药疗程为前 2 周,且只用于庆大霉素 MIC≤500 μg/mL 菌株
万古霉素耐药菌株	严重的全身性感染	达托霉素 8~12 mg/kg, iv q24h,可考虑联合氨苄西林 2 g q4h,或头孢曲松 2 g q12h	血流感染可考虑利奈唑胺 600 mg iv/po q12h	
	膀胱炎	(1) 呋喃妥因 100 mg po q6h; (2) 磷霉素 3 g po 单剂给药		
	心内膜炎	(1) 达托霉素 8~12 mg/kg,iv,q24h; (2) 利奈唑胺 600 mg,po/iv,q12h		利奈唑胺方案复发率高,建议在无其他方案时选用

2. 屎肠球菌(Sanford guide,2023 年 8 月 7 日更新)

菌 名	感染部位	首选方案及疗程	备选方案及疗程	来源及备注
青霉素敏感菌株	全身性感染	(1) 青霉素 G 300 万 U iv q4h; (2) 氨苄西林 2 g iv q4h		
	膀胱炎	(1) 呋喃妥因 100 mg po q6h; (2) 磷霉素 3 g po,单剂给药; (3) 阿莫西林 1 g q12h		
	心内膜炎	青霉素 G 400 万 U q4h 或氨苄西林 2 g q4h 联合庆大霉素 1 mg/kg q8h,疗程 4~6 周(6 周疗程推荐用于人工瓣膜心内膜炎或出现症状长于 3 个月者)	β-内酰胺类使用受限:达托霉素 8~12 mg/kg iv q24h,可考虑联合利福平或庆大霉素	联合庆大霉素的方案庆大霉素用药疗程为前 2 周,且只用于庆大霉素 MIC≤500 μg/mL 菌株
青霉素耐药菌株	全身性感染	万古霉素 15~20 mg/kg iv q8~12 h		
	膀胱炎	(1) 呋喃妥因 100 mg po q6h; (2) 磷霉素 3 g po,单剂给药		
	心内膜炎	万古霉素 15~20 mg/kg iv q8~12 h 联合庆大霉素 1 mg/kg iv q8h,疗程 6 周	万古霉素使用受限:达托霉素 8~12 mg/kg iv q24h,可考虑联合利福平或庆大霉素	联合庆大霉素的方案庆大霉素用药疗程为前 2 周,且只用于庆大霉素 MIC≤500 μg/mL 菌株

（续表）

菌　名	感染部位	首选方案及疗程	备选方案及疗程	来源及备注
万古霉素耐药菌株	严重的全身性感染	达托霉素 8～12 mg/kg iv q24h，可考虑联合氨苄西林 2 g q4h，或头孢曲松 2 g q12h	血流感染可考虑利奈唑胺 600 mg iv/po q12h	达托霉素可作为选择之一，但有研究提示差于利奈唑胺（ *Crit Care Med*，2018；16：1634）
	膀胱炎	（1）呋喃妥因 100 mg po q6h；（2）磷霉素 3 g po，单剂给药		
	心内膜炎	（1）达托霉素 8～12 mg/kg iv q24h；（2）利奈唑胺 600 mg po/iv q12h		利奈唑胺方案复发率高，建议在无其他方案时选用

参 考 文 献

［1］CHINET 数据云.CHINET 2023 年全年细菌耐药监测结果［EB/OL］.（2024－03－08）［2024－03－08］.http://www.chinets.com/Document/Index#.

［2］Clinical and Laboratory Standards Institute. Performance standards for antimicrobial susceptibility testing［S］. In：Clinical and Laboratory Standards Institute. M100，34th Edition. Wayne，PA：CLSI，2024.

［3］The European Committee on Antimicrobial Susceptibility Testing. Breakpoint tables for interpretation of MICs and zone diameters. Version 14.0［EB/OL］.（2024－03－08）［2024－03－10］. http://www.eucast.org.

［4］U.S. Food & Drug Administration. Antibacterial susceptibility test interpretive criteria［EB/OL］.（2024－03－08）［2023－03－08］. https://www.fda.gov/drugs/development-resources/antibacterial-susceptibility-test-interpretive-criteria.

［5］Kankalil George S，Suseela MR，El Safi S，et al. Molecular determination of van genes among clinical isolates of enterococci at a hospital setting［J］. Saudi J Biol Sci，2021，28(5)：2895－2899.

［6］Zhou Y，Yang Y，Ding L，et al. Vancomycin Heteroresistance in vanM-type Enterococcus faecium［J］. Microb Drug Resist，2020，26(7)：776－782.

［7］EUCAST. Reading guide：EUCAST disk diffusion method for antimicrobial susceptibility testing；Version 8.0［M］. European Committee on Antimicrobial Susceptibility Testing，Sweden：Växjö，2021.

［8］Miller WR，Murray BE，Rice LB，Arias CA. Vancomycin-resistant enterococci：therapeutic challenges in the 21st century［J］. Infect Dis Clin North Am，2016，30 (2)：415－439.

［9］Chuang YC，Lin HY，Chen PY，et al. Effect of daptomycin dose on the outcome of vancomycin-resistant，daptomycin-susceptible enterococcus faecium bacteremia［J］. Clin Infect Dis，2017，64(8)：1026－1034.

第十一章

肺炎链球菌

(*Streptococcus pneumoniae*)

　　肺炎链球菌是社区获得性肺炎（community acquired pneumonia，CAP）常见病原菌，可引起中耳炎、细菌性肺炎、菌血症和脑膜炎等侵袭性感染，最常见的感染是中耳炎。青霉素结合蛋白（penicillin-binding proteins，PBPs）突变被认为是肺炎链球菌对 β-内酰胺类抗生素耐药的主要原因。CHINET 细菌耐药监测网数据显示，2023 年成人临床分离的青霉素敏感非脑膜炎肺炎链球菌（PSSP 占 95.9%）对红霉素、克林霉素、TMP-SMZ、左氧氟沙星、莫西沙星以及氯霉素的耐药率分别为 94.4%、91.5%、51.8%、4.6%、2.9% 以及 13.7%；成人临床分离青霉素中介非脑膜炎肺炎链球菌（PISP 占 3.17%）对红霉素、克林霉素、TMPSMZ、左氧氟沙星、莫西沙星以及氯霉素的耐药率分别为 98.4%、85.0%、76.3%、8.2%、8.2% 以及 10.6%；成人临床分离的青霉素耐药非脑膜炎肺炎链球菌（PRSP 占 0.9%）对红霉素、克林霉素、TMP-SMZ、左氧氟沙星、莫西沙星以及氯霉素的耐药率分别为 100%、87.5%、68.8%、14.3%、13.3% 以及 8.3%。2023 年儿童临床分离的青霉素敏感非脑膜炎肺炎链球菌（PSSP 占 93.1%）对红霉素、克林霉素、TMP-SMZ、左氧氟沙星、莫西沙星以及氯霉素的耐药率分别为 98.4%、94.4%、62.9%、0.4%、0.1% 以及 8.8%；儿童临床分离的青霉素中介非脑膜炎肺炎链球菌（PISP 占 5.98%）对红霉素、克林霉素、TMP-SMZ、左氧氟沙星、莫西沙星以及氯霉素的耐药率分别为 99.5%、94.2%、79.5%、0%、0% 以及 3.7%；儿童临床分离的青霉素耐药非脑膜炎肺炎链球菌（PRSP 占 0.89%）对红霉素、克林霉素、TMP-SMZ、左氧氟沙星、莫西沙星以及氯霉素的耐药率分别为 98.9%、81.2%、89.7%、1.1%、1.1% 以及 4.3%。万古霉素及利奈唑胺对肺炎链球菌保持高度抗菌活性，尚未发现万古霉素或利奈唑胺耐药肺炎链球菌。

一、药敏试验报告注意点

1. 纸片扩散法测定肺炎链球菌对青霉素的敏感性一定要采用稳定的苯唑西林纸片（1 µg/

片）替代青霉素纸片。苯唑西林抑菌圈直径为≥20 mm时报青霉素敏感。若苯唑西林抑菌圈直径≤19 mm时，不可报告对青霉素耐药，必须测定青霉素的MIC后，方可报告肺炎链球菌对青霉素的敏感性。

2. 阿莫西林、氨苄西林、头孢吡肟、头孢噻肟、头孢曲松、头孢呋辛、厄他培南、亚胺培南和美罗培南可用于肺炎链球菌引起感染的治疗；然而纸片扩散法检测上述药物的敏感性结果不可靠，应采用MIC法测定其体外抗菌活性。

3. 分离自脑脊液中的肺炎链球菌应常规报告青霉素、头孢噻肟、头孢曲松或美罗培南的MIC，对万古霉素报告MIC或纸片法结果均可。苯唑西林纸片法可用于检测其他部位分离菌株，若苯唑西林抑菌圈直径≤19 mm，应测试青霉素、头孢噻肟、头孢曲松和美罗培南的MIC。

4. 使用肉汤微量稀释法测定肺炎链球菌对氯霉素、克林霉素、红霉素、利奈唑胺、特地唑胺和四环素的敏感性时，拖尾生长会造成终点值难以判定。此类情况下，阅读拖尾生长开始处的最低浓度为MIC，忽略底部的微弱生长。由于培养基中可能存在拮抗剂，甲氧苄啶和磺胺类药物允许出现菌株轻微生长，因此读取与对照孔相比细菌生长减少≥80%孔的浓度为终点浓度。

5. 药敏试验结果显示红霉素耐药且克林霉素敏感或中介的肺炎链球菌株时，在报告克林霉素结果前需进行诱导性克林霉素耐药（ICR）试验，即D试验。如果D试验结果显示阳性时，需报告菌株对克林霉素耐药。

二、天 然 耐 药

目前未见有CLSI、EUCAST以及FDA关于肺炎链球菌天然耐药的报道。

三、可 预 报 药 物

1. 非脑膜炎分离株：青霉素MIC≤0.06 μg/mL（或苯唑西林抑菌圈直径≥20 mm）可预报下列β-内酰胺类药物的敏感性：氨苄西林（口服或注射）、氨苄西林-舒巴坦、阿莫西林、阿莫西林-克拉维酸、头孢克洛、头孢地尼、头孢妥仑、头孢吡肟、头孢噻肟、头孢泊肟、头孢丙烯、头孢罗膦、头孢唑肟、头孢曲松、头孢呋辛、多立培南、厄他培南、亚胺培南、氯碳头孢、美罗培南。

2. 对左氧氟沙星敏感的肺炎链球菌可预报其对吉米沙星和莫西沙星敏感。然而，对吉米沙星和莫西沙星敏感肺炎链球菌不能预报对左氧氟沙星敏感。

3. 红霉素可预报菌株对阿奇霉素、克拉霉素和地红霉素的敏感性和耐药性。

4. 对四环素敏感菌株，也被认为对多西环素敏感，但对四环素耐药的菌株不能推定其对多西环素耐药。

5. 对肺炎链球菌，采用抗菌药物最低抑菌浓度（MIC）法检测对利奈唑胺敏感的肺炎链球菌，即可被认为是对康替唑胺的野生型菌株。

四、流行病学界值

某些抗菌药物仅开展了流行病学折点制定研究，建立了流行病学界值（epidemiological cutoff value，ECOFF 或 ECV）。ECOFF 将细菌区分为野生型和非野生型菌株两大类。野生型菌株是指对该抗菌药物不存在任何耐药机制的群体，类似于临床折点中的"敏感"解释分类，而非野生型菌株是指对该抗菌药物可能存在耐药机制的群体。

五、肺炎链球菌药敏试验执行标准

纸片扩散法				MIC 法			
培 养 基	接种菌量	孵育条件	孵育时间	培 养 基	接种菌量	孵育条件	孵育时间
CSLI：MHA+ 5% 绵羊血 或者 MH－F 琼脂（MHA+ 5% 机械脱纤维马血+ 20 μg/mL NAD）；EUCAST：MH－F 琼脂（MHA+ 5% 脱纤维马血+ 20 mg/L β－NAD)	0.5 麦氏浊度	CSLI：35℃±2℃，5% CO_2；EUCAST：35℃±1℃，5% CO_2	CSLI：20～24 h；EUCAST：18 h±2 h	CSLI：CAMHB + LHB（2.5% ～5% v/v）（肉汤稀释法）；MHA+ 羊血（5% v/v）（琼脂稀释法）（CLSI 近期未对琼脂稀释法进行研究和评估）；EUCAST：MH－F 肉汤（MH 肉汤+ 5% 裂解马血+ 20 mg/L β－NAD)（肉汤微量稀释法)	肉汤稀释法：5 × 10^5 CFU/mL；琼脂稀释法：10^4 CFU/点	CSLI：35℃±2℃，空气（琼脂稀释法如有必要可在 CO_2 环境下进行孵育)；EUCAST：35℃±1℃，空气	CSLI：20～24 h；EUCAST：18 h±2 h

质控菌株

1. CLSI：① 肺炎链球菌 ATCC 49619；② 纸片扩散法：金黄色葡萄球菌 ATCC 25923 是评估苯唑西林纸片是否失效的最佳选择，在不含添加剂 MHA 上可接受范围为 18～24 mm。
2. EUCAST：① 纸片扩散法：肺炎链球菌 ATCC 49619；② 稀释法：肺炎链球菌 ATCC 49619。

六、肺炎链球菌抗菌药物判断标准

抗菌药物	纸片含量（μg）	纸片扩散法（mm）				MIC（μg/mL）				来 源
		S	SDD	I	R	S	SDD	I	R	
青霉素 Penicillin	-	-	-	-	-	≤2	-	4	≥8	CLSI－1、FDA
	CLSI－1：静脉，非脑膜炎。敏感：200 万 U，q4h；中介：1 800 万～2 400 万 U/d									

（续表）

抗菌药物	纸片含量（μg）	纸片扩散法（mm）				MIC（μg/mL）				来源
		S	SDD	I	R	S	SDD	I	R	
青霉素 Penicillin	-	-	-	-	-	≤0.06	-	-	≥0.12	CLSI－2、FDA
	CLSI－2：静脉，脑膜炎至少 300 万 U/q4h									
	-	-	-	-	-	≤0.06	-	0.12-1	≥2	CLSI－3、FDA
	CLSI－3：口服青霉素Ⅴ类，非脑膜炎									
	-	-	-	-	-	≤0.06	-	-	＞2	EUCAST：非脑膜炎
	-	-	-	-	-	≤0.06	-	-	＞0.06	EUCAST：脑膜炎
氨苄西林 Ampicillin	-	-	-	-	-	-	-	-	-	CLSI
	2	≥22	-	-	＜19	≤0.5	-	-	＞1	EUCAST：非脑膜炎
	-	-	-	-	-	≤0.5	-	-	＞0.5	EUCAST：脑膜炎
	-	-	-	-	-	-	-	-	-	FDA
苯唑西林 Oxacillin	1	≥20	-	-	-	-	-	-	-	CLSI：报告青霉素敏感性
	1	≥20	-	-	＜20	-	-	-	-	EUCAST：仅筛选
	-	-	-	-	-	-	-	-	-	FDA
阿莫西林 Amoxicillin	-	-	-	-	-	≤2	-	4	≥8	CLSI（非脑膜炎）、FDA（非脑膜炎）
	-	-	-	-	-	≤0.5	-	-	≥0.5	EUCAST：静脉，脑膜炎
	-	-	-	-	-	≤0.5	-	-	＞1	EUCAST：口服
阿莫西林-克拉维酸 Amoxicillin-clavulanic acid	-	-	-	-	-	≤2/1	-	4/2	≥8/4	CLSI（非脑膜炎）、FDA（非脑膜炎）
	-	-	-	-	-	≤0.5	-	-	＞1	EUCAST：口服
头孢吡肟 Cefepime	-	-	-	-	-	≤0.5	-	1	≥2	CLSI（静脉，脑膜炎）
	-	-	-	-	-	≤1	-	2	≥4	CLSI（静脉，非脑膜炎）、FDA（非脑膜炎注射）
	-	-	-	-	-	≤1	-	-	＞2	EUCAST

（续表）

抗菌药物	纸片含量(μg)	纸片扩散法(mm)				MIC(μg/mL)				来源
		S	SDD	I	R	S	SDD	I	R	
头孢噻肟 Cefotaxime	-	-	-	-	-	≤0.5	-	1	≥2	CLSI(静脉,脑膜炎)、FDA(静脉,脑膜炎)
	-	-	-	-	-	≤1	-	2	≥4	CLSI(静脉,非脑膜炎)、FDA(静脉,非脑膜炎)
	-	-	-	-	-	≤0.5	-	-	>2	EUCAST:非脑膜炎
	-	-	-	-	-	≤0.5	-	-	>0.5	EUCAST:脑膜炎
头孢替安 Cefotiam	30	≥31	-	-	≤30	≤1	-	-	≥2	ECOFF:流感嗜血杆菌
头孢呋辛 Cefuroxime	-	-	-	-	-	≤0.5	-	1	≥2	CLSI(静脉)、FDA(静脉)
	-	-	-	-	-	≤1	-	2	≥4	CLSI、FDA:口服
	-	-	-	-	-	≤0.5	-	-	>1	EUCAST:静脉
	-	-	-	-	-	≤0.25	-	-	>0.25	EUCAST:口服
头孢硫脒 Cefathiamidine	30	≥31	-	-	≤30	≤0.5	-	-	≥1	ECOFF
头孢嗪脒 Cefazinamidine	30	≥33	-	-	≤32	≤0.5	-	-	≥1	ECOFF
头孢曲松 Ceftriaxone	-	-	-	-	-	≤0.5	-	1	≥2	CLSI(静脉,脑膜炎)、FDA(静脉,脑膜炎)
	-	-	-	-	-	≤1	-	2	≥4	CLSI(静脉,非脑膜炎)、FDA(静脉,非脑膜炎)
	-	-	-	-	-	≤0.5	-	-	>2	EUCAST:非脑膜炎
	-	-	-	-	-	≤0.5	-	-	>0.5	EUCAST:脑膜炎
头孢罗膦 Ceftaroline	30	≥26	-	-	-	≤0.5	-	-	-	CLSI(静脉,非脑膜炎 600 mg q12h)、FDA
	-	-	-	-	-	≤0.25	-	-	>0.25	EUCAST

(续表)

抗菌药物	纸片含量(μg)	纸片扩散法(mm)				MIC(μg/mL)				来源
		S	SDD	I	R	S	SDD	I	R	
头孢克洛 Cefaclor	-	-	-	-	-	≤1	-	2	≥4	CLSI，FDA
	30	≥50	-	-	＜28	≤0.001	-	-	＞0.5	EUCAST
头孢地尼 Cefdinir	-	-	-	-	-	≤0.5	-	1	≥2	CLSI，FDA
	-	-	-	-	-					EUCAST
头孢妥仑匹酯 Cefditoren pivoxil	-	-	-	-	-				-	CLSI，EUCAST
	-	-	-	-	-	≤0.125	-	0.25	＞0.50	FDA：口服
头孢泊肟 Cefpodoxime	-	-	-	-	-	≤0.5	-	1	≥2	CLSI，FDA
	-	-	-	-	-	≤0.25	-	-	＞0.25	EUCAST
头孢吡普 Ceftobiprole	-	-	-	-	-					CLSI，FDA
	-	-	-	-	-	≤0.5	-	-	＞0.5	EUCAST
头孢丙烯 Cefprozil	-	-	-	-	-	≤2	-	4	≥8	CLSI
	-	-	-	-	-	-	-	-	-	EUCAST
	-	-	-	-	-	≤0.5	-	-	≥1	FDA：口服
氯碳头孢 Loracarbef	-	-	-	-	-	≤2	-	4	≥8	CLSI
	-	-	-	-	-					EUCAST，FDA
美罗培南 Meropenem	-	-	-	-	-	≤0.25	-	0.5	≥1	CLSI，FDA
	-	-	-	-	-	≤2	-	-	＞2	EUCAST：非脑膜炎
	-	-	-	-	-	≤0.25	-	-	＞0.25	EUCAST：脑膜炎
厄他培南 Ertapenem	-	-	-	-	-	≤1	-	2	≥4	CLSI，FDA
	-	-	-	-	-	≤0.5	-	-	＞0.5	EUCAST
亚胺培南 Imipenem	-	-	-	-	-	≤0.12	-	0.25-0.5	≥1	CLSI，FDA
	-	-	-	-	-	≤2	-	-	＞2	EUCAST
多立培南 Doripenem	-	-	-	-	-	≤1	-	-	-	CLSI
	-	-	-	-	-	≤1	-	-	＞1	EUCAST
	-	-	-	-	-				-	FDA

(续表)

抗 菌 药 物	纸片含量(μg)	纸片扩散法(mm)				MIC(μg/mL)				来 源
		S	SDD	I	R	S	SDD	I	R	
法罗培南 Faropenem	-	-	-	-	-	≤2	-	-	≥4	ECOFF
替考拉宁 Teicoplanin	-	-	-	-	-	-	-	-	-	CLSI，FDA
	30	≥17	-	-	<17	≤2	-	-	≥2	EUCAST
万古霉素 Vancomycin	30	≥17	-	-	-	≤1	-	-	-	CLSI
	5	≥16	-	-	<16	≤2	-	-	≥2	EUCAST
	-	-	-	-	-	-	-	-	-	FDA
红霉素 Erythromycin	15	≥21	-	16-20	≤15	≤0.25	-	0.5	≥1	CLSI，FDA
	15	≥22	-	-	<22	≤0.25	-	-	>0.25	EUCAST
罗红霉素 Roxithromycin	-	-	-	-	-	-	-	-	-	CLSI，FDA
	-	-	-	-	-	≤0.5	-	-	>0.5	EUCAST
阿奇霉素 Azithromycin	15	≥18	-	14-17	≤13	≤0.5	-	1	≥2	CLSI，FDA
	-	-	-	-	-	≤0.25	-	-	>0.25	EUCAST
克拉霉素 Clarithromycin	15	≥21	-	17-20	≤16	≤0.25	-	0.5	≥1	CLSI，FDA
	-	-	-	-	-	≤0.25	-	-	>0.25	EUCAST
地红霉素 Dirithromycin	15	≥18	-	14-17	≤13	≤0.5	-	1	≥2	CLSI
	-	-	-	-	-	-	-	-	-	EUCAST，FDA
四环素 Tetracycline	30	≥28	-	25-27	≤24	≤1	-	2	≥4	CLSI，FDA
	30	≥25	-	-	<25	≤1	-	-	>1	EUCAST
替加环素 Tigecycline	-	-	-	-	-	-	-	-	-	CLSI，EUCAST
	15	≥19	-	-	-	≤0.06	-	-	-	FDA
	FDA：除"敏感"结果外，MIC结果应进一步确认									
奥玛环素 Omadacycline	30	≥25	-	23-24	≤22	≤0.12	-	0.25	≥0.5	FDA：社区获得性细菌性肺炎（CABP）
多西环素 Doxycycline	30	≥28	-	25-27	≤24	≤0.25	-	0.5	≥1	CLSI（口服），FDA（口服、注射）
	-	-	-	-	-	≤1	-	-	>1	EUCAST

（续表）

抗菌药物	纸片含量（μg）	纸片扩散法（mm）				MIC（μg/mL）				来　源
		S	SDD	I	R	S	SDD	I	R	
米诺环素 Minocycline	-	-	-	-	-	-	-	-	-	CLSI，FDA
	30	≥24	-	-	<24	≤0.5	-	-	>0.5	EUCAST
环丙沙星 Ciprofloxacin	-	-	-	-	-	-	-	-	-	CLSI，EUCAST
	5	≥21	-	16-20	≤15	≤1	-	2	≥4	FDA
吉米沙星 Gemifloxacin	5	≥23	-	20-22	≤19	≤0.12	-	0.25	≥0.5	CLSI，FDA
	-	-	-	-	-	-	-	-	-	EUCAST
左氧氟沙星 Levofloxacin	5	≥17	-	14-16	≤13	≤2	-	4	≥8	CLSI，FDA
	5	≥50	-	-	<16	≤0.001	-	-	>2	EUCAST
莫西沙星 Moxifloxacin	5	≥18	-	15-17	≤14	≤1	-	2	≥4	CLSI，FDA
	5	≥22	-	-	<22	≤0.5	-	-	>0.5	EUCAST
诺氟沙星 Norfloxacin	-	-	-	-	-	-	-	-	-	CLSI，FDA
	10	≥10	-	-	<10	-	-	-	-	EUCAST：筛选氟喹诺酮类耐药菌株
加替沙星 Gatifloxacin	5	≥21	-	18-20	≤17	≤1	-	2	≥4	CLSI
	-	-	-	-	-	-	-	-	-	EUCAST，FDA
氧氟沙星 Ofloxacin	5	≥16	-	13-15	≤12	≤2	-	4	≥8	CLSI
	-	-	-	-	-	-	-	-	-	EUCAST，FDA
司帕沙星 Sparfloxacin	5	≥19	-	16-18	≤15	≤0.5	-	1	≥2	CLSI
	-	-	-	-	-	-	-	-	-	EUCAST，FDA
奈诺沙星 Nemonoxacin	5	≥21	-	-	≤20	≤0.5	-	-	≥1	ECOFF
西他沙星 Sitafloxacin	-	-	-	-	-	≤0.125	-	-	≥0.25	ECOFF
甲氧苄啶-磺胺甲噁唑 Trimethoprim-sulfamethoxazole	1.25/23.75	≥19	-	16-18	≤15	≤0.5/9.5	-	1/19-2/38	≥4/76	CLSI，FDA
	1.25/23.75	≥13	-	-	<10	≤1	-	-	>2	EUCAST

(续表)

抗 菌 药 物	纸片含量(μg)	纸片扩散法(mm)				MIC(μg/mL)				来 源
		S	SDD	I	R	S	SDD	I	R	
氯霉素 Chloramphenicol	30	≥21	-	-	≤20	≤4	-	-	≥8	CLSI
	30	≥21	-	-	≤21	≤8	-	-	≥8	EUCAST：疗效不明确
	-	-	-	-	-	-	-	-	-	FDA
利福平 Rifampin	5	≥19	-	17-18	≤16	≤1	-	2	≥4	CLSI
	5	≥22	-	-	<22	≤0.125	-	-	>0.125	EUCAST
	-	-	-	-	-	-	-	-	-	FDA
克林霉素 Clindamycin	2	≥19	-	16-18	≤15	≤0.25	-	0.5	≥1	CLSI，FDA
	2	≥19	-	-	<19	≤0.5	-	-	>0.5	EUCAST
奎奴普丁-达福普汀 Quinupristin-dalfopristin	15	≥19	-	16-18	≤15	≤1	-	2	≥4	CLSI
										EUCAST，FDA
利奈唑胺 Linezolid	30	≥21	-	-	-	≤2	-	-	-	CLSI，FDA
	10	≥22	-	-	<22	≤2	-	-	>2	EUCAST
来法莫林 Lefamulin	20	≥19	-	-	-	≤0.5	-	-	-	CLSI，FDA
	5	≥12	-	-	<12	≤0.5	-	-	>0.5	EUCAST
康替唑胺 Contezolid	30	≥22	-	-	≤21	≤2	-	-	≥4	ECOFF

说明：此表抗菌药物药敏试验判断标准来源于 CLSI（M 100，34th）、EUCAST（v14.0）和 FDA（https://www.fda.gov/drugs/development-resources/antibacterial-susceptibility-test-interpretive-criteria）颁布的判断标准,若某抗菌药物无 FDA 药敏试验结果判断标准,说明该药在 FDA 的判断标准等同于 CLSI 判断标准或无 FDA 判断标准。

七、药敏试验结果阅读注意事项(适用于肺炎链球菌、β-溶血链球菌和α-溶血链球菌)

1. 对于链球菌属,当平板距离肉眼 30 cm 左右时,抑菌圈内能够看见小菌落生长,在测量直径时不能忽略此生长菌落。对于链球菌属,靠近抑菌圈边缘的小菌落可能与 MHF 平板过湿有关,如在使用前将平板充分干燥可减少此类误差。见图 11-1。

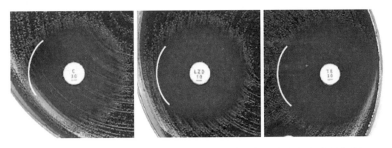

图 11-1　链球菌属细菌抑菌圈直径阅读示例（引自参考文献[8]）

2. 对于链球菌属，当出现 β 溶血时，前后倾斜平板，以更好地区分溶血和生长区域；β 溶血区域通常无菌落生长。见图 11-2。

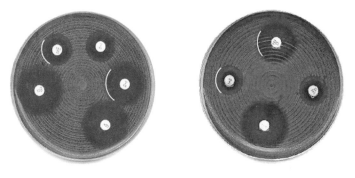

图 11-2　链球菌属细菌抑菌圈直径阅读示例（引自参考文献[8]）

3. 对于链球菌属，当出现 α 溶血时，前后倾斜平板，以更好地区分溶血和生长区域。见图 11-3。

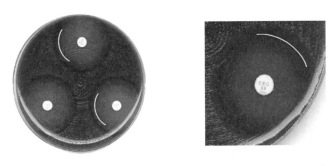

图 11-3　链球菌属细菌抑菌圈直径阅读示例（引自参考文献[8]）

4. 将红霉素纸片贴在离克林霉素纸片 12～16 mm（纸片边缘之间的距离），培养后观察细菌是否诱导产生克林霉素耐药，即出现 D 现象。见图 11-4。

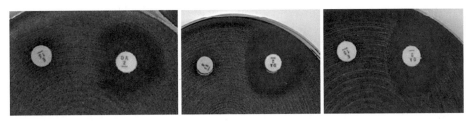

图 11-4　链球菌属的诱导性克林霉素耐药（ICR）试验（D 试验）（引自参考文献[8]）

八、肺炎链球菌感染治疗方案推荐

感 染 部 位	首选方案及疗程	备选方案及疗程	来源及备注
非中枢神经系统感染（Sanford Guide，更新于 2023 年 12 月 1 日）			
青霉素 G 敏感菌株（MIC＜2 μg/mL）	（1）青霉素 G 200 万 U iv q4h； （2）头孢曲松 1～2 g iv q24h； （3）克林霉素 600 mg iv q8h； （4）莫西沙星 400 mg iv q24h； （5）左氧氟沙星 750 mg iv q24h		青霉素 G MIC≥2～＜8 μg/mL 的菌株，若是临床严重感染的情况如血流感染等，建议按耐药菌株方案给药
青霉素 G 耐药菌株（MIC≥8 μg/mL）	（1）头孢曲松 2 g iv q24h； （2）莫西沙星 400 mg iv q24h； （3）左氧氟沙星 750 mg iv q24h； （4）万古霉素 15～20 mg/kg iv q8～12 h； （5）利奈唑胺 600 mg iv q12h		万古霉素需要监测血药浓度谷浓度 15～20 μg/mL
中枢神经系统感染（化脓性脑膜炎，脑膜炎疗程一般为 10～14 d，Sanford Guide 更新于 2023 年 12 月 1 日）			
在药敏结果未知时建议起始经验性抗治疗方案	万古霉素 15～20 mg/kg iv q8～12 h 联合头孢曲松 2 g iv q12h 或头孢噻肟 2 g iv q4～6 h	β-内酰胺类不能耐受：万古霉素 15～20 mg/kg iv q8～12 h 联合莫西沙星 400 mg iv q24h	
青霉素 G MIC＜0.1 μg/mL	（1）青霉素 G 400 万 U iv q4h； （2）氨苄西林 2 g iv q4h	头孢曲松 2 g iv q12h	
青霉素 G MIC≥0.1 μg/mL 且头孢曲松 MIC≤0.5 μg/mL	头孢曲松 2 g iv q12h 或头孢噻肟 2 g iv q4～6 h	（1）头孢吡肟 2 g iv q8h 或美罗培南 2 g iv q8h； （2）莫西沙星 400 mg iv q24h	
青霉素 G MIC≥0.1 μg/mL 且头孢曲松 MIC＞0.5 μg/mL	万古霉素 15～20 mg/kg iv q8～12 h 联合头孢曲松 2 g iv q12h 或头孢噻肟 2 g iv q4～6 h	（1）万古霉素 15～20 mg/kg iv q8～12 h 联合莫西沙星 400 mg iv； （2）利奈唑胺 600 mg iv q12h	若头孢曲松 MIC＞2 μg/mL，则在万古霉素+头孢曲松/头孢噻肟基础上加用利福平 600 mg po/iv qd

---

参 考 文 献

［1］美国微生物学会.临床微生物学手册［M］.王辉，等译.11 版.北京：中华医学电子音像出版社，2017：第二部分，第 2 篇，第 22 章.

［2］Clinical and Laboratory Standards Institute. Performance standards for antimicrobial susceptibility testing［S］. In：Clinical and Laboratory Standards Institute. M100，34ᵗʰ Edition. Wayne，PA：CLSI，2024.

［3］Clinical and Laboratory Standards Institute. Performance standards for antimicrobial disk susceptibility tests［M］. 12ᵗʰ Edition. Wayne，PA：CLSI，2018：M02－A13，

［4］Clinical and Laboratory Standards Institute. Methods for dilution antimicrobial susceptibility tests for bacteria that grow aerobically［M］. 10ᵗʰ Edition. Wayne，PA：CLSI，2018：M07－A11.

［5］The European Committee on Antimicrobial Susceptibility Testing. Breakpoint tables for interpretation of MICs and zone diameters，version 14.0，2024［EB/OL］.（2024－01－01）［2024－03－12］. http：//www.eucast.org/clinical_breakpoints/.

［6］U.S. Food & Drug Administration. Antibacterial susceptibility test interpretive criteria［EB/OL］.（2024－03－08）［2023－03－08］. https：//www.fda.gov/drugs/development-resources/antibacterial-susceptibility-test-interpretive-criteria.

［7］EUCAST. Reading guide：EUCAST disk diffusion method for antimicrobial susceptibility testing；Version 8.0［M］. EUCAST，Sweden：Växjö，2021.

［8］van de Beek D，Cabellos C，Dzupova O，et al. ESCMID guideline：diagnosis and treatment of acute bacterial meningitis［J］.Clin Microbiol Infect，2016，22（Suppl 3）：S37－S62.

β-溶血链球菌

(Streptococcus spp. β-Hemolytic Group)

β-溶血链球菌,也称为化脓性链球菌(Pyogenic Streptococci),包括人源性致病菌,如化脓链球菌(S. pyogenes)、无乳链球菌(S. agalactiae)、停乳链球菌司马亚种(S. dysgalactiae subsp. equisimitilis)以及多种重要的动物源性致病菌。根据 Lancefield 抗原分类,化脓链球菌(S. pyogenes)亦称 A 群 β-溶血链球菌(Streptococcus spp. β-hemolytic group A),定植于人的咽及皮肤等部位,毒力机制复杂,当出现破损可引起浅表感染,严重时可引起脓毒症、丹毒、蜂窝织炎与坏死性筋膜炎等侵袭性感染,肺炎、脑膜炎、心内膜炎少见,其感染后还可并发肾小球肾炎等肾病。无乳链球菌亦称 B 群 β-溶血链球菌(Streptococcus spp. β-hemolytic group B)。在 20 世纪 70 年代以来被发现是侵入性儿童感染的病原菌,其在女性泌尿道的定植率为 10%~30%,分娩前进行抗生素预防可大幅减少早发型新生儿无乳链球菌感染。其他大菌落、β-溶血、具有 C 群或 G 群 Lancefield 抗原的链球菌(如 C 群停乳链球菌似马亚种)亦可分离自上呼吸道感染、皮肤和软组织感染以及菌血症、坏死性筋膜炎等侵入性感染。CHINET 中国细菌耐药监测网数据显示,2023 年临床分离的 β-溶血链球菌中 A 群 β-溶血链球菌对红霉素和克林霉素的耐药率最高,分别为 92.0% 和 90.1%;B 群 β-溶血链球菌对红霉素、克林霉素和左氧氟沙星的耐药率最高,分别为 75.7%、61.5% 和 45.2%;所有 β-溶血链球菌对青霉素、头孢曲松、头孢噻肟均未发现耐药菌株;对利奈唑胺和万古霉素亦 100% 敏感。

一、药敏试验报告注意点

1. 使用肉汤微量稀释法测定 β-溶血链球菌对氯霉素、克林霉素、红霉素、利奈唑胺、特地唑胺和四环素的 MIC 时,拖尾生长现象会造成 MIC 终点值难以判定。此情况下,应阅读拖尾生长最开始处的最低浓度为 MIC,忽略底部的微弱生长。

2. 青霉素和氨苄西林可用于治疗β-溶血链球菌所致感染,由于β-溶血链球菌中非敏感株(即青霉素 MICs>0.12 mg/L 和氨苄西林 MICs>0.25 mg/L)极其罕见,在化脓链球菌中尚未报道,因此美国 FDA 批准用于治疗β-溶血链球菌所致感染的青霉素类和其他β-内酰胺类药物常规无需进行药敏试验。如进行药敏试验,发现任何非敏感β-溶血链球菌菌株应重新进行菌种鉴定和药敏试验,如确认为非敏感株,应送至公共卫生实验室。

3. 红霉素可预报菌株对阿奇霉素、克拉霉素和地红霉素的敏感性和耐药性。

4. 对四环素敏感的菌株应认为对多西环素和米诺环素也敏感,但对四环素耐药的菌株不能推定其对多西环素和米诺环素耐药。

5. 对于红霉素耐药且克林霉素敏感或中介的菌株,报告克林霉素结果前要求用纸片扩散法 D 试验或肉汤微量稀释法检测克林霉素诱导耐药性。

6. 分娩期妇女 B 群β-溶血链球菌(无乳链球菌)感染的预防用药,推荐用青霉素或氨苄西林。低危险性青霉素过敏的妇女推荐用头孢唑林,而高危险性青霉素过敏者建议使用克林霉素。青霉素、氨苄西林和头孢唑林敏感的 B 群β-溶血链球菌,可对克林霉素和/或红霉素耐药。因此,当从青霉素严重过敏(高危过敏)的妊娠妇女中分离到 B 群β-溶血链球菌时,应对红霉素和克林霉素进行药敏试验,并仅报告克林霉素结果。如遇红霉素耐药和克林霉素敏感者需立即进行克林霉素诱导耐药测试(D 试验)。

二、天然耐药

目前 CLSI、EUCAST 以及 FDA 无β-溶血链球菌天然耐药的报道。

三、可预报药物

1. 对于 A、B、C 和 G 群β-溶血链球菌,青霉素是下述药物的替代药物:氨苄西林、阿莫西林、阿莫西林-克拉维酸、氨苄西林-舒巴坦、头孢唑林、头孢吡肟、头孢罗膦、头孢拉定、头孢噻吩、头孢噻肟、头孢曲松、头孢唑肟、亚胺培南、厄他培南和美罗培南。此外,仅对于 A 群β-溶血链球菌,青霉素也是头孢克洛、头孢地尼、头孢丙烯、头孢布烯、头孢呋辛和头孢泊肟的替代药物。

2. 红霉素可预报菌株对阿奇霉素、克拉霉素和地红霉素的敏感性和耐药性。

3. 对四环素敏感的菌株应认为对多西环素和米诺环素也敏感。但对四环素耐药的菌株不能推定其对多西环素和米诺环素耐药。

4. 肉汤微量稀释法测定无乳链球菌和化脓链球菌对利奈唑胺的敏感性(MIC)结果显示利奈唑胺敏感者应认为对特地唑胺敏感,但有些对利奈唑胺非敏感的菌株可能对特地唑胺亦敏感。

四、流行病学界值

某些抗菌药物仅开展了流行病学折点制定研究,建立了流行病学界值(epidemiological cutoff value,ECOFF 或 ECV)。ECOFF 将细菌区分为野生型和非野生型菌株两大类。野生型菌株是指对该抗菌药物不存在任何耐药机制的群体,类似于临床折点中的"敏感"解释分类,而非野生型菌株是指对该抗菌药物可能存在耐药机制的群体。

五、β-溶血链球菌药敏试验执行标准

纸片扩散法				MIC 法			
培 养 基	接种菌量	孵育条件	孵育时间	培 养 基	接种菌量	孵育条件	孵育时间
CSLI:MHA+ 5% 绵羊血或者 MH－F 琼脂(MHA+ 5% 脱纤维马血+ 20 μg/mL NAD); EUCAST:MH－F 琼脂(MHA+ 5% 脱纤维马血+ 20 mg/L β－NAD)	0.5 麦氏浊度	CSLI:35℃ ±2℃,5% CO₂; EUCAST: 35℃±1℃, 5% CO₂	CSLI:20～24 h; EUCAST: 18 h±2 h	CSLI: CAMHB + LHB (2.5%～5% v/v)(肉汤稀释法)、CAMHB 需补充 50 μg/mL 钙离子用于达托霉素、MHA+ 羊血(5% v/v)(琼脂稀释法); EUCAST: MH－F 肉汤(MH 肉汤+ 5% 裂解马血+ 20 mg/L β－NAD)(肉汤微量稀释法)	肉汤稀释法:5 × 10⁵ CFU/mL; 琼脂稀释法:10⁴ CFU/点	CSLI:35℃ ±2℃,空气(琼脂稀释法如有必要可在 CO₂ 环境下进行孵育); EUCAST:35℃ ±1℃,空气	CSLI:20～24 h; EUCAST: 18 h±2 h

质控菌株

1. CLSI:① 肺炎链球菌 ATCC 49619;② 纸片扩散法:金黄葡萄球菌 ATCC 25923 是评估苯唑西林纸片是否失效的最佳选择,在不含添加剂 MHA 上可接受范围为 18～24 mm。

2. EUCAST:① 纸片扩散法:肺炎链球菌 ATCC 49619;② 稀释法:肺炎链球菌 ATCC 49619。

六、β-溶血链球菌抗菌药物判断标准

抗 菌 药 物	纸片含量 (μg)	纸片扩散法(mm)				MIC(μg/mL)				来 源
		S	SDD	I	R	S	SDD	I	R	
青霉素 Penicillin	10U	≥24	-	-	-	≤0.12	-	-	-	CLSI,FDA
	1U	≥18	-	<18	-	≤0.25	-	-	>0.25	EUCAST:非脑膜炎

（续表）

抗菌药物	纸片含量（μg）	纸片扩散法（mm）				MIC（μg/mL）				来　源
		S	SDD	I	R	S	SDD	I	R	
青霉素 Penicillin	1U	≥19	-	-	＜19	≤0.125	-	-	＞0.125	EUCAST：脑膜炎，无乳链球菌
氨苄西林 Ampicillin	10	≥24	-	-	-	≤0.25	-	-	-	CLSI，FDA
	-	-	-	-	-	-	-	-	-	EUCAST
头孢替安 Cefotiam	30	≥25			≤24	≤1	-	-	≥2	ECOFF
头孢硫脒 Cefathiamidine	30	≥26	-	-	≤25	≤0.125	-	-	≥0.25	ECOFF
头孢嗪脒 Cefazinamidine	30	≥25	-	-	≤24	≤0.25	-	-	≥0.5	ECOFF
头孢吡肟 Cefepime	30	≥24	-	-	-	≤0.5	-	-	-	CLSI，FDA
	-	-	-	-	-	-	-	-	-	EUCAST
头孢噻肟 Cefotaxime	30	≥24	-	-	-	≤0.5	-	-	-	CLSI，FDA
	-	-	-	-	-	-	-	-	-	EUCAST
头孢曲松 Ceftriaxone	30	≥24	-	-	-	≤0.5	-	-	-	CLSI，FDA
	-	-	-	-	-	-	-	-	-	EUCAST
头孢罗膦 Ceftaroline	30	≥26	-	-	-	≤0.5	-	-	-	CLSI：600 mg q12h、FDA
	-	-	-	-	-	-	-	-	-	EUCAST
头孢妥仑匹酯 Cefditoren pivoxil	-	-	-	-	-	≤0.125	-	-	-	FDA：口服
头孢地尼 Cefdinir	-	-	-	-	-	-	-	-	-	CLSI，EUCAST
	5	≥20		17-19	≤16	≤1		2	≥4	FDA
多立培南 Doripenem	-	-	-	-	-	≤0.12	-	-	-	CLSI
	-	-	-	-	-	-	-	-	-	EUCAST，FDA
厄他培南 Ertapenem	-	-	-	-	-	≤1	-	-	-	CLSI，FDA
	-	-	-	-	-	-	-	-	-	EUCAST
美罗培南 Meropenem	-	-	-	-	-	≤0.5	-	-	-	CLSI，FDA
	-	-	-	-	-	-	-	-	-	EUCAST

(续表)

抗菌药物	纸片含量(μg)	纸片扩散法(mm)				MIC(μg/mL)				来源
		S	SDD	I	R	S	SDD	I	R	
万古霉素 Vancomycin	30	≥17	-	-	-	≤1	-	-	-	CLSI，FDA
	5	≥13	-	-	<13	≤2	-	-	>2	EUCAST
达巴万星 Dalbavancin	-	-	-	-	-	≤0.25	-	-	-	CLSI，FDA
	-	-	-	-	-	≤0.125	-	-	>0.125	EUCAST
奥利万星 Oritavancin	-	-	-	-	-	≤0.25	-	-	-	CLSI，FDA
	-	-	-	-	-	≤0.25	-	-	>0.25	EUCAST
替考拉宁 Teicoplanin	-	-	-	-	-	-	-	-	-	CLSI，FDA
	30	≥15	-	-	<15	≤2	-	-	>2	EUCAST
特拉万星 Telavancin	-	-	-	-	-	≤0.12	-	-	-	CLSI，FDA
	-	-	-	-	-	-	-	-	-	EUCAST
达托霉素 Daptomycin	-	-	-	-	-	≤1	-	-	-	CLSI，FDA
	FDA：仅适用于化脓链球菌、无乳链球菌以及停乳链球菌									
	-	-	-	-	-	≤1	-	-	>1	EUCAST
呋喃妥因 Nitrofurantoin	-	-	-	-	-	-	-	-	-	CLSI，FDA
	100	≥15	-	-	<15	≤64	-	-	>64	EUCAST
	EUCAST：仅适用于无乳链球菌(B群链球菌)导致的非复杂性尿路感染									
红霉素 Erythromycin	15	≥21	-	16-20	≤15	≤0.25	-	0.5	≥1	CLSI，FDA
	15	≥21	-	-	<21	≤0.25	-	-	>0.25	EUCAST
利福平 Rifampicin	-	-	-	-	-	-	-	-	-	CLSI，FDA
	5	≥21	-	-	<21	≤0.06	-	-	>0.06	EUCAST
罗红霉素 Roxithromycin	-	-	-	-	-	-	-	-	-	CLSI，FDA
	-	-	-	-	-	≤0.5	-	-	>0.5	EUCAST
泰利霉素 Telithromycin	-	-	-	-	-	-	-	-	-	CLSI，FDA
										EUCAST
阿奇霉素 Azithromycin	15	≥18	-	14-17	≤13	≤0.5	-	1	≥2	CLSI
	-	-	-	-	-	≤0.25	-	-	>0.25	EUCAST
	-	-	-	-	-	-	-	-	-	FDA

（续表）

抗菌药物	纸片含量（µg）	纸片扩散法（mm）				MIC（µg/mL）				来源
		S	SDD	I	R	S	SDD	I	R	
克拉霉素 Clarithromycin	15	≥21	-	17-20	≤16	≤0.25	-	0.5	≥1	CLSI，FDA
		-	-	-	-	≤0.25	-	-	>0.25	EUCAST
地红霉素 Dirithromycin	15	≥18	-	14-17	≤13	≤0.5	-	1	≥2	CLSI
	-	-	-	-	-	-	-	-	-	EUCAST，FDA
甲氧苄啶 Trimethoprim	-	-	-	-	-	-	-	-	-	CLSI，FDA
	EUCAST：仅适用于无乳链球菌（B群链球菌）导致的非复杂性尿路感染									
甲氧苄啶-磺胺甲噁唑 Trimethoprim-sulfamethoxazole	-	-	-	-	-	-	-	-	-	CLSI，FDA
	1.25/23.75	≥18	-	-	<15	≤1	-	-	>2	EUCAST
多西环素 Doxycycline	-	-	-	-	-	-	-	-	-	CLSI
	-	-	-	-	-	≤1	-	-	>1	EUCAST
	FDA：急性细菌性皮肤感染和皮肤结构感染（ABSSSI）									
米诺环素 Minocycline	-	-	-	-	-	-	-	-	-	CLSI，FDA
	30	≥23	-	-	<23	≤0.5	-	-	>0.5	EUCAST
四环素 Tetracycline	30	≥23	-	19-22	≤18	≤2	-	4	≥8	CLSI，FDA
	30	≥23	-	-	<23	≤1	-	-	>1	EUCAST
替加环素 Tigecycline	-	-	-	-	-	-	-	-	-	CLSI
	15	≥19	-	-	<19	≤0.125	-	-	>0.125	EUCAST
	15	≥19	-	-	-	≤0.25	-	-	-	FDA
	FDA：除"敏感"结果外，MIC结果应进一步确认									
奥玛环素 Omadacycline	15	≥19		16-18	≤15	≤0.12		0.25	≥0.5	FDA：化脓链球菌
	15	≥24		18-23	≤17	≤0.12		0.25	≥0.5	FDA：咽峡炎链球菌群
	FDA：用于急性细菌性皮肤及皮肤结构感染									

（续表）

抗菌药物	纸片含量(μg)	纸片扩散法(mm)				MIC(μg/mL)				来源
		S	SDD	I	R	S	SDD	I	R	
左氧氟沙星 Levofloxacin	5	≥17	-	14-16	≤13	≤2	-	4	≥8	CLSI，FDA
	5	≥50	-	-	<17	≤0.001	-	-	>2	EUCAST
莫西沙星 Moxifloxacin	-	-	-	-	-	-	-	-	-	CLSI，FDA
	5	≥19	-	-	<19	≤0.5	-	-	>0.5	EUCAST
诺氟沙星 Norfloxacin	-	-	-	-	-	-	-	-	-	CLSI，FDA
	10	≥12	-	-	<12	-	-	-	-	EUCAST
EUCAST：筛选氟喹诺酮类耐药菌株										
加替沙星 Gatifloxacin	5	≥21	-	18-20	≤17	≤1	-	2	≥4	CLSI
	-	-	-	-	-	-	-	-	-	EUCAST，FDA
格雷沙星 Grepafloxacin	5	≥19	-	16-18	≤15	≤0.5	-	1	≥2	CLSI
	-	-	-	-	-	-	-	-	-	EUCAST，FDA
氧氟沙星 Ofloxacin	5	≥16	-	13-15	≤12	≤2	-	4	≥8	CLSI
	-	-	-	-	-	-	-	-	-	EUCAST，FDA
曲伐沙星 Trovafloxacin	10	≥19	-	16-18	≤15	≤1	-	2	≥4	CLSI
	-	-	-	-	-	-	-	-	-	EUCAST，FDA
氯霉素 Chloramphenicol	30	≥21	-	18-20	≤17	≤4	-	8	≥16	CLSI
	-	-	-	-	-	-	-	-	-	EUCAST，FDA
克林霉素 Clindamycin	2	≥19	-	16-18	≤15	≤0.25	-	0.5	≥1	CLSI，FDA
	2	≥17	-	-	<17	≤0.5	-	-	>0.5	EUCAST
奎奴普丁-达福普汀 Quinupristin-dalfopristin	15	≥19	-	16-18	≤15	≤1	-	2	≥4	CLSI，FDA
	-	-	-	-	-	-	-	-	-	EUCAST
利奈唑胺 Linezolid	30	≥21	-	-	-	≤2	-	-	-	CLSI，FDA
	10	≥19	-	-	<19	≤2	-	-	>2	EUCAST
特地唑胺 Tedizolid	2	≥15	-	-	-	≤0.5	-	-	-	CLSI
	-	-	-	-	-	≤0.5	-	-	-	FDA
	2	≥18	-	-	<18	≤0.5	-	-	>0.5	EUCAST

（续表）

抗菌药物	纸片含量（μg）	纸片扩散法（mm）				MIC（μg/mL）				来源
		S	SDD	I	R	S	SDD	I	R	
头孢地尼 Cefdinir	-	-	-	-	-	-	-	-	-	CLSI，EUCAST
	5	≥20	-	17-19	≤16	≤1	-	2	≥4	FDA
头孢妥仑 Cefditoren	-	-	-	-	-	-	-	-	-	CLSI，EUCAST
	-	-	-	-	-	<0.125	-	-	-	FDA
环丙沙星 Ciprofloxacin	-	-	-	-	-	-	-	-	-	CLSI，EUCAST
	5	≥21	-	16-20	≤15	≤1	-	2	≥4	FDA
德拉沙星 Delafloxacin	-	-	-	-	-	-	-	-	-	CLSI
	-	-	-	-	-	≤0.03	-	-	>0.03	EUCAST
	-	≥20	-	-	-	≤0.06	-	-	-	FDA-1
	FDA-1：适用于化脓链球菌，除"敏感"结果外，MIC 结果应进一步确认									
	-	-	-	-	-	≤0.06	-	0.12	≥0.25	FDA-2
	FDA-2：适用于无乳链球菌									

说明： 此表抗菌药物药敏试验判断标准来源于 CLSI（M 100，34th）、EUCAST（v14.0）和 FDA（https://www.fda.gov/drugs/development-resources/antibacterial-susceptibility-test-interpretive-criteria）颁布的判断标准，若某抗菌药物无 FDA 药敏试验结果判断标准，说明该药在 FDA 的判断标准等同于 CLSI 判断标准或无 FDA 判断标准。

七、β-溶血链球菌感染治疗方案推荐

感染部位	首选方案及疗程	备选方案及疗程	来源及备注
咽峡炎	（1）成人： 1）青霉素 G 1 200 万 U im，单剂治疗； 2）头孢氨苄 500 mg po bid×10 d； 3）阿奇霉素 500 mg po D1，250 mg po D2～D5 （2）儿童： 1）阿莫西林 50 mg/(kg·d)，分成 2 次给药； 2）头孢氨苄 25～50 mg/(kg·d)，分成 2 次给药 po×10 d 3）阿奇霉素 12 mg/kg po qd×5 d		

(续表)

感染部位	首选方案及疗程	备选方案及疗程	来源及备注
丹毒(蜂窝织炎)	(1) 青霉素 G 200～400 万 U iv q4~6 h; (2) 万古霉素 15 mg/kg iv q12h; (3) 利奈唑胺 600 mg iv q12h	青霉素过敏(皮肤皮疹)可选择头孢曲松 1 g iv qd 或头孢唑林 1 g iv q8h; β-内酰胺类不能耐受:奥马环素 200 mg iv qd 或 100 mg q12h(D1)后改为 100 mg iv qd(D2 起),也可选择奥马环素口服药:450 mg po q24h(D1～D2),后改为 300 mg po q24h(D3 起)	
菌血症	克林霉素 600～900 mg iv q8h 联合青霉素 G 400 万 U iv q4h	青霉素过敏者单用克林霉素	A组 β-溶血链球菌尽量避免多西环素等四环素类和喹诺酮类以及磺胺类,相对耐药高,临床失败率高
中毒休克综合征(toxic shock syndrome)	克林霉素 600～900 mg iv q8h 联合青霉素 G 400 万 U iv q4h	(1) 头孢曲松 2 g iv qd; (2) 青霉素 G400 万 U iv q4h 联合利奈唑胺 600 mg iv/po q12h	A组 β-溶血链球菌尽量避免多西环素等四环素类和喹诺酮类以及磺胺类,相对耐药高,临床失败率高

注:Sanford Guide 2023 年 10 月 31 日更新。

参 考 文 献

［1］美国微生物学会.临床微生物学手册［M］.王辉,等译.11 版.北京:中华医学电子音像出版社,2017:第二部分,第 2 篇,第 22 章.

［2］Clinical and Laboratory Standards Institute. Performance standards for antimicrobial susceptibility testing［S］. In: Clinical and Laboratory Standards Institute. M100,34th Edition. Wayne,PA:CLSI,2024.

［3］Clinical and Laboratory Standards Institute. Performance standards for antimicrobial disk susceptibility tests［M］. 12th Edition. Wayne,PA:CLSI,2018:M02 - A13.

［4］Clinical and Laboratory Standards Institute. Methods for dilution antimicrobial susceptibility tests for bacteria that grow aerobically［M］. 10th Edition. Wayne,PA:CLSI,2018:M07 - A11.

［5］The European Committee on Antimicrobial Susceptibility Testing. Breakpoint tables for interpretation of MICs and zone diameters,version 14.0,2024［EB/OL］.（2024 - 01 - 01）［2024 - 03 - 12］.http://www.eucast.org/clinical_breakpoints/.

［6］U.S. Food & Drug Administration. Antibacterial susceptibility test interpretive criteria［EB/OL］.（2024 - 03 - 08）［2023 - 03 - 08］. https://www.fda.gov/drugs/development-resources/antibacterial-susceptibility-test-interpretive-criteria.

［7］Stevens DL,Bisno AL,Chambers HF,et al. Practice guidelines for the diagnosis and management of skin and soft tissue infections:2014 update by the Infectious Diseases Society of America［J］. Clin Infect Dis,2014,59(2): e10 - e52.

［8］Stevens DL,Bryant AE. Necrotizing Soft-Tissue Infections［J］.N Engl J Med,2017,377(23):2253 - 2265.

第十三章

草绿色溶血链球菌

（Streptococcus spp.Viridans Group）

除第十二章所述的 β-溶血链球菌外，其余链球菌可分为 5 种草绿色链球菌，包括缓症链球菌（S. mitis）群、咽峡炎链球菌（S. anginosus）群、变异链球菌（S. mutans）群、唾液链球菌（S. salivarius）群、牛链球菌（S. bovis）群。缓症链球菌群多数是口腔龋齿（牙菌斑和口腔黏膜表面）、消化道、女性生殖道常规定植菌群，也是心内膜炎中最常见病原菌，可以从感染的心瓣膜中分离到。对于粒细胞缺乏症患者，化疗后常出现免疫抑制，此时缓症链球菌常可以引起患者致命的脓毒血症和肺炎。血培养分离到该菌时要正确解释其临床意义。青霉素高耐药株的比例增加导致对此类感染治疗更趋复杂。咽峡炎链球菌均为小菌落，有些亦可含有 A、C、F 和 G 群 Lancefield 抗原，与脑部、口咽部和腹腔的脓肿形成密切相关。唾液链球菌多次报道可引起菌血症，血培养分离到唾液链球菌某种程度上与肿瘤生成有关。变异链球菌是龋齿的首要病原菌，常由母亲传递给婴儿。牛链球菌常从脓毒症和心内膜炎患者的血培养中检出，解没食子酸链球菌与肠道疾病有关。CHINET 中国细菌耐药监测网数据显示，2023 年临床分离 4 288 株草绿色链球菌对 β-内酰胺类抗菌药青霉素、头孢曲松和头孢噻肟的耐药率均低于 10%（6.7%、10.9% 和 6.6%）；对左氧氟沙星的耐药率为 14.4%；对红霉素和克林霉素耐药率高分别为 66.5%、58.3%。但草绿色链球菌对万古霉素以及利奈唑胺仍具有非常高的敏感性，细菌敏感率均为 100%。

一、药敏试验报告注意点

1. 使用肉汤微量稀释法测定氯霉素、克林霉素、红霉素、利奈唑胺、特地唑胺和四环素对草绿色链球菌的 MIC 时，拖尾生长会造成终点值难以判定。此情况下，阅读拖尾生长最开始处的最低浓度为 MIC，忽略底部的微弱生长。

2. 分离自正常无菌部位（如脑脊液、血液和骨）的草绿色链球菌应使用 MIC 法测定其对青霉素的敏感性。

3. 青霉素 MIC≤0.125 mg/L 等同于青霉素 MIC≤0.12 mg/L,两者均应视为受试链球菌对青霉素敏感。实验室应报告 MIC≤0.125 mg/L 为≤0.12 mg/L。

4. 达巴万星仅对咽峡炎链球菌群(包括咽峡炎链球菌、中间链球菌和星座链球菌)报告。

二、天 然 耐 药

目前 CLSI、EUCAST 以及 FDA 无草绿色链球菌天然耐药的报道。

三、可 预 报 药 物

1. 红霉素对该菌的药敏试验结果可预报其对阿奇霉素、克拉霉素和地红霉素的敏感和耐药性。

2. 对四环素敏感的草绿色链球菌,也被认为对多西环素和米诺环素敏感。然而,对四环素耐药菌株不能推定其对多西环素和米诺环素耐药。

3. 使用 MIC 法测定咽峡炎链球菌群对利奈唑胺敏感者也对特地唑胺敏感。而一些对利奈唑胺非敏感的菌株可能对特地唑胺敏感。

四、流行病学界值

某些抗菌药物仅开展了流行病学折点制定研究,建立了流行病学界值(epidemiological cutoff value,ECOFF 或 ECV)。ECOFF 将细菌区分为野生型和非野生型菌株两大类。野生型菌株是指对该抗菌药物不存在任何耐药机制的群体,类似于临床折点中的"敏感"解释分类,而非野生型菌株是指对该抗菌药物可能存在耐药机制的群体。

五、草绿色溶血链球菌药敏试验执行标准

纸片扩散法				MIC 法			
培 养 基	接种菌量	孵育条件	孵育时间	培 养 基	接种菌量	孵育条件	孵育时间
CSLI：MHA+ 5% 绵羊血或者 MH－F 琼脂（MHA+ 5% 脱纤维马血 + 20 μg/ mL NAD）；EUCAST：MH－F 琼脂（MHA+ 5% 脱纤维马血 + 20 mg/L β－NAD）	0.5 麦氏浊度	CSLI：35℃ ±2℃，5% CO_2；EUCAST：35℃±1℃，5% CO_2	CSLI：20〜24 h EUCAST：18 h±2 h	CSLI： CAMHB + LHB（2.5%〜5% v/v）（肉汤稀释法）、CAMHB 需补充 50 μg/mL 钙离子用于达托霉素、MHA+ 羊血（5% v/v）（琼脂稀释法）EUCAST： MH－F 肉汤（MH 肉汤+ 5% 裂解马血+ 20 mg/L β－NAD）（肉汤微量稀释法）	肉汤稀释法： 5 × 10^5 CFU/mL；琼脂稀释法：10^4 CFU/点	CSLI：35℃ ± 2℃，空气（琼脂稀释法如有必要可在 CO_2 环境下进行孵育）；EUCAST：35℃ ±1℃，空气	CSLI：20〜24 h EUCAST：18 h±2 h

质控菌株

1. CLSI：① 肺炎链球菌 ATCC 49619；② 纸片扩散法：金黄葡萄球菌 ATCC 25923 是评估苯唑西林纸片是否失效的最佳选择，在不含添加剂 MHA 上可接受范围为 18〜24 mm。

2. EUCAST：① 纸片扩散法：肺炎链球菌 ATCC 49619；②稀释法：肺炎链球菌 ATCC 49619。

六、草绿色溶血链球菌抗菌药物判断标准

抗菌药物	纸片含量（μg）	纸片扩散法（mm）				MIC(μg/mL)				来 源
		S	SDD	I	R	S	SDD	I	R	
青霉素 Penicillin	-	-	-	-	-	≤0.12	-	0.25 - 2	≥4	CLSI，FDA
	1U	≥21	-	-	＜12	≤0.25	-	-	＞2	EUCAST－1
	1U	≥21	-	-	＜21	≤0.25	-	-	＞0.25	EUCAST－2：筛选 β－内酰胺类耐药株
氨苄西林 Ampicillin	-	-	-	-	-	≤0.25	-	0.5 - 4	≥8	CLSI，FDA
	2	≥21	-	-	＜15	≤0.5	-	-	＞2	EUCAST
阿莫西林 Amoxicillin	-	-	-	-	-	-	-	-	-	CLSI，FDA
	-	-	-	-	-	≤0.5	-	-	＞2	EUCAST
头孢洛生-他唑巴坦 Ceftolozane-tazobactam	-	-	-	-	-	≤8/4	-	16/4	≥32/4	CLSI，FDA
										EUCAST

（续表）

抗菌药物	纸片含量(μg)	纸片扩散法(mm)				MIC(μg/mL)				来源
		S	SDD	I	R	S	SDD	I	R	
头孢吡肟 Cefepime	30	≥24	-	22-23	≤21	≤1	-	2	≥4	CLSI，FDA
	30	≥25	-	-	＜25	≤0.5	-	-	＞0.5	EUCAST
头孢噻肟 Cefotaxime	30	≥28	-	26-27	≤25	≤1	-	2	≥4	CLSI，FDA
	5	≥23	-	-	＜23	≤0.5	-	-	＞0.5	EUCAST
头孢曲松 Ceftriaxone	30	≥27	-	25-26	≤24	≤1	-	2	≥4	CLSI，FDA
	30	≥27	-	-	＜27	≤0.5	-	-	＞0.5	EUCAST
头孢呋辛 Cefuroxime	-	-	-	-	-	-	-	-	-	CLSI，FDA
	30	≥26	-	-	＜26	≤0.5	-	-	＞0.5	EUCAST：静脉
头孢硫脒 Cefathiamidine	30	≥30	-	-	≤29	≤0.5	-	-	≥1	ECOFF
头孢嗪脒 Cefazinamidine	30	≥30	-	-	≤29	≤0.5	-	-	≥1	ECOFF
多立培南 Doripenem	-	-	-	-	-	≤1	-	-	-	CLSI
	-	-	-	-	-	≤1	-	-	＞1	EUCAST
	-	≥24	-	-	-	≤1	-	-	-	FDA
厄他培南 Ertapenem	-	-	-	-	-	≤1	-	-	-	CLSI，FDA
	-	-	-	-	-	≤0.5	-	-	＞0.5	EUCAST
亚胺培南 Imipenem	-	-	-	-	-	-	-	-	-	CLSI，FDA
	-	-	-	-	-	≤2	-	-	＞2	EUCAST
亚胺培南-瑞来巴坦 Imipenem-relebactam	-	-	-	-	-	-	-	-	-	CLSI，FDA
	-	-	-	-	-	≤2	-	-	＞2	EUCAST
美罗培南 Meropenem	-	-	-	-	-	≤0.5	-	-	-	CLSI，FDA
	-	-	-	-	-	≤2	-	-	＞2	EUCAST
万古霉素 Vancomycin	30	≥17	-	-	-	≤1	-	-	-	CLSI，FDA
	5	≥15	-	-	＜15	≤2	-	-	＞2	EUCAST

（续表）

抗菌药物	纸片含量（μg）	纸片扩散法（mm）				MIC（μg/mL）				来源
		S	SDD	I	R	S	SDD	I	R	
达巴万星 Dalbavancin	-	-	-	-	-	≤0.25	-	-	-	CLSI，FDA
	-	-	-	-	-	≤0.125	-	-	>0.125	EUCAST：咽峡炎链球菌群
奥利万星 Oritavancin	-	-	-	-	-	≤0.25	-	-	-	CLSI，FDA
	-	-	-	-	-	≤0.25	-	-	>0.25	EUCAST：咽峡炎链球菌群
替考拉宁 Teicoplanin	-	-	-	-	-	-	-	-	-	CLSI，FDA
	30	≥16	-	-	<16	≤2	-	-	>2	EUCAST
特拉万星 Telavancin	-	-	-	-	-	≤0.06	-	-	-	CLSI，FDA
	-	-	-	-	-	-	-	-	-	EUCAST
达托霉素 Daptomycin	-	-	-	-	-	≤1	-	-	-	CLSI
	-	-	-	-	-	-	-	-	-	EUCAST，FDA
红霉素 Erythromycin	15	≥21	-	16-20	≤15	≤0.25	-	0.5	≥1	CLSI，FDA
	15	-	-	-	-	-	-	-	-	EUCAST
阿奇霉素 Azithromycin	15	≥18	-	14-17	≤13	≤0.5	-	1	≥2	CLSI
	-	-	-	-	-	-	-	-	-	EUCAST，FDA
克拉霉素 Clarithromycin	15	≥21	-	17-20	≤16	≤0.25	-	0.5	≥1	CLSI
	-	-	-	-	-	-	-	-	-	EUCAST，FDA
地红霉素 Dirithromycin	15	≥18	-	14-17	≤13	≤0.5	-	1	≥2	CLSI
	-	-	-	-	-	-	-	-	-	EUCAST，FDA
依拉环素 Eravacycline	-	-	-	-	-	-	-	-	-	CLSI
	20	≥17	-	-	<17	≤0.125	-	-	>0.125	EUCAST
	-	-	-	-	-	≤0.06	-	-	-	FDA
	FDA：咽峡炎链球菌、星座链球菌和中间链球菌									
	-	-	-	-	-	≤0.125	-	-	-	ECAST：咽峡炎链球菌群

(续表)

抗 菌 药 物	纸片含量(μg)	纸片扩散法(mm)				MIC(μg/mL)				来　源
		S	SDD	I	R	S	SDD	I	R	
奥玛环素 Omadacycline	-	-	-	-	-	-			-	CLSI，EUCAST
	-	≥24	-	18 - 23	≤17	≤0.12	-	0.25	≥0.5	FDA
FDA：适用于引起急性细菌性皮肤感染和皮肤结构感染(ABSSSI)的咽峡炎链球菌、星座链球菌和中间链球菌										
四环素 Tetracycline	30	≥23	-	19 - 22	≤18	≤2	-	4	≥8	CLSI
	-	-	-	-	-	-	-	-	-	EUCAST，FDA
替加环素 Tigecycline	-	-	-	-	-	-	-	-	-	CLSI，EUCAST
	15	≥19	-	-	-	≤0.25	-	-	-	FDA
FDA：除"敏感"结果外，MIC结果应进一步确认										
德拉沙星 Delafloxacin	-	-	-	-	-	-	-	-	-	CLSI
	-	-	-	-	-	≤0.03	-	-	>0.03	EUCAST：咽峡炎链球菌群
	5	≥25	-	-	-	≤0.06	-	-	-	FDA
FDA：除了"敏感"外，其余非敏感结果的分离菌均应提交参考实验室进一步测试。包括：咽峡炎链球菌、星座链球菌和中间链球菌										
左氧氟沙星 Levofloxacin	5	≥17	-	14 - 16	≤13	≤2	-	4	≥8	CLSI
	-	-	-	-	-	-	-	-	-	EUCAST，FDA
氧氟沙星 Ofloxacin	5	≥16	-	13 - 15	≤12	≤2	-	4	≥8	CLSI
	-	-	-	-	-	-	-	-	-	EUCAST，FDA
加替沙星 Gatifloxacin	5	≥21	-	18 - 20	≤17	≤1	-	2	≥4	CLSI
	-	-	-	-	-	-	-	-	-	EUCAST，FDA
格雷沙星 Grepafloxacin	5	≥19	-	16 - 18	≤15	≤0.5	-	1	≥2	CLSI
	-	-	-	-	-	-	-	-	-	EUCAST，FDA
曲伐沙星 Trovafloxacin	10	≥19	-	16 - 18	≤15	≤1	-	2	≥4	CLSI
	-	-	-	-	-	-	-	-	-	EUCAST，FDA
氯霉素 Chloramphenicol	30	≥21	-	18 - 20	≤17	≤4	-	8	≥16	CLSI
	-	-	-	-	-	-	-	-	-	EUCAST，FDA

抗菌药物	纸片含量（μg）	纸片扩散法（mm）				MIC（μg/mL）				来源
		S	SDD	I	R	S	SDD	I	R	
克林霉素 Clindamycin	2	≥19	-	16-18	≤15	≤0.25	-	0.5	≥1	CLSI，FDA
	2	≥19	-	-	<19	≤0.5	-	-	>0.5	EUCAST
奎奴普丁-达福普汀 Quinupristin-dalfopristin	15	≥19	-	16-18	≤15	≤1	-	2	≥4	CLSI，FDA
	-	-	-	-	-	-	-	-	-	EUCAST
利奈唑胺 Linezolid	30	≥21	-	-	-	≤2	-	-	-	CLSI，FDA
	-	-	-	-	-	-	-	-	-	EUCAST
特地唑胺 Tedizolid	2	≥18	-	-	-	≤0.25	-	-	-	CLSI
						≤0.25	-	-	-	FDA
	2	≥18	-	-	<18	≤0.5	-	-	>0.5	EUCAST：咽峡炎链球菌群

说明： 此表抗菌药物药敏试验判断标准来源于 CLSI（M 100，34th）、EUCAST（v14.0）和 FDA（https://www.fda.gov/drugs/development-resources/antibacterial-susceptibility-test-interpretive-criteria）颁布的判断标准，若某抗菌药物无 FDA 药敏试验结果判断标准，说明该药在 FDA 的判断标准等同于 CLSI 判断标准或无 FDA 判断标准。

七、草绿色溶血链球菌感染治疗方案推荐

感染部位	首选方案及疗程	备选方案及疗程	来源及备注
青霉素 G MIC≤ 0.12 μg/mL （心内膜炎）	（1）**自然瓣膜心内膜炎：** 1）头孢曲松 2 g iv qd×4W； 2）青霉素 G 1 200 万～1 800 万 U/d，q4h×4W； （2）**人工瓣膜心内膜炎：** 1）头孢曲松 2 g iv qd×6W； 2）青霉素 G 2 400 万 U/d，q4h×6W； 3）万古霉素 15 mg/kg iv q12h×6W	**自然瓣膜心内膜炎：** 1）万古霉素 15 mg/kg iv q12h×4W； 2）青霉素 G 1 200 万～1 800 万 U/d q4h 或头孢曲松 2 g iv qd×2W 联合庆大霉素 3 mg/kg iv q24h×2W	使用万古霉素时监测血药谷浓度 15～20 μg/mL
青霉素 G 0.12 μg/mL< MIC<0.5 μg/mL （心内膜炎）	（1）**自然瓣膜心内膜炎：**头孢曲松 2 g iv qd×4w 或青霉素 G 2 400 万 U/d q4h×4W 联合庆大霉素 3 mg/kg iv q24h×起始 2W； （2）**人工瓣膜心内膜炎：**头孢曲松 2 g iv qd×6W 或青霉素 G 2 400 万 U/d q4h×6w 联合庆大霉素 1 mg/kg iv q8h×6W	（1）**自然瓣膜心内膜炎：** 1）若头孢曲松 MIC≤5 μg/mL，则可单用头孢曲松 2 g qd×4W； 2）万古霉素 15 mg/kg iv q12h×4W； （2）**人工瓣膜心内膜炎：**万古霉素 15 mg/kg iv q12h×6W	

（续表）

感染部位	首选方案及疗程	备选方案及疗程	来源及备注
青霉素 G MIC≥0.5 μg/mL （心内膜炎）	（1）自然瓣膜心内膜炎： 1）青霉素 G 2 400 万 U/d q4h×4W 联合庆大霉素 1 mg/kg iv q8h×4W； 2）氨苄西林 12 g/d iv q4h×4W 联合庆大霉素 1 mg/kg iv q8h×4W （2）人工瓣膜心内膜炎：青霉素 G 2 400 万 U/d q4h 或氨苄西林 2 g q4h×6W 联合庆大霉素 1 mg/kg iv q8h×6W	（1）自然瓣膜心内膜炎： 1）若头孢曲松 MIC≤5 μg/mL，则可单用头孢曲松 2 g qd×4W 联合庆大霉素 1 mg/kg iv q8h×4W； 2）万古霉素 15 mg/kg iv q12h×4W （2）人工瓣膜心内膜炎： 1）万古霉素 15 mg/kg iv q12h×6W； 2）头孢曲松 2 g qd×6W 联合庆大霉素 1 mg/kg iv q8h×6W	若手术更换感染的心脏瓣膜，且瓣膜培养阴性，则术后抗菌治疗疗程 2w；若瓣膜培养阳性，则疗程延长
脑脓肿	头孢曲松 2 g iv q12h 或头孢噻肟 2 g iv q4h 或头孢吡肟 2 g iv q8h 联合甲硝唑 500 mg q6～8 h×6～8W	疗程 6～8 周 （1）青霉素 G 300 万～400 万 U q4h 联合甲硝唑 500 mg q6～8 h； （2）美罗培南 2 g q8h； （3）万古霉素 15～20 mg/kg q8～12 h 或利奈唑胺 600 mg q12h	

参 考 文 献

［1］美国微生物学会.临床微生物学手册［M］.王辉,等译.11 版.北京：中华医学电子音像出版社,2017：第二部分,第 2 篇,第 22 章.

［2］Clinical and Laboratory Standards Institute. Performance standards for antimicrobial susceptibility testing［S］. In：Clinical and Laboratory Standards Institute. M100, 34th Edition. Wayne，PA：CLSI, 2024.

［3］Clinical and Laboratory Standards Institute. Performance standards for antimicrobial disk susceptibility tests［M］. 12th Edition. Wayne，PA：CLSI, 2018：M02 - A13，

［4］Clinical and Laboratory Standards Institute. Methods for dilution antimicrobial susceptibility tests for bacteria that grow aerobically［M］. 10th Edition. Wayne，PA：CLSI, 2018：M07 - A11.

［5］The European Committee on Antimicrobial Susceptibility Testing. Breakpoint tables for interpretation of MICs and zone diameters，version 14.0，2024［EB/OL］. (2024 - 01 - 01)［2024 - 03 - 12］.http://www.eucast.org/clinical_breakpoints/.

［6］U.S. Food & Drug Administration. Antibacterial susceptibility test interpretive criteria［EB/OL］. (2024 - 03 - 08)［2023 - 03 - 08］. https://www.fda.gov/drugs/development-resources/antibacterial-susceptibility-test-interpretive-criteria.

［7］Baddour LM，Wilson WR，Bayer AS，et al. Infective endocarditis in adults：diagnosis，antimicrobial therapy，and management of complications：a scientific statement for healthcare professionals from the American Heart Association［J］. Circulation，2015，132（15）：1435 - 1486.

第十四章

淋病奈瑟菌

(*Neisseria gonorrhoeae*)

淋病奈瑟菌(*Neisseria gonorrhoeae*)俗称为淋球菌,为革兰阴性双球菌,人是其唯一宿主,是常见的性传播疾病-淋病的病原菌,主要通过性接触直接感染泌尿生殖道、口咽部和肛门直肠黏膜,亦可在分娩时通过产道感染新生儿。临床表现主要为泌尿系统黏膜的化脓性炎症,男性最常见为尿道炎,女性则为盆腔炎。

WHO 淋球菌耐药监测项目(GASP)2017—2018 年度监测结果显示,31%(21/68)的成员国报道了淋病奈瑟菌对头孢曲松的敏感性下降或出现耐药性;47%(24/51)的成员国报道了淋病奈瑟菌对头孢克肟的敏感性下降或出现耐药性;83%(51/61)的成员国报道了淋病奈瑟菌对阿奇霉素耐药;而 100%(73/73)的成员国报道了淋病奈瑟菌对环丙沙星耐药。中国淋病奈瑟菌耐药监测(ChinaGRSP)数据显示在 2013—2016 年收集到的 7 个省份 3 849 株淋病奈瑟菌中,阿奇霉素耐药率为 18.6%,头孢曲松不敏感率为 10.8%,其中对阿奇霉素及头孢曲松均耐药的菌株从 2013 年的 1.9% 上升至 2016 年的 3.3%。近年来一些耐药监测数据显示,临床分离淋病奈瑟菌对四环素、环丙沙星、青霉素依然保持较高的耐药率,头孢曲松、大观霉素对淋病奈瑟菌具有良好的抗菌活性,其对淋病奈瑟菌的敏感率高达 90%。

目前,WHO 及美国疾病预防控制中心及欧洲的治疗指南中推荐头孢曲松与阿奇霉素的联合方案,我国针对成人淋菌性尿道炎推荐首选头孢曲松或大观霉素,替代选择为头孢噻肟或其他第三代头孢菌素类药物。

一、药敏试验报告注意点

1. 纸片扩散法结果显示淋病奈瑟菌对某种抗菌药物为"中介"时,提示有可能存在技术问题;也有可能提示在治疗"中介"菌株引起的感染时缺乏临床经验;但不管如何,均需要通过菌种再鉴定和重复药敏试验,进行结果确认。与超过 95% 的敏感菌株相比,这种除了对头孢替坦、头孢西丁和大观霉素药物显示中介的菌株具有较低的临床治愈率(85%~95%)。

2. 10 U 青霉素纸片抑菌圈直径≤19 mm 的淋病奈瑟菌,提示可能产生青霉素酶。青霉素酶阳性株可预报其对青霉素、氨苄西林和阿莫西林耐药。青霉素酶试验是检测淋病奈瑟菌对青霉素是否耐药的一种快速方法,可快速、准确检测质粒介导的青霉素耐药性,亦可提供流行病学信息。

3. 阿奇霉素药敏试验结果为 MIC≤1 μg/mL 的菌株,可推测其对阿奇霉素敏感(CLSI 敏感折点为 MIC≤1 μg/mL);推测阿奇霉素(1 g 单剂)可用于已批准的某种联合用药方案(如与头孢曲松 250 mg 单剂肌注联用)。

4. 30 μg 四环素纸片抑菌圈直径≤19 mm 的淋病奈瑟菌,通常提示该菌为质粒介导的四环素耐药株,需要稀释法复核确认(MIC≥16 μg/mL)。

二、天 然 耐 药

目前 CLSI 和 EUCAST 文件均无有关淋病奈瑟菌天然耐药的报道。

三、可 预 报 药 物

1. β-内酰胺酶阳性株可预报其对青霉素、氨苄西林和阿莫西林耐药。

2. 对四环素敏感的菌株,也被认为对多西环素和米诺环素敏感。

四、淋病奈瑟菌药敏试验执行标准

纸片扩散法				MIC 法			
培 养 基	接种菌量	孵育条件	孵育时间	培 养 基	接种菌量	孵育条件	孵育时间
CSLI: GC 琼脂+1% 特定生长添加剂(纸片法不需要添加无半胱氨酸生长添加剂)	CSLI: 0.5 麦氏浊度;从巧克力琼脂中挑取菌落研磨于 MHB 或 0.9% 磷酸缓冲盐水(pH 7.0)中	CSLI: 36℃±1℃,5% CO₂	CSLI: 20～24 h	CSLI: 琼脂稀释法;GC 琼脂+1% 特定生长添加剂(琼脂稀释法测试碳青霉烯类和克拉维酸需补充无半胱氨酸生长添加剂。含半胱氨酸生长添加剂对稀释法测定其他药物结果影响不显著)	琼脂稀释法: 10⁴ CFU/点	CSLI: 36℃±1℃,5% CO₂	CSLI: 20～24 h

说明:EUCAST 尚未制定淋病奈瑟菌的纸片扩散法药敏试验标准,建议采用稀释法。如果使用商用 MIC 方法,请遵循制造商的说明。鼓励分离株较少的实验室将分离株提交参考实验室进行检测,未见有详细描述。

质控菌株

1. CLSI:淋病奈瑟菌 ATCC 49226。使用商业测试系统进行敏感性试验时,请参考制造商 QC 测试推荐的范围。

2. EUCAST:不适用。

3. 淋病奈瑟菌药敏试验推荐培养基是含 1% 特定生长添加剂的 GC 琼脂。此添加剂(1 L 水中加入 1.1 g L-半胱氨酸、0.03 g 盐酸鸟嘌呤、0.003 g 盐酸硫铵、0.013 g 对氨基甲苯酸、0.01 g 维生素 B₁₂、0.1 g 辅羧酶、0.25 g NAD、1 g 腺嘌呤、10 g L-谷氨酰胺、100 g 葡萄糖、0.02 g 硝酸铁和 25.9 g L-盐酸半胱氨酸)是在 GC 琼脂高压灭菌后加入。

五、淋病奈瑟菌抗菌药物判断标准

抗菌药物	纸片含量(μg)	纸片扩散法(mm)				MIC(μg/mL)				来源及备注
		S	SDD	I	R	S	SDD	I	R	
青霉素 Penicillin	10 U	≥47	-	27-46	≤26	≤0.06	-	0.12-1	≥2	CLSI，FDA
	-	-	-	-	-	≤0.06	-	-	>1	EUCAST：替代药物
头孢曲松 Ceftriaxone	30	≥35	-	-	-	≤0.25	-	-	-	CLSI，FDA
	-	-	-	-	-	≤0.125	-	-	>0.125	EUCAST
头孢西丁（Cefoxitin）	30	≥28	-	24-27	≤23	≤2	-	4	≥8	CLSI，FDA
	-	-	-	-	-	-	-	-	-	EUCAST
头孢吡肟 Cefepime	30	≥31	-	-	-	≤0.5	-	-	-	CLSI
	-	-	-	-	-	-	-	-	-	EUCAST，FDA
头孢噻肟 Cefotaxime	30	≥31	-	-	-	≤0.5	-	-	-	CLSI，FDA
	-	-	-	-	-	≤0.125	-	-	>0.125	EUCAST
头孢替坦 Cefotetan	30	≥26	-	20-25	≤19	≤2	-	4	≥8	CLSI
	-	-	-	-	-	-	-	-	-	EUCAST
	-	-	-	-	-	≤4	-	8	≥16	FDA
头孢唑肟 Ceftizoxime	30	≥38	-	-	-	≤0.5	-	-	-	CLSI
	-	-	-	-	-	-	-	-	-	EUCAST，FDA
头孢克肟 Cefixime	5	≥31	-	-	-	≤0.25	-	-	-	CLSI，FDA
	-	-	-	-	-	≤0.125	-	-	>0.125	EUCAST
头孢泊肟 Cefpodoxime	10	≥29	-	-	-	≤0.5	-	-	-	CLSI，FDA
										EUCAST
阿奇霉素 Azithromycin	15	≥30	-	-	-	≤1	-	-	-	CLSI
	-	-	-	-	-	-	-	-	-	EUCAST，FDA
四环素 Tetracycline	30	≥38	-	31-37	≤30	≤0.25	-	0.5-1	≥2	CLSI，FDA
	-	-	-	-	-	≤0.5	-	-	>0.5	EUCAST

（续表）

抗 菌 药 物	纸片含量(μg)	纸片扩散法(mm)				MIC(μg/mL)				来源及备注
		S	SDD	I	R	S	SDD	I	R	
环丙沙星 Ciprofloxacin	5	≥41	-	28 - 40	≤27	≤0.06	-	0.12 - 0.5	≥1	CLSI，FDA
	-	-	-	-	-	≤0.03	-	-	>0.06	EUCAST
大观霉素 Spectinomycin	100	≥18	-	15 - 17	≤14	≤32	-	64	≥128	CLSI，FDA
	-	-	-	-	-	≤64	-	-	>64	EUCAST
氧氟沙星 Ofloxacin	-	-	-	-	-	-	-	-	-	CLSI
	-	-	-	-	-	≤0.125	-	-	>0.25	EUCAST
	5	≥31	-	25 - 30	≤24	≤0.25	-	0.5 - 1	≥2	FDA

说明：此表抗菌药物药敏试验判断标准来源于 CLSI（M 100，34th）、EUCAST（v14.0）和 FDA（https://www.fda.gov/drugs/development-resources/antibacterial-susceptibility-test-interpretive-criteria）颁布的判断标准,若某抗菌药物无 FDA 药敏试验结果判断标准,说明该药在 FDA 的判断标准等同于 CLSI 判断标准或无 FDA 判断标准。

━━━━━━━━━━ 参 考 文 献 ━━━━━━━━━━

［1］ Unemo M，Lahra MM，Escher M，et al. WHO global antimicrobial resistance surveillance for Neisseria gonorrhoeae 2017 - 18：a retrospective observational study［J］. Lancet Microbe，2021，2(11)：e627 - e636.

［2］ Clinical and Laboratory Standards Institute. Performance standards for antimicrobial susceptibility testing［S］. In：Clinical and Laboratory Standards Institute. M100，34th Edition. Wayne，PA：CLSI，2024.

［3］ WHO. WHO Gonococcal AMR Surveillance Programme［EB/OL］. (2018 - 01 - 01)［2023 - 02 - 21］. https://www.who.int/data/gho/data/themes/topics/who-gonococcal-amr-surveillance-programme-who-gasp.

［4］ Yin YP，Han Y，Dai XQ，et al. Susceptibility of neisseria gonorrhoeae to azithromycin and ceftriaxone in China：A retrospective study of national surveillance data from 2013 to 2016［J］. PLoS Med，2018，15（2）：e1002499.

第十五章

脑膜炎奈瑟菌

(*Neisseria meningitidis*)

脑膜炎奈瑟菌(*Neisseria meningitidis*)，为革兰阴性双球菌，是流行性脑脊髓膜炎的病原菌，多糖荚膜抗原是主要的毒力因子，可分为 A、B、C、D、H、I、K、L、X、Y、Z、W135、29E 共 13 种血清群；其他毒力因子包括菌毛、孔蛋白(Por A 和 Por B)和黏附分子。2005—2019 年国内脑膜炎奈瑟菌耐药主动监测数据显示，全国范围内收集的 538 株脑膜炎奈瑟菌对阿奇霉素、美罗培南、氯霉素、利福平、头孢曲松 5 种抗生素均敏感。对其他 6 种抗生素敏感性分别为：头孢噻肟(97.4%，524/538)、氨苄西林(87.7%，472/538)、青霉素(84.8%，456/538)、米诺环素(95.2%，512/538)、环丙沙星(24.9%，134/538)、甲氧苄啶-磺胺甲噁唑(11.2%，60/538)。头孢曲松或头孢噻肟、氨苄西林和青霉素作为一线使用药物在临床广泛应用，应加强菌株耐药性监测，为临床用药提供指导。另外，不再推荐环丙沙星和磺胺甲噁唑作为临床救治和预防性服药首选药物。

一、药敏试验报告注意点

1. 阿奇霉素的折点的建立是通过测定阿奇霉素对空气环境下孵育的脑膜炎奈瑟菌的 MIC 值，根据药效学计算后初步制定。

2. 氨苄西林折点基于 2 g q4h 给药方案。

3. 阿奇霉素、米诺环素、环丙沙星、左氧氟沙星、磺胺甲噁唑、甲氧苄啶-磺胺甲噁唑和利福平仅用于脑膜炎奈瑟菌感染密切接触者预防。CLSI 折点不用于侵袭性脑膜炎奈瑟菌感染者治疗。

4. 甲氧苄啶-磺胺甲噁唑是检测磺胺类耐药性的首选药物。测试甲氧苄啶-磺胺甲噁唑可预报其对磺胺类药物的敏感性和耐药性。

5. 氯霉素：泌尿道标本分离株常规不报告。

二、天然耐药

目前 CLSI 和 EUCAST 文件均未见有关于脑膜炎奈瑟菌天然耐药菌株的报道。

三、脑膜炎奈瑟菌药敏试验执行标准

纸片扩散法				MIC 法			
培养基	接种菌量	孵育条件	孵育时间	培 养 基	接种菌量	孵育条件	孵育时间
CSLI: MHA + 5% 绵羊血	CSLI: 0.5 麦氏浊度;从羊血平板中挑取菌落调至 0.5 麦氏浊度菌悬液,大约减少 50% CFU/mL	CSLI: 35℃ ± 2℃,5% CO_2	CSLI: 20~24 h	CSLI: CAMHB + LHB (2.5% ~ 5% v/v)(肉汤稀释法)、MHA+ 羊血(5% v/v)(琼脂稀释法)	肉汤稀释法:5×10^5 CFU/mL;琼脂稀释法:10^4 CFU/点	CSLI: 35℃ ± 2℃,5% CO_2	CSLI: 20~24 h
EUCAST:尚无关于脑膜炎奈瑟菌药敏试验执行标准							

质控菌株

1. CLSI:① 肺炎链球菌 ATCC 49619(纸片扩散法和肉汤稀释法);② 大肠埃希菌 ATCC 25922。
2. EUCAST:不适用。

四、脑膜炎奈瑟菌抗菌药物判断标准

抗 菌 药 物	纸片含量(μg)	纸片扩散法(mm)				MIC(μg/mL)				来源及备注
		S	SDD	I	R	S	SDD	I	R	
青霉素 Penicillin	-	-	-	-	-	≤0.06	-	0.12-0.25	≥0.5	CLSI
	-	-	-	-	-	≤0.25	-	-	>0.25	EUCAST
	-	-	-	-	-	-	-	-	-	FDA
氨苄西林 Ampicillin	-	-	-	-	-	≤0.12	-	0.25-1	≥2	CLSI, FDA
	-	-	-	-	-	≤0.125	-	-	>1	EUCAST
	EUCAST:除脑膜炎以外的其他适应证									

（续表）

抗 菌 药 物	纸片含量（μg）	纸片扩散法（mm）				MIC（μg/mL）				来源及备注
		S	SDD	I	R	S	SDD	I	R	
阿莫西林 Amoxicillin	-	-	-	-	-	-	-	-	-	CLSI，FDA
	-	-	-	-	-	≤0.125	-	-	>1	EUCAST
	EUCAST：除脑膜炎以外的其他适应证									
头孢噻肟 Cefotaxime	30	≥34	-	-	-	≤0.12	-	-	-	CLSI，FDA
	-	-	-	-	-	≤0.125	-	-	>0.125	EUCAST
头孢曲松 Ceftriaxone	30	≥34	-	-	-	≤0.12	-	-	-	CLSI，FDA
	-	-	-	-	-	≤0.125	-	-	>0.125	EUCAST
美罗培南 Meropenem	10	≥30	-	-	-	≤0.25	-	-	-	CLSI，FDA
	-	-	-	-	-	≤0.25	-	-	>0.25	EUCAST
阿奇霉素 Azithromycin	15	≥20	-	-	-	≤2	-	-	-	CLSI
	-	-	-	-	-	-	-	-	-	EUCAST，FDA
米诺环素 Minocycline	30	≥26	-	-	-	≤2	-	-	-	CLSI，FDA
	-	-	-	-	-	≤1	-	-	>1	EUCAST
	EUCAST：仅适用于预防脑膜炎									
四环素 Tetracycline	-	-	-	-	-	-	-	-	-	CLSI，FDA
	-	-	-	-	-	≤2	-	-	>2	EUCAST：仅作筛选
环丙沙星 Ciprofloxacin	5	≥35	-	33-34	≤32	≤0.03	-	0.06	≥0.12	CLSI
	-	-	-	-	-	≤0.016	-	-	>0.016	EUCAST：仅适用于预防脑膜炎
	-	-	-	-	-	-	-	-	-	FDA
左氧氟沙星 Levofloxacin	-	-	-	-	-	≤0.03	-	0.06	≥0.12	CLSI
	-	-	-	-	-	-	-	-	-	EUCAST，FDA
磺胺异噁唑 Sulfisoxazole	-	-	-	-	-	≤2	-	4	≥8	CLSI
	-	-	-	-	-	-	-	-	-	EUCAST，FDA
甲氧苄啶-磺胺甲噁唑 Trimethoprim-sulfamethoxazole	1.25/23.75	≥30	-	26-29	≤25	≤0.12/2.4	-	0.25/4.75	≥0.5/9.5	CLSI
	-	-	-	-	-	-	-	-	-	EUCAST，FDA

（续表）

抗 菌 药 物	纸片含量(μg)	纸片扩散法(mm)				MIC(μg/mL)				来源及备注
		S	SDD	I	R	S	SDD	I	R	
氯霉素 Chloramphenicol	30	≥26	-	20-25	≤19	≤2	-	4	≥8	CLSI
	-	-	-	-	-	≤2	-	-	>2	EUCAST：脑膜炎
	-	-	-	-	-	-	-	-	-	FDA
利福平 Rifampin	5	≥25	-	20-24	≤19	≤0.5	-	1	≥2	CLSI，FDA
	-	-	-	-	-	≤0.25	-	-	>0.25	EUCAST：仅适用于预防脑膜炎

说明：此表抗菌药物药敏试验判断标准来源于 CLSI（*M100*，34th）、EUCAST（v14.0）和 FDA（https://www.fda.gov/drugs/development-resources/antibacterial-susceptibility-test-interpretive-criteria）颁布的判断标准，若某抗菌药物无 FDA 药敏试验标准，说明该药在 FDA 的判断标准等同于 CLSI 判断标准或无 FDA 判断标准。

五、脑膜炎奈瑟菌感染治疗方案推荐

感染部位	首选方案及疗程	备选方案及疗程	来源及备注
一般以中枢感染，脑膜炎常见，特别是儿童	（1）头孢曲松 2 g iv q12～24 h（怀疑或确诊脑膜炎，则 q12h 给药）；（2）头孢噻肟 2 g iv q4～6 h，疗程 7 d 以上	（1）青霉素 G 300 万～400 万 U iv q4h（最大剂量 2 400 万 U/d）；（2）氨苄西林 2 g iv q3～4 h；（3）氯霉素 100 mg/（kg·d）iv q6h，最大剂量 4 g/d；（4）环丙沙星 400 mg iv q8h，疗程 7 d 以上	环丙沙星的推荐见于 ESCMID 指南推荐［*Clin Microbiol Infect*，2016，22（suppl 3）：S37］

注：Sanford Guide 2023 年 8 月 5 日更新。

───── 参 考 文 献 ─────

［1］Clinical and Laboratory Standards Institute. Performance standards for antimicrobial susceptibility testing［S］. In：Clinical and Laboratory Standards Institute. M100, 34th Edition. Wayne, PA：CLSI, 2024.

［2］徐丽等，2005—2019 年中国 538 株脑膜炎奈瑟菌抗生素耐药性分析［J］.中华预防医学杂志，2021. 55（2）：207－211.

［3］van de Beek D, Cabellos C, Dzupova O, et al. ESCMID guideline：diagnosis and treatment of acute bacterial meningitis［J］. Clin Microbiol Infect，2016，22（Suppl 3）：S37－S62.

［4］Hasbun R. Progress and Challenges in Bacterial Meningitis：A Review［J］. JAMA，2022，328（21）：2147－2154.

第十六章

梯度扩散法结果阅读指南

梯度扩散法是一种商品化的定量测定微生物对抗菌药物敏感性试验的方法,如 E-test (Epsilometer test)和 MTS(MIC Test Strip)方法。梯度扩散法结合了稀释法和扩散法的原理和特点,实验操作同纸片扩散法一样简便易行,结果又如同稀释法一样,可获得定量的 MIC 值,结果准确,重复性好。梯度扩散法所用试条一般是由抗菌药和一条 5 mm × 60 mm 无活性的塑料薄条的载体组成,其表面标有以 mg/L 为单位的抗菌药浓度,即 MIC 判读刻度和抗菌药品种的标识,背面含有干化、稳定和药物浓度按 Lg2 梯度由高至低连续递减分布的抗菌药。当试条被放至已接种细菌的琼脂平板上时,其载体上的抗菌药迅速且有效地扩散进入琼脂中,从而在试条下方即可建立一个抗菌药物浓度以 Lg2 梯度递减的连续测试区域。经孵育过夜后,围绕试条可见清晰可辨的受试菌被抑制生长形成的椭圆形抑菌环。椭圆形抑菌环与试条的交界处的刻度(mg/L)相切。切线所指的刻度即为测试抗菌药对受试菌的 MIC 值。

结果阅读需根据细菌自身因素(图 16－1 和图 16－2)、抗菌药物因素(图 16－3 至图 16－11)、耐药机制因素(图 16－12)和实验技术因素(图 16－13 和图 16－14)等进行 MIC 终点判断,一般遵循以下几点标准。

(1)若试验结果交界点位于两刻度之间时,试条两侧抑菌环高度不等时,读取较高数值侧的 MIC。如果两侧差＞1 个稀释度,则需重复试验。

(2)忽略溶血链球菌的溶血圈,读取生长完全被抑制处的 MIC 值。

(3)忽略变形杆菌的少量迁徙生长。

(4)对于杀菌药,阅读细菌生长完全被抑制处的 MIC 值。

(5)对于抑菌药,阅读细菌生长 80% 被抑制处的 MIC 值。

(6)忽略沿着水渠生长的细菌。

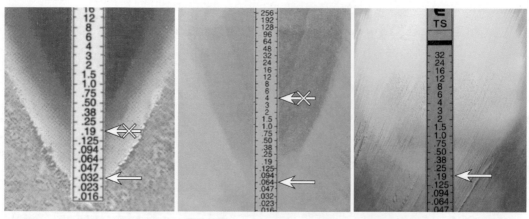

忽略溶血（如链球菌），阅读细菌生长区域，MIC=0.032 mg/L

忽略迁徙生长（如变形杆菌），阅读细菌生长边缘，MIC=0.064 mg/L

嗜麦芽窄食单胞菌-复方磺胺甲噁唑，忽略薄雾状生长，MIC=0.19 mg/L

图 16‑1　梯度扩散法阅读注意事项(细菌自身因素)

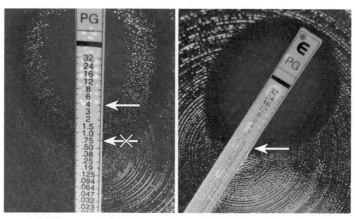

肺炎链球菌β-内酰胺类药物，阅读所有生长区域，MIC=4 mg/L

肺炎链球菌β-内酰胺类药物，阅读薄雾/圈内菌落，MIC=1.5 mg/L

图 16‑2　梯度扩散法阅读注意事项(细菌自身因素)

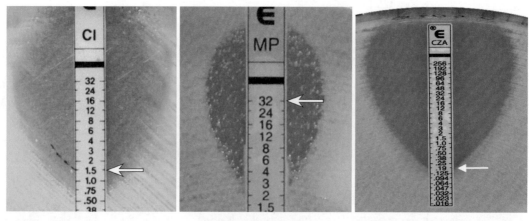

杀菌药，读取薄雾状，微小菌落处，MIC=1.5 mg/L

杀菌药，读取大/小菌落处，MIC≥32 mg/L

杀菌药（头孢他啶-阿维巴坦），读取100%生长抑制处，MIC=0.19 mg/L

图 16‑3　梯度扩散法阅读注意事项(抗菌药物因素)

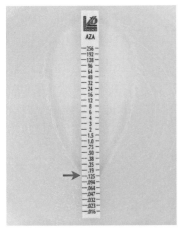
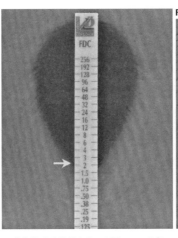
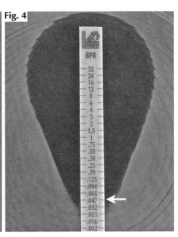

杀菌药（氨曲南-阿维巴坦），读取
100%生长抑制处，MIC=0.125 mg/L

杀菌药（头孢地尔），读取100%生长
抑制处，MIC=2 mg/L

杀菌药（头孢吡普），读取100%生长
抑制处，MIC=0.047 mg/L

图 16‐4　梯度扩散法阅读注意事项(抗菌药物因素)

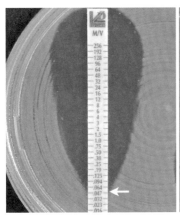
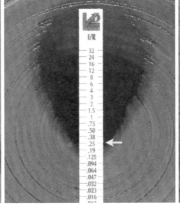
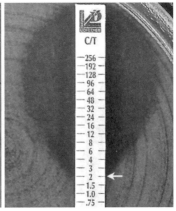

杀菌药（美罗培南-韦博巴坦），读取
100%生长抑制处，忽略椭圆范围内的
少数（1~2 个）菌落。MIC=0.047 mg/L

杀菌药（亚胺培南-瑞来巴坦），读
取100%生长抑制处，大肠埃希菌，
MIC=0.25 mg/L

杀菌药（头孢洛生-他唑巴坦），读
取100%生长抑制处，铜绿假单胞菌，
MIC=2 mg/L

图 16‐5　梯度扩散法阅读注意事项(抗菌药物因素)

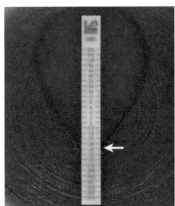
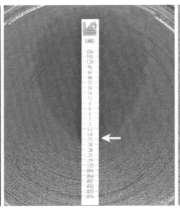
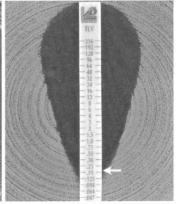

杀菌药（来法莫林），读取100%生长
抑制处，肺炎链球菌，MIC=0.38 mg/L

杀菌药（来法莫林），读取100%生长抑
制处，流感嗜血杆菌，MIC=0.75 mg/L

替拉凡星，金黄葡萄球菌，
MIC=0.25 mg/L

图 16‐6　梯度扩散法阅读注意事项(抗菌药物因素)

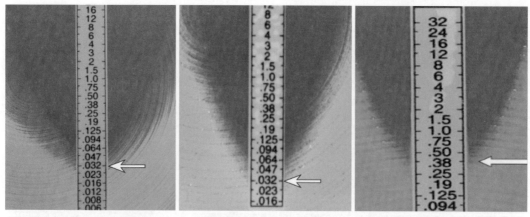

抑菌药，读取80%生长抑制处，MIC=0.032 mg/L

替加环素，读取80%生长抑制处，MIC=0.032 mg/L

依拉环素，读取80%生长抑制处，

图 16-7　梯度扩散法阅读注意事项(抗菌药物因素)

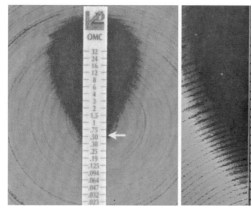
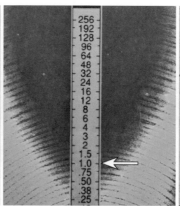
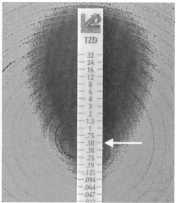

奥马环素，读取80%生长抑制处，大肠埃希菌，MIC=0.5 mg/L

利奈唑胺，读取90%生长抑制处，MIC=1.0 mg/L

特地唑胺，读取90%生长抑制处，MIC=0.5 mg/L

图 16-8　梯度扩散法阅读注意事项(抗菌药物因素)

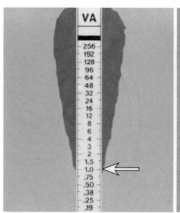
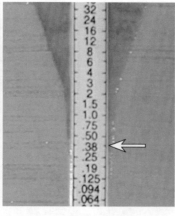
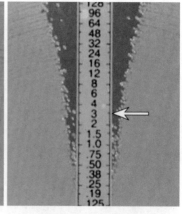

糖肽类药物，细长椭圆，读取抑菌最后终止处，MIC=1.0 mg/L

多肽类，细长椭圆，读取抑菌末端，MIC=0.38 mg/L

多肽类，读取末端菌落生长处，MIC=3 mg/L

图 16-9　梯度扩散法阅读注意事项(抗菌药物因素)

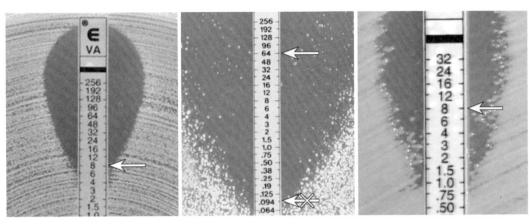

糖肽类中介/异质性糖肽类中介金葡菌-万古霉素，读取所有生长，MIC=8 mg/L

苯唑西林耐药金葡菌，读取所有生长，MIC=64 mg/L

KPC阳性-碳青霉烯类，读取所有菌落生长处，MIC=8 mg/L

图 16‑10　梯度扩散法阅读注意事项(抗菌药物因素)

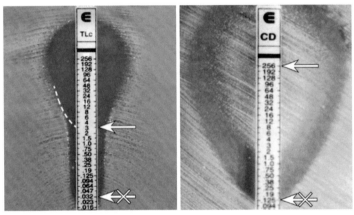

克拉维酸内在活性，推测曲线，MIC=3 mg/L

β-内酰胺类，矛盾现象，读取所有生长处，MIC≥256 mg/L

图 16‑11　梯度扩散法阅读注意事项(抗菌药物因素)

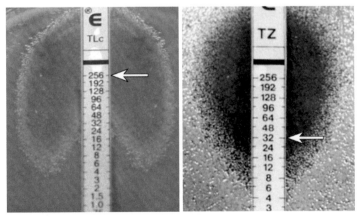

克拉维酸诱导β-内酰胺酶产生，MIC≥256 mg/L

小菌落变异-杀菌药，MIC=32 mg/L

图 16‑12　梯度扩散法阅读注意事项(耐药机制因素)

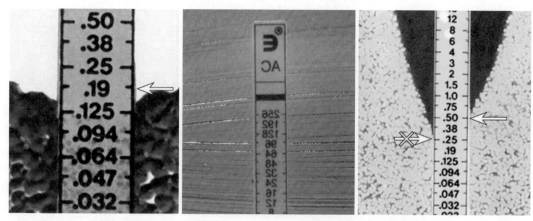

刻度线之间生长，读取上方数值，MIC=0.19 mg/L

E-test条贴反了，结果无效，需重复实验

不均匀，读取上方数值，如两侧MIC相差＞1个稀释度，需重复实验

图 16-13　梯度扩散法阅读注意事项(实验技术因素)

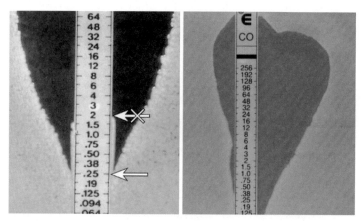

忽略沿E-test条的生长，MIC=0.25 mg/L

扭曲的椭圆，琼脂表面湿润因素，结果无效，需重复实验

图 16-14　梯度扩散法阅读注意事项(实验技术因素)

参 考 文 献

[1] biomerieux. Etest，improving therapeutic decisions[EB/OL].[2024-03-12]. https://www.biomerieux-usa.com/clinical/etest.

[2] biomerieux. ETEST Ceftazidime/Avibactam（CZA 256）[EB/OL].[2024-03-12]. https://www.biomerieux.at/klinische-diagnostik/etestr-ceftazidimeavibactam-cza-256.

[3] Blanchard LS，Armstrong TP，Kresken M，et al. Multicenter clinical evaluation of etest eravacycline for susceptibility testing of enterobacteriaceae and enterococci[J]. J Clin Microbiol, 2023，61（3）：e0165022.

[4] Liofilchem Srl.MIC Test Strip[EB/OL].[2024-03-12]. https://www.liofilchem.com/mts.

第十七章

碳青霉烯酶的表型和基因型检测

一、碳青霉烯酶抑制剂增强试验检测碳青霉烯酶（表型检测）

试　　验	碳青霉烯酶抑制剂增强试验
适用菌株	碳青霉烯类耐药肠杆菌目细菌和产碳青霉烯酶铜绿假单胞菌
试验原理	3-氨基苯硼酸和 EDTA 可分别抑制 A 类丝氨酸碳青霉烯酶和 B 类金属 β-内酰胺酶的活性
试剂和材料	● 亚胺培南（10 μg）或美罗培南纸片（10 μg）（若亚胺培南和美罗培南敏感，可选择厄他培南） ● 3-氨基苯硼酸溶液（60 mg/L） ● EDTA 溶液（0.2 mol/L） ● 无菌生理盐水（3～5 mL） ● MHA 平板（90 mm） ● 无菌棉签 ● 1 μL 或 10 μL 接种环
试验步骤	试验步骤参考 CLSI 推荐的纸片扩散法进行 1. 对于每一株待测菌株，用接种环挑取血平板上纯培养的肠杆菌目细菌，于生理盐水管中细细研磨，将待测菌调至 0.5 麦氏浊度菌悬液，均匀涂布于 MHA 平板上； 2. 待平板干燥 3～10 min 后贴上 4 张碳青霉烯类抗菌药物纸片（一般为亚胺培南或美罗培南）； 3. 滴加 APB 或 EDTA 溶液：第一张纸片不加任何液体，第二张纸片滴加 5 μL 60 mg/L APB 溶液（300 μg/片），第三张纸片滴加 5 μL 0.2 mol/L EDTA 溶液（292 μg/片），第四张纸片同时滴加 60 mg/L APB 溶液和 0.2 mol/L EDTA 各 5 μL（第四张纸片含 300 μg APB+ 292 μg EDTA）；（见图 17-1，引自参考文献[7]）； 4. 倒置 MHA 平板，35℃ ±2℃ 空气环境孵育 16～18 h； 5. 孵育后，按常规纸片扩散法测量抑菌圈直径

(续表)

试 验	碳青霉烯酶抑制剂增强试验
结果判断	● A 类丝氨酸碳青霉烯酶阳性 含 APB 溶液纸片的抑菌圈直径与单药抑菌圈直径相差≥5 mm,判断该菌产 A 类丝氨酸碳青霉烯酶 ● B 类金属 β-内酰胺酶阳性 含 EDTA 溶液纸片的抑菌圈直径与单药抑菌圈直径相差≥5 mm,判断该菌产 B 类金属 β-内酰胺酶 ● A 类丝氨酸碳青霉烯酶和 B 类金属 β-内酰胺酶阳性 仅同时含 APB 和 EDTA 溶液纸片抑菌圈直径与单药抑菌圈直径相差≥5 mm,判断该菌同时产 A 类丝氨酸碳青霉烯酶和 B 类金属 β-内酰胺酶 ● 碳青霉烯酶阴性 含 APB 和/或 EDTA 溶液纸片抑菌圈直径与单药抑菌圈直径相差均<5 mm,判断该菌不产常见的 A 类丝氨酸碳青霉烯酶或 B 类金属 β-内酰胺酶,或可能产生 D 类 OXA-48 型碳青霉烯酶
报告及结果解释	● A 类丝氨酸碳青霉烯酶阳性 以 KPC 型碳青霉烯酶为主,该酶活性可被阿维巴坦抑制;产酶菌株通常仅对替加环素、多黏菌素或头孢他啶-阿维巴坦敏感 ● B 类金属 β-内酰胺酶阳性 以 NDM 型金属酶为主,该酶活性不能被阿维巴坦抑制;产酶菌株通常仅对替加环素和多黏菌素敏感,少数菌株对氨曲南敏感 ● 碳青霉烯酶阴性 该菌不产常见的 A 类丝氨酸碳青霉烯酶或 B 类金属 β-内酰胺酶,或可能产生 D 类 OXA-48 型碳青霉烯酶
QC 推荐	每日试验时应测试阳性和阴性 QC 菌株 {表格见下} 注:如实验室无法获得上述 ATCC 阳性或阴性质控菌株,可选择经 DNA 测序明确携带相应型别碳青霉烯酶基因的菌株作为阳性质控菌株,大肠埃希菌 ATCC 25922 可作为阴性质控菌株
说明	● 因 APB 和 EDTA 均无法抑制 OXA-48 型碳青霉烯酶的活性,本方法在检测产 OXA-48 型碳青霉烯酶时将出现假阴性结果 ● 因 APB 可抑制 AmpC 酶的活性,本方法检测铜绿假单胞菌 A 类碳青霉烯酶如 KPC 酶时结果不可靠,但可有效检测铜绿假单胞菌产生的金属酶

QC 推荐表格:

质量控制菌株	菌株特征	预期结果
肺炎克雷伯菌 ATCC BAA-1705	KPC 阳性 产丝氨酸型碳青霉烯酶株	A 类丝氨酸碳青霉烯酶阳性
肺炎克雷伯菌 ATCC BAA-2146	NDM 阳性 产金属 β-内酰胺酶株	B 类金属 β-内酰胺酶阳性
肺炎克雷伯菌 ATCC BAA-1706	碳青霉烯酶阴性	碳青霉烯酶阴性

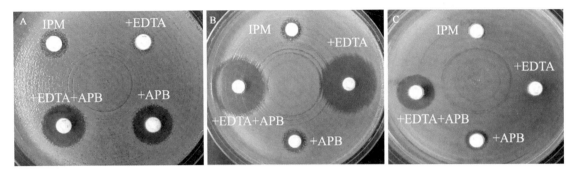

A：A 类丝氨酸碳青霉烯酶阳性；B：B 类金属 β-内酰胺酶阳性；
C：A 类丝氨酸碳青霉烯酶和 B 类金属 β-内酰胺酶均阳性

图 17-1 碳青霉烯酶抑制剂增强试验检测 A 类丝氨酸碳青霉烯酶和
B 类金属 β-内酰胺酶(图片引自参考文献[7])

参 考 文 献

[1] Doi Y, Potoski BA, Adams-Haduch JM, et al. Simple disk-based method for detection of Klebsiella pneumoniae carbapenemase-type beta-lactamase by use of a boronic acid compound. J Clin Microbiol 2008；46(12)：4083-4086.

[2] 卫生部办公厅,总后勤部卫生部医疗局,国家中医药管理局办公室. 关于印发《产 NDM-1 泛耐药肠杆菌科细菌感染诊疗指南(试行版)》的通知(卫办医政发〔2010〕161 号)[EB/OL]. (2010-09-28)[2024-03-13]. http://www.nhc.gov.cn/zwgkzt/pyzgl1/201010/49274.shtml.

[3] Pournaras S, Zarkotou O, Poulou A, et al. A combined disk test for direct differentiation of carbapenemase-producing Enterobacteriaceae in surveillance rectal swabs[J]. J Clin Microbio, 2013, 51(9)：2986-2990.

[4] 陈金云,傅鹰,杨青,等.KPC-2 及 IMP-4 酶介导肠杆菌科细菌碳青霉烯类耐药研究[J].中华微生物学和免疫学杂志,2015,35(6)：419-426.

[5] 陈正辉,刘淑敏,杜艳.携带 bla_{NDM-1} 基因的肠杆菌科细菌耐药流行特征分析[J].中国抗生素杂志,2018,43(10)：1281-1285.

[6] Tsakris A, Poulou A, Pournaras S, et al. A simple phenotypic method for the differentiation of metallo-beta-lactamases and class A KPC carbapenemases in Enterobacteriaceae clinical isolates[J]. J Antimicrob Chemother, 2010, 65(8)：1664-1671.

[7] 喻华,徐雪松,李敏,等.肠杆菌目细菌碳青霉烯酶的实验室检测和临床报告规范专家共识(第二版)[J].中国感染与化疗杂志,2022,22(4)：463-474.

二、胶体金免疫层析技术检测碳青霉烯酶(酶型检测)

试 验	胶体金免疫层析技术
原理	将碳青霉烯酶(KPC、NDM、OXA、IMP 和 VIM)抗体以条带状固定在试纸条的检测区,胶体金标记的试剂(抗体或单克隆抗体)则吸附在试纸条一端的结合垫上,当待检样本加到结合垫上后通过毛细作用向前移动,溶解结合垫上的胶体金标记试剂后相互反应,再移动至固定碳青霉烯酶抗体的检测区域。若待检物含有碳青霉烯酶,发生抗原抗体特异性结合而被截留,聚集在检测带上,可通过肉眼观察到显色结果
细菌	● 碳青霉烯类耐药肠杆菌目细菌和铜绿假单胞菌
操作步骤	● 取 10 μL 接种环满环细菌与 5 滴提取缓冲液混合,充分混匀 ● 取 100 μL 混合液加入测试条加样孔(图 17 - 2),15 min 后读取结果

结果判断	● 质控线阳性
	  1. 在相应字母标记处出现一条或多条检测线,提示碳青霉烯酶检测阳性(图 17 - 3)
	  2. 无检测线:碳青霉烯酶检测阴性(图 17 - 4)
	● 质控线阴性:本次结果无效,需重复试验(图 17 - 4)

报告及结果解释	质控线出现时才能进行结果报告: ● 阳性报告:报告检测到的相应碳青霉烯酶酶型,如 KPC、NDM、VIM、IMP 或 OXA - 48 ● 阴性报告:未检测到碳青霉烯酶 质控线未出现,结果无效时: ● 检查阳性质控株,试剂盒是否变质导致结果无效 ● 排除试剂盒变质失效后,重复试验 ● 若待检菌重复试验仍然无效,需对待检菌采用分子生物学技术检测,明确细菌产生的碳青霉烯酶编码基因 注意:目前该方法仅能检测 5 种常见碳青霉烯酶,包括 KPC、NDM、VIM、IMP 和 OXA - 48,不能检测其他的碳青霉烯酶;对上述五种常见碳青霉烯酶基因的突变体亦可能无法检测,容易产生假阴性检测结果,必要时需以分子生物学技术明确细菌携带的碳青霉烯酶基因
QC 推荐	每次更换试剂盒试验时应测试阳性和阴性 QC 菌株 见下表

质量控制菌株	菌株特征	预期结果
肺炎克雷伯菌 ATCC BAA - 1705	KPC 阳性	质控线及"K"检测线阳性
肺炎克雷伯菌 ATCC BAA - 2146	NDM 阳性	质控线及"N"检测线阳性
肺炎克雷伯菌 NCTC 13439	VIM 阳性	质控线及"V"检测线阳性
大肠埃希菌 NCTC 13476	IMP 阳性	质控线及"I"检测线阳性
大肠埃希菌 ATCC BAA - 2523	OXA - 48 阳性	质控线及"O"检测线阳性
肺炎克雷伯菌 ATCC BAA - 1706	碳青霉烯酶阴性	仅质控线阳性

注:如实验室无法获得上述 ATCC 阳性或阴性质控菌株,可选择经 DNA 测序明确携带相应型别碳青霉烯酶基因的菌株作为阳性质控菌株,大肠埃希菌 ATCC 25922 可作为阴性质控菌株

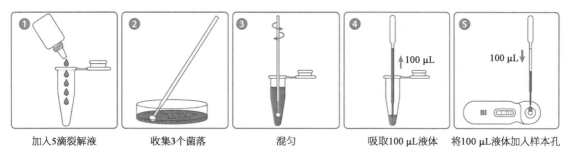

| 加入5滴裂解液 | 收集3个菌落 | 混匀 | 吸取100 µL液体 | 将100 µL液体加入样本孔 |

图 17‑2　胶体金免疫层析技术检测碳青霉烯酶试验操作示意图(引自参考文献[4])

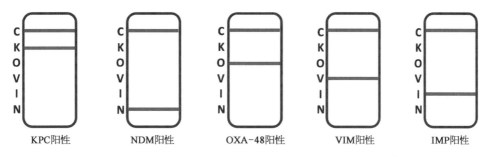

| KPC阳性 | NDM阳性 | OXA‑48阳性 | VIM阳性 | IMP阳性 |

图 17‑3　胶体金免疫层析技术检测碳青霉烯酶结果图(阳性结果示例)

| 结果阴性（有质控线） | 结果无效（无质控线） | 结果无效（无质控线） |

图 17‑4　胶体金免疫层析技术检测碳青霉烯酶结果图(阴性和无效结果示例)(引自参考文献[4])

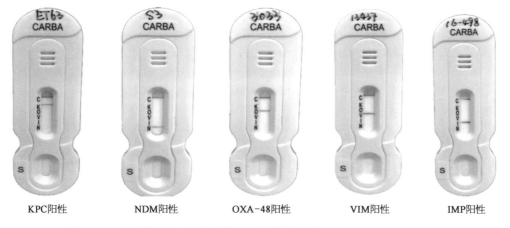

| KPC阳性 | NDM阳性 | OXA‑48阳性 | VIM阳性 | IMP阳性 |

图 17‑5　胶体金免疫层析技术检测碳青霉烯酶结果图(NG‑test Carba‑5)

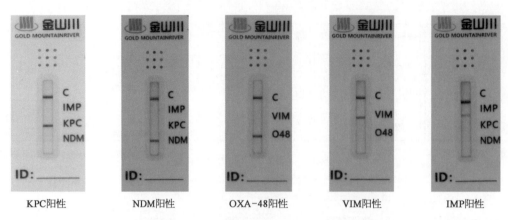

图 17‒6　胶体金免疫层析技术检测碳青霉烯酶结果图(金山川)

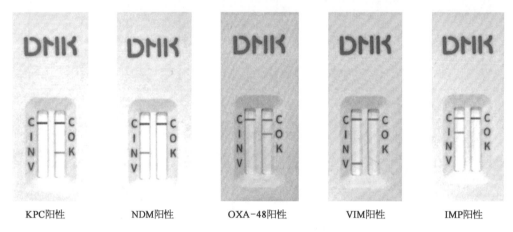

图 17‒7　胶体金免疫层析技术检测碳青霉烯酶结果图(丹娜生物)

参 考 文 献

［ 1 ］ Hopkins KL，Meunier D，Naas T，et al. Evaluation of the NG‒Test CARBA 5 multiplex immunochromatographic assay for the detection of KPC，OXA‒48-like，NDM，VIM and IMP carbapenemases[J]. J Antimicrob Chemother，2018，73(12)：3523‒3526.

［ 2 ］ Glupczynski Y，Evrard S，Huang TD，Bogaerts P. Evaluation of the RESIST‒4 K-SeT assay，a multiplex immunochromatographic assay for the rapid detection of OXA‒48-like，KPC，VIM and NDM carbapenemases[J]. J Antimicrob Chemother，2019，74(5)：1284‒1287.

［ 3 ］ Han R，Guo Y，Peng M，et al. Evaluation of the Immunochromatographic NG-Test Carba 5，RESIST-5 O.O.K.N.V.，and IMP K-SeT for Rapid Detection of KPC-，NDM-，IMP-，VIM-type，and OXA-48-like Carbapenemase Among Enterobacterales[J]. Front Microbio，2021，11：609856.

［ 4 ］ 喻华，徐雪松，李敏，等.肠杆菌目细菌碳青霉烯酶的实验室检测和临床报告规范专家共识(第二版)[J].中国感染与化疗杂志，2022，22(4)：463‒474.

［ 5 ］ Gu D，Yan Z，Cai C，et al. Comparison of the NG-Test Carba 5，colloidal gold immunoassay(CGI)test，and xpert carba-r for the rapid detection of carbapenemases in carbapenemase-producing organisms[J]. Antibiotics(Basel)，2023，12(2)：300.

［ 6 ］ 张范华，张燕燕，吴雨辰，等.NG‒Test Carba5用于碳青霉烯酶快速检测的评价研究[J].中华检验医学杂志，2023，46(1)：87‒92.

三、GeneXpert Carba - R 快速检测碳青霉烯酶基因(基因型检测)

试　验	GeneXpert Carba - R 快速检测碳青霉烯酶基因		
原理	将 5 种碳青霉烯酶基因特异性引物置于同一 PCR 反应体系中,并加入可与 DNA 产物特异性结合的荧光探针(包括荧光染料或荧光标记的特异性探针),对 PCR 产物进行标记跟踪。若待测样品中含有特定的碳青霉烯酶基因,随着 PCR 反应的进行,反应产物不断累积,荧光信号强度也等比例增加,可形成一条"S"形荧光扩增曲线		
待检目标菌和标本类型	● 碳青霉烯类耐药肠杆菌目细菌和铜绿假单胞菌 ● 肛拭子标本		
操作步骤	1. 将肛拭子标本(或 10 μL 0.5 麦氏浊度待测菌悬液)加入样本处理液中 2. 旋涡震荡 10 s 3. 吸取 1.7 mL 混合液加入试剂盒中 4. 盖上试剂盒盖,放入仪器,启动检测		
结果判断	● 质控荧光扩增曲线出现:试验正确 　1. 出现一条或多条"S"形荧光扩增曲线:相应的碳青霉烯酶基因检测阳性 　2. 无"S"形荧光扩增曲线:5 种碳青霉烯酶基因检测均阴性 ● 质控荧光扩增曲线没有出现:试验错误,本次结果无效,请重复试验		
报告及结果解释	● 质控荧光扩增曲线出现时才能进行结果报告: 　1. 阳性报告(根据显示的荧光扩增曲线选择相应的碳青霉烯酶基因):待测菌株产 KPC、NDM、IMP、VIM、OXA - 48 型碳青霉烯酶(图 17 - 5) 　2. 阴性报告:待测菌株未检测到 KPC、NDM、VIM、IMP 和 OXA - 48 型中任意一种碳青霉烯酶 ● 质控荧光扩增曲线未出现,结果无效时: 　1. 检查阳性质控株,试剂盒变质会导致结果无效 　2. 排除试剂盒变质后,重复试验 　3. 若重复试验仍然无效,请联系试剂盒厂家 注意:目前该方法仅能检测 5 种常见碳青霉烯酶基因,包括 KPC、NDM、VIM、IMP 和 OXA - 48,不能检测其他的碳青霉烯酶基因;必要时需以分子生物技术明确细菌产生的碳青霉烯酶基因		
QC 推荐	每次更换试剂盒试验时应测试阳性和阴性 QC 菌株		
	质量控制菌株	菌株特征	预期结果
	肺炎克雷伯菌 ATCC BAA - 1705	KPC 阳性	质控线及"K"检测线阳性
	肺炎克雷伯菌 ATCC BAA - 2146	NDM 阳性	质控线及"N"检测线阳性
	肺炎克雷伯菌 NCTC 13439	VIM 阳性	质控线及"V"检测线阳性
	大肠埃希菌 NCTC 13476	IMP 阳性	质控线及"I"检测线阳性
	大肠埃希菌 ATCC BAA - 2523	OXA - 48 阳性	质控线及"O"检测线阳性
	肺炎克雷伯菌 ATCC BAA - 1706	碳青霉烯酶阴性	仅质控线阳性
	注:如实验室无法获得上述 ATCC 阳性或阴性质控菌株,可选择经 DNA 测序明确携带相应型别碳青霉烯酶基因的菌株作为阳性质控菌株,大肠埃希菌 ATCC 25922 可作为阴性质控菌株		

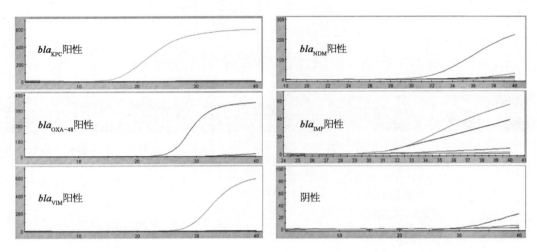

图 17 - 8　GeneXpert Carba - R 检测碳青霉烯酶基因结果示意图

参 考 文 献

[1] Tenover FC，Canton R，Kop J，et al. Detection of colonization by carbapenemase-producing Gram-negative Bacilli in patients by use of the Xpert MDRO assay[J]. J Clin Microbiol，2013，51（11）：3780 - 3787.

[2] Jin X，Zhang H，Wu S，et al. Multicenter evaluation of xpert carba-r assay for detection and identification of the carbapenemase genes in rectal swabs and clinical isolates[J]. J Mol Diagn，2021，23（1）：111 - 119.

第十八章

多药联合药敏试验

一、纸片法联合药敏试验

试 验	纸片法联合药敏试验
适用菌株	多重耐药菌如碳青霉烯类耐药革兰阴性菌或临床医师有特殊治疗需求的菌株
原理	纸片中的药物吸收琼脂中的水分后向纸片周围扩散,形成递减浓度梯度。在纸片周围抑菌浓度范围内的测试菌不能生长,而抑菌浓度范围外的菌株则继续生长,从而在纸片的周围形成抑菌圈
试剂和材料	● 抗菌药物药敏纸片 ● 无菌生理盐水(3~5 mL) ● MHA 平板(90 mm) ● 无菌棉签 ● 1 μL 或 10 μL 接种环
试验步骤	参考 CLSI 推荐的纸片扩散法进行 1. 对于每一株待测菌株,用接种环挑取血平板上纯培养菌落,于生理盐水管中细细研磨,制备成 0.5 麦氏浊度菌悬液,均匀涂布于 MHA 平板上 2. 待平板干燥 3~10 min 后在平板中央贴上一张抗菌药物纸片(以该药为主体联合其他抗菌药物) 3. 围绕中央药敏纸片,将含其他抗菌药物的药敏纸片按一定的距离放置,参考距离为中央纸片抑菌圈边缘外 3~4 mm(图 18-1) 4. 倒置 MHA 平板,35℃±2℃空气环境孵育 16~18 h 后阅读结果
结果判断	根据两药间的抑菌圈扩大或缩小等现象,判断两药是否存在协同、相加、无关或拮抗现象,详见图 18-2

(续表)

试 验	纸片法联合药敏试验
报告及结果解释	● 协同：A 药联合 B 药可能存在协同作用 ● 相加：A 药联合 B 药可能存在相加作用 ● 无关：A 药联合 B 药可能存在无关作用 ● 拮抗：A 药联合 B 药可能存在拮抗作用 注意：一般情况下,仅报告协同作用,其他结果可不报告
QC 推荐	质量控制参考 CLSI 文件有关纸片扩散法药敏试验质量控制要求

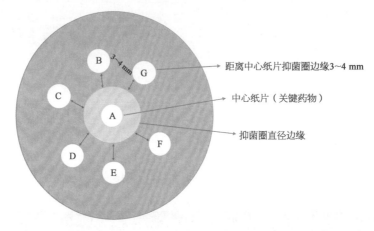

图 18-1 纸片扩散法联合药敏试验结果示意图(图片引自参考文献[1])

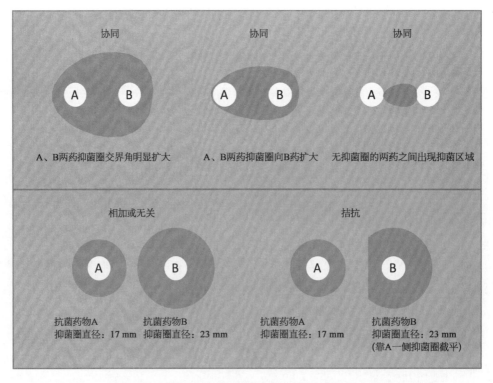

图 18-2 纸片扩散法联合药敏试验结果阅读示意图(图片引自参考文献[1])

参　考　文　献

［1］丁丽,陈佰义,李敏,等.碳青霉烯类耐药革兰阴性杆菌联合药敏试验及报告专家共识[J].中国感染与化疗杂志,2023,1(1)：1-16.

［2］Victor Lorian. Antibiotics in Laboratory Medicine[M]. Baltimore：Williams & Winkins，1980；Chapter 11，298-309.

［3］Daniel Ameterdam. Antibiotics in Laboratory Medicine[M]. Sixth edition. Baltimore：Wolters Kluwer，2015.

二、纸片优加法联合药敏试验

试　验	纸片法联合药敏试验
适用菌株	多重耐药菌如碳青霉烯类耐药革兰阴性菌或临床医师有特殊治疗需求的菌株
原理	判断一种抗菌药物在另一种药物存在的情况下,抗菌活性是否增强
试剂和材料	● 抗菌药物药敏纸片 ● 无菌生理盐水(3～5 mL) ● MHA 平板(90 mm) ● 无菌棉签 ● 1 μL 或 10 μL 接种环
试验步骤	参考 CLSI 推荐的纸片扩散法进行 1. 对于每一株待测菌株,用接种环挑取血平板上纯培养菌落,于生理盐水管中细细研磨,制备成 0.5 麦氏浊度菌悬液,均匀涂布于 MHA 平板上 2. 待平板干燥 3～10 min 后,先在平板上贴三张抗菌药物纸片,分别为抗菌药物 A、抗菌药物 B 和抗菌药物 A,纸片间距离≥25 mm 3. 室温放置 30 min 后,移去其中一张抗菌药物 A 纸片,在原来该抗菌药物 A 的位置,贴上一张抗菌药物 B 药敏纸片,评估当抗菌药物 A 存在时抗菌药物 B 的抗菌活性增强现象 4. 倒置 MHA 平板,35℃ ± 2℃空气环境孵育 16～18 h 后阅读结果
结果判断	两药协同定义为抗菌药物 A 和抗菌药物 B 单药均为耐药,但抗菌药物 B 在抗菌药物 A 存在时表现为敏感或中介(即两药联合的抑菌圈直径明显大于任何单药抑菌圈直径)(图 18-3)
QC 推荐	质量控制参考 CLSI 文件有关纸片扩散法药敏试验质量控制要求

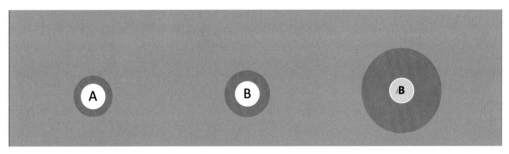

抗菌药物A抑菌圈　　　　　　　抗菌药物B抑菌圈　　　　　　　抗菌药物A存在时,抗菌药物B
直径：10 mm　　　　　　　　　直径：13 mm　　　　　　　　　抑菌圈直径：23 mm

图 18-3　纸片优加法联合药敏试验示意图(抗菌药物 A 联合抗菌药物 B 存在协同作用)(图片引自参考文献[1])

—— 参 考 文 献 ——

[1] 丁丽,陈佰义,李敏,等.碳青霉烯类耐药革兰阴性杆菌联合药敏试验及报告专家共识[J].中国感染与化疗杂志,2023,1(1):1-16.

[2] Khan A, Erickson SG, Pettaway C, et al. Evaluation of susceptibility testing methods for aztreonam and ceftazidime-avibactam combination therapy on extensively drug-resistant gram-negative organisms[J]. Antimicrob Agents Chemother, 2021, 65(11): e0084621.

三、肉汤纸片洗脱法联合药敏试验

试 验	纸片法联合药敏试验
适用菌株	多重耐药菌如碳青霉烯类耐药革兰阴性菌或临床医师有特殊治疗需求的菌株
原理	判断一种抗菌药物在另一种药物存在的情况下,抗菌活性是否增强
试剂和材料	● 抗菌药物药敏纸片 ● 无菌生理盐水(3～5 mL) ● 2 mL 阳离子调节肉汤 ● 无菌棉签 ● 1 μL 或 10 μL 接种环 ● 微量移液器 ● 无菌试管×4 根
试验步骤	参考 CLSI 推荐的纸片扩散法进行 1. 对于每一株待测菌株,用接种环挑取血平板上纯培养菌落,于生理盐水管中细细研磨,制备成 0.5 麦氏浊度菌悬液 2. 标记 4 根无菌试管,分别为 C、A、B 和 A+B,每根试管加入 2 mL 阳离子调节肉汤 3. 在 AB 和"A+B"管中分别加入抗菌药物 A、抗菌药物 B、抗菌药物 A+抗菌药物 B 药敏纸片,C 管作为生长对照 4. 轻轻涡旋 30 s,室温(23℃±2℃)孵育至少 30 min 使纸片中的抗菌药物完全扩散入肉汤中(不可超过 60 min) 5. 用移液器分别在在 C、A、B 和 A+B 管中加入 10 μL 的 0.5 麦氏浊度待测菌菌悬液,最终接种菌量为 1.5×10⁵ CFU/mL 6. 35℃±2℃ 空气环境孵育 16～18 h 后观察各管中的细菌生长情况 注意:本方法每管中肉汤的体积需按每片药敏纸片中所含抗菌药物的含量和该抗菌药物对该菌的耐药判断标准而定,溶液中抗菌药物最终浓度应≥中介标准。如抗菌药物对该菌的耐药标准为≥16 μg/mL,药敏纸片中所含抗菌药物的量为 30 μg/片,则每管中加入 CAMHB 肉汤的量应为 2 mL。以纸片中抗菌药物完全溶解入肉汤中计算,2 mL 肉汤中该抗菌药物的浓度为 15 μg/mL(近似于耐药标准)
结果判断	● 若 C、A、B 和 A+B 管中的细菌均生长,报告抗菌药物 A 和抗菌药物 B"不存在协同作用"(图18-4左) ● 若 C、A 和 B 管中细菌均生长,但 A+B 管无细菌生长,报告抗菌药物 A 和抗菌药物 B 联合"存在协同作用"(图 18-4 右)
QC 推荐	质量控制参考 CLSI 文件有关纸片扩散法药敏试验质量控制要求

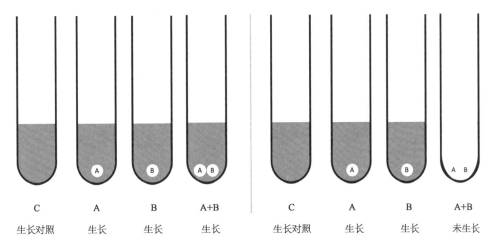

左：抗菌药物 A 联合抗菌药物 B 不存在协同作用；右：抗菌药物 A 联合抗菌药物 B 存在协同作用

图 18 - 4　纸片洗脱法联合药敏试验示意图(图片引自参考文献[1])

参 考 文 献

[1] 丁丽,陈佰义,李敏,等.碳青霉烯类耐药革兰阴性杆菌联合药敏试验及报告专家共识[J].中国感染与化疗杂志,2023,1(1)：1 - 16.

[2] Khan A，Erickson SG，Pettaway C，et al. Evaluation of susceptibility testing methods for aztreonam and ceftazidime-avibactam combination therapy on extensively drug-resistant gram-negative organisms[J]. Antimicrob Agents Chemother，2021，65(11)：e0084621.

四、纸条优加法联合药敏试验

试　　验	纸条优加法联合药敏试验
适用菌株	多重耐药菌如碳青霉烯类耐药革兰阴性菌或临床医师有特殊治疗需求的菌株
原理	判断一种抗菌药物在另一种药物存在的情况下,抗菌活性是否增强
试剂和材料	● 抗菌药物纸条,如 E－test、MIC Test Strip 等 ● 无菌生理盐水(3～5 mL) ● MHA 平板(90 mm) ● 无菌棉签 ● 1 μL 或 10 μL 接种环
试验步骤	参考 CLSI 推荐的纸片扩散法进行 1. 对于每一株待测菌株,用接种环挑取血平板上纯培养菌落,于生理盐水管中细细研磨,制备成 0.5 麦氏浊度菌悬液,均匀涂布于 MHA 平板上 2. 待平板干燥 3～10 min 后,先在平板上贴三条抗菌药物纸条,分别为抗菌药物 A、抗菌药物 B 和抗菌药物 A,纸条间距离≥25 mm 3. 室温放置 30 min 后,移去其中一条抗菌药物 A 纸条,在原来该抗菌药物 A 的位置,贴上一条抗菌药物 B 纸条,评估当抗菌药物 A 存在时抗菌药物 B 的抗菌活性增强现象 4. 倒置 MHA 平板,35℃±2℃空气环境孵育 16～18 h 后阅读结果

（续表）

试　验	纸条优加法联合药敏试验
结果判断	两药协同定义为抗菌药物 A 和抗菌药物 B 单药均为耐药,但抗菌药物 B 在抗菌药物 A 存在时表现为敏感或中介(图 18－5)
QC 推荐	质量控制参考 CLSI 文件有关纸片扩散法药敏试验质量控制要求

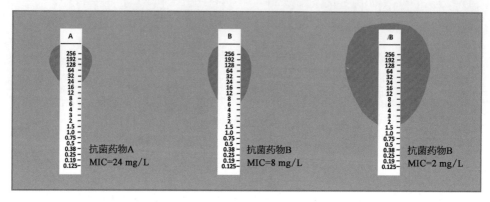

图 18－5　纸条优加法联合药敏试验(抗菌药物 A 联合抗菌药物 B 存在协同作用)(图片引自参考文献[1])

参 考 文 献

［1］丁丽,陈佰义,李敏,等.碳青霉烯类耐药革兰阴性杆菌联合药敏试验及报告专家共识[J].中国感染与化疗杂志,2023,1(1):1－16.

［2］Daniel Ameterdam. Antibiotics in Laboratory Medicine[M]. Sixth edition. Baltimore:Wolters Kluwer,2015.

［3］Khan A, Erickson SG, Pettaway C, et al. Evaluation of susceptibility testing methods for aztreonam and ceftazidime-avibactam combination therapy on extensively drug-resistant gram-negative organisms[J]. Antimicrob Agents Chemother, 2021, 65(11):e0084621.

［4］Davido B, Fellous L, Lawrence C, et al. Ceftazidime-avibactam and aztreonam, an interesting strategy to overcome β－lactam resistance conferred by metallo-β－lactamases in enterobacteriaceae and pseudomonas aeruginosa[J]. Antimicrob Agents Chemother, 2017, 61(9):e01008－17.

［5］Monogue ML, Abbo LM, Rosa R, et al. In vitro Discordance with In Vivo activity:humanized exposures of ceftazidime-avibactam, aztreonam, and tigecycline alone and in combination against new delhi metallo-β－lactamase-producing klebsiella pneumoniae in a murine lung infection model[J]. Antimicrob Agents Chemother, 2017, 61(7):e00486－17.

五、纸条交叉法联合药敏试验

试　验	纸条优加法联合药敏试验
适用菌株	多重耐药菌如碳青霉烯类耐药革兰阴性菌或临床医师有特殊治疗需求的菌株
原理	判断一种抗菌药物在另一种药物存在的情况下，抗菌活性是否增强
试剂和材料	● 抗菌药物纸条，如 E－test、MIC Test Strip 等 ● 无菌生理盐水（3～5 mL） ● MHA 平板（90 mm） ● 无菌棉签 ● 1 μL 或 10 μL 接种环
试验步骤	参考 CLSI 推荐的纸片扩散法进行 1. 对于每一株待测菌株，用接种环挑取血平板上纯培养菌落，于生理盐水管中细细研磨，制备成 0.5 麦氏浊度菌悬液，均匀涂布于 MHA 平板上 2. 待平板干燥 3～10 min 后，先在平板上贴两条抗菌药物纸条，分别为抗菌药物 A 和抗菌药物 B，然后再取出新的抗菌药物 A 和抗菌药物 B 纸条，将抗菌药物 A 和抗菌药物 B 纸条垂直交叉放置（单药 MIC 处交叉，因此需提前测定单药 MIC），每一单元纸条间距离≥25 mm 3. 倒置 MHA 平板，35℃±2℃空气环境孵育 16～18 h 后阅读结果
结果判断	孵育后阅读联合后抗菌药物 A 和抗菌药物 B 的 MIC，计算 FIC 指数，判断两药是否存在协同、相加、无关和拮抗效应（图 18－6）
QC 推荐	质量控制参考 CLSI 文件有关纸片扩散法药敏试验质量控制要求

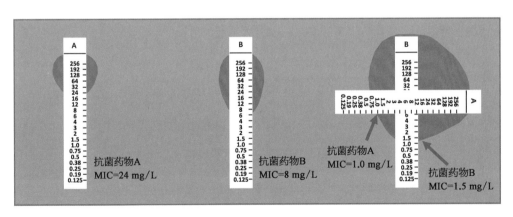

图 18－6　纸条交叉法联合药敏试验（纸条交叉法 FIC= 1/24+ 1.5/8= 0.23，两药联合呈协同效应）（图片引自参考文献[1]）

参　考　文　献

［1］丁丽，陈佰义，李敏，等.碳青霉烯类耐药革兰阴性杆菌联合药敏试验及报告专家共识[J].中国感染与化疗杂志,2023,1(1)：1－16.

［2］Daniel Ameterdam. Antibiotics in Laboratory Medicine［M］. Sixth edition. Baltimore：Wolters Kluwer，2015.

［3］Khan A，Erickson SG，Pettaway C，et al. Evaluation of susceptibility testing methods for aztreonam and ceftazidime-avibactam combination therapy on extensively drug-resistant gram-negative organisms［J］. Antimicrob Agents Chemother，2021，65(11)：e0084621.

［4］Davido B，Fellous L，Lawrence C，et al. Ceftazidime-avibactam and aztreonam，an interesting strategy to overcome β-lactam resistance conferred by metallo-β-lactamases in enterobacteriaceae and pseudomonas aeruginosa［J］. Antimicrob Agents Chemother，2017，61(9)：e01008－17.

［5］Monogue ML，Abbo LM，Rosa R，et al. *In vitro* Discordance with *In Vivo* activity：humanized exposures of ceftazidime-avibactam，aztreonam，and tigecycline alone and in combination against new delhi metallo-β-lactamase-producing klebsiella pneumoniae in a murine lung infection model［J］. Antimicrob Agents Chemother，2017，61(7)：e00486－17.

第十九章

革兰阴性菌典型药敏试验报告解读

一、药敏试验报告单 1

细菌：大肠埃希菌。标本来源：尿液			
抗 菌 药 物	结 果	抗 菌 药 物	结 果
阿米卡星	敏感	头孢美唑	敏感
庆大霉素	耐药	氨曲南	敏感
氨苄西林-舒巴坦	敏感	亚胺培南	敏感
头孢哌酮-舒巴坦	敏感	美罗培南	敏感
哌拉西林-他唑巴坦	敏感	厄他培南	敏感
头孢唑林	耐药	环丙沙星	耐药
头孢呋辛	耐药	替加环素	敏感
头孢噻肟	敏感	多黏菌素 E	敏感
头孢他啶	敏感	头孢他啶-阿维巴坦	敏感
头孢吡肟	敏感	甲氧苄啶-磺胺甲噁唑	耐药
呋喃妥因	敏感	磷霉素	敏感

解读：① 该菌为产生广谱 β-内酰胺酶菌株，表现为仅对青霉素类、第一和第二代头孢菌素耐药，但对第三和第四代头孢菌素敏感。由于广谱酶的活性可被 β-内酰胺酶抑制剂如舒巴坦、他唑巴坦抑制，因此细菌对 β-内酰胺类/β-内酰胺酶抑制剂复方制剂，如氨苄西林-舒巴

坦、头孢哌酮-舒巴坦和哌拉西林-他唑巴坦表现为敏感。② 对于肠杆菌目细菌,头孢噻肟和头孢曲松为等效药物,从该菌对头孢噻肟敏感,可以推导其对头孢曲松亦敏感。反之亦然,如果该菌对头孢曲松敏感,亦可推导其对头孢噻肟也敏感。③ 我国临床分离的产广谱 β-内酰胺酶菌株大多数产生 TEM 或 SHV 型广谱酶。④ 如果实验室无法开展头孢他啶-阿维巴坦药敏试验,可以根据头孢他啶的药敏结果进行初步推导,即头孢他啶敏感的菌株可直接推导该菌对头孢他啶-阿维巴坦敏感;但头孢他啶耐药的菌株不能直接推导该菌对头孢他啶-阿维巴坦耐药,因头孢他啶耐药的菌株可对头孢他啶-阿维巴坦敏感。

二、药敏试验报告单 2

细菌:大肠埃希菌。标本来源:血液			
抗 菌 药 物	结 果	抗 菌 药 物	结 果
阿米卡星	敏感	头孢美唑	敏感
庆大霉素	耐药	氨曲南	耐药
氨苄西林-舒巴坦	敏感	亚胺培南	敏感
头孢哌酮-舒巴坦	敏感	美罗培南	敏感
哌拉西林-他唑巴坦	敏感	厄他培南	敏感
头孢唑林	耐药	环丙沙星	耐药
头孢呋辛	耐药	替加环素	敏感
头孢噻肟	耐药	多黏菌素 E	敏感
头孢他啶	敏感	头孢他啶-阿维巴坦	敏感
头孢吡肟	敏感	甲氧苄啶-磺胺甲噁唑	耐药

解读:① 该菌为典型的产超广谱 β-内酰胺酶(extended spectrum β-lactamase,ESBL)菌株,表现为对关键水解底物头孢噻肟耐药。ESBL 的活性可被 β-内酰胺酶抑制剂如舒巴坦、他唑巴坦抑制,因此细菌对 β-内酰胺类/β-内酰胺酶抑制剂复方制剂,如氨苄西林-舒巴坦、头孢哌酮-舒巴坦和哌拉西林-他唑巴坦表现为敏感;该菌对头霉素类抗菌药物(头孢美唑)和碳青霉烯类亦敏感。② 对于肠杆菌目细菌,头孢噻肟和头孢曲松为等效药物,从该菌对头孢噻肟耐药,可以推导其对头孢曲松亦耐药。反之亦然,如果该菌对头孢曲松耐药,亦可推导其对头孢噻肟也耐药。③ 我国临床分离的产 ESBL 菌株大多数产生 CTX－M 型 ESBL,尤其是 CTX－M－14 型 ESBL。CTX－M－14 型 ESBL 对头孢噻肟的水解能力强于对头孢他啶,因此药敏表型表现为对头孢噻肟耐药,但对头孢他啶敏感。④ 如果实验室无法开展头孢他啶-阿维巴坦药敏试验,可以

根据头孢他啶的药敏结果进行初步推导,即头孢他啶敏感的菌株可直接推导该菌对头孢他啶-阿维巴坦敏感;但头孢他啶耐药的菌株不能直接推导该菌对头孢他啶-阿维巴坦耐药,因头孢他啶耐药的菌株可对头孢他啶-阿维巴坦敏感。

三、药敏试验报告单 3

细菌：大肠埃希菌。标本来源：尿液			
抗 菌 药 物	结 果	抗 菌 药 物	结 果
阿米卡星	敏感	头孢美唑	敏感
庆大霉素	耐药	氨曲南	耐药
氨苄西林-舒巴坦	敏感	亚胺培南	敏感
头孢哌酮-舒巴坦	敏感	美罗培南	敏感
哌拉西林-他唑巴坦	敏感	厄他培南	敏感
头孢唑林	耐药	环丙沙星	耐药
头孢呋辛	耐药	替加环素	敏感
头孢噻肟	耐药	多黏菌素 E	敏感
头孢他啶	敏感	头孢他啶-阿维巴坦	敏感
头孢吡肟	敏感	甲氧苄啶-磺胺甲噁唑	耐药
呋喃妥因	敏感	磷霉素	敏感

解读：① 该菌为典型的产超广谱 β-内酰胺酶（extended spectrum β - lactamase，ESBL）菌株,表现为对关键水解底物头孢噻肟耐药。ESBL 的活性可被 β-内酰胺酶抑制剂如舒巴坦、他唑巴坦抑制,因此细菌对 β-内酰胺类/β-内酰胺酶抑制剂复方制剂,如氨苄西林-舒巴坦、头孢哌酮-舒巴坦和哌拉西林-他唑巴坦表现为敏感;该菌对头霉素类抗菌药物（头孢美唑）和碳青霉烯类亦敏感。② 对于肠杆菌目细菌,头孢噻肟和头孢曲松为等效药物,从该菌对头孢噻肟耐药,可以推导其对头孢曲松亦耐药。反之亦然,如果该菌对头孢曲松耐药,亦可推导其对头孢噻肟也耐药。③ 我国临床分离的产 ESBL 菌株大多数产生 CTX－M 型 ESBL,尤其是 CTX－M－14 型 ESBL。CTX－M－14 型 ESBL 对头孢噻肟的水解能力强于对头孢他啶,因此药敏表型表现为对头孢噻肟耐药,但对头孢他啶敏感。④ 泌尿道标本分离的大肠埃希菌加做呋喃妥因,因该药在泌尿道中的浓度高,且耐药监测数据显示呋喃妥因对大肠埃希菌的抗菌活性强（敏感率超过90%）,是治疗大肠埃希菌所致感染的重要可选药物之一。⑤ 如果实验室无法开展头孢他啶-阿维巴坦药敏试验,可以根据头孢他啶的药敏结果进行初步推导,即头孢他啶敏感的菌株可直接推导该菌对头孢他啶-阿维巴坦敏感;但头孢他啶耐药的菌株不能直接推导该菌对头孢他啶-阿维巴坦耐药,因头孢他啶耐药的菌株可对头孢他啶-阿维巴坦敏感。

四、药敏试验报告单 4

抗 菌 药 物	结 果	抗 菌 药 物	结 果
阿米卡星	敏感	头孢美唑	耐药
庆大霉素	耐药	氨曲南	耐药
氨苄西林-舒巴坦	耐药	亚胺培南	敏感
头孢哌酮-舒巴坦	耐药	美罗培南	敏感
哌拉西林-他唑巴坦	耐药	厄他培南	敏感
头孢唑林	耐药	环丙沙星	耐药
头孢呋辛	耐药	替加环素	敏感
头孢噻肟	耐药	多黏菌素 E	敏感
头孢他啶	耐药	头孢他啶-阿维巴坦	敏感
头孢吡肟	敏感	甲氧苄啶-磺胺甲噁唑	耐药

细菌：阴沟肠杆菌。标本来源：脓液

解读：① 该菌为典型的产 AmpC 酶菌株,表现为对关键水解底物头霉素类抗菌药物(如头孢美唑)耐药,但对头孢吡肟敏感。AmpC 酶的水解活性不能被酶抑制剂如舒巴坦、他唑巴坦抑制,但可被阿维巴坦抑制,亦不能水解碳青霉烯类药物。因此细菌虽然对头孢哌酮-舒巴坦和哌拉西林-他唑巴坦表现为耐药,但对头孢他啶-阿维巴坦和碳青霉烯类药物敏感。② 对于肠杆菌目细菌,头孢噻肟和头孢曲松为等效药物,从该菌对头孢噻肟耐药,可以推导其对头孢曲松亦耐药。③ 如果实验室无法开展头孢他啶-阿维巴坦药敏试验,可以根据头孢他啶的药敏结果进行初步推导,即头孢他啶敏感的菌株可直接推导该菌对头孢他啶-阿维巴坦敏感;但头孢他啶耐药的菌株不能直接推导该菌对头孢他啶-阿维巴坦耐药,因头孢他啶耐药的菌株可对头孢他啶-阿维巴坦敏感。

五、药敏试验报告单 5

抗 菌 药 物	结 果	抗 菌 药 物	结 果
阿米卡星	耐药	氨苄西林-舒巴坦	耐药
庆大霉素	耐药	头孢哌酮-舒巴坦	耐药

细菌：肺炎克雷伯菌。标本来源：血液

（续表）

细菌：肺炎克雷伯菌。标本来源：血液			
抗 菌 药 物	结 果	抗 菌 药 物	结 果
哌拉西林-他唑巴坦	耐药	亚胺培南	耐药
头孢唑林	耐药	美罗培南	耐药
头孢呋辛	耐药	厄他培南	耐药
头孢噻肟	耐药	环丙沙星	耐药
头孢他啶	耐药	替加环素	敏感
头孢吡肟	耐药	多黏菌素 E	敏感
头孢美唑	耐药	头孢他啶-阿维巴坦	敏感
氨曲南	耐药	甲氧苄啶-磺胺甲噁唑	耐药

解读：① 该菌为碳青霉烯类耐药肺炎克雷伯菌：对亚胺培南、美罗培南或厄他培南任意一种药物耐药者即可判断为碳青霉烯类耐药菌株。② 碳青霉烯类耐药菌株典型的药敏谱表现为对碳青霉烯类及其他的 β-内酰胺类药物（除外头孢他啶-阿维巴坦）均耐药。③ 耐药机制：除产生碳青霉烯酶外，可能还同时产生 ESBL 和/或 AmpC 酶。④ 从该菌对头孢他啶-阿维巴坦敏感结果推测，该菌可能产生 A 类（KPC－2 型碳青霉烯酶为主）或 D 类碳青霉烯酶（OXA－48 家族的 OXA－232 或 OXA－181）。⑤ 对于肠杆菌目细菌，头孢噻肟和头孢曲松为等效药物，从该菌对头孢噻肟耐药，可以推导其对头孢曲松亦耐药。⑥ 如果实验室无法开展头孢他啶-阿维巴坦药敏试验，可以根据头孢他啶的药敏结果进行初步推导，即头孢他啶敏感的菌株可直接推导该菌对头孢他啶-阿维巴坦敏感；但头孢他啶耐药的菌株不能直接推导该菌对头孢他啶-阿维巴坦耐药，因头孢他啶耐药的菌株可对头孢他啶-阿维巴坦敏感。

六、药敏试验报告单 6

细菌：肺炎克雷伯菌。标本来源：痰			
抗 菌 药 物	结 果	抗 菌 药 物	结 果
阿米卡星	耐药	头孢哌酮-舒巴坦	耐药
庆大霉素	耐药	哌拉西林-他唑巴坦	耐药
氨苄西林-舒巴坦	耐药	头孢唑林	耐药

细菌：肺炎克雷伯菌。标本来源：痰			
抗 菌 药 物	结 果	抗 菌 药 物	结 果
头孢呋辛	耐药	美罗培南	耐药
头孢噻肟	耐药	厄他培南	耐药
头孢他啶	耐药	环丙沙星	耐药
头孢吡肟	耐药	替加环素	敏感
头孢美唑	耐药	多黏菌素 E	敏感
氨曲南	耐药	头孢他啶-阿维巴坦	耐药
亚胺培南	耐药	甲氧苄啶-磺胺甲噁唑	耐药

解读：① 该菌为碳青霉烯类耐药肺炎克雷伯菌：对亚胺培南、美罗培南或厄他培南任意一种药物耐药者即判断为碳青霉烯类耐药菌株。② 碳青霉烯类耐药菌株典型的药敏谱表现为对碳青霉烯类及其他的 β-内酰胺类药物(除外头孢他啶-阿维巴坦)均耐药。③ 耐药机制：从该菌对头孢他啶-阿维巴坦耐药结果推测，该菌可能产生 B 类金属 β-内酰胺酶(NDM 型金属酶为主)。④ 对氨曲南的耐药，推测此菌除产生 NDM 外，可能还是 ESBLs 和或 AmpC 酶的产生株。⑤ 对于肠杆菌目细菌，头孢噻肟和头孢曲松为等效药物，从该菌对头孢噻肟耐药，可以推导其对头孢曲松亦耐药。

七、药敏试验报告单 7

细菌：肺炎克雷伯菌。标本来源：痰			
抗 菌 药 物	结 果	抗 菌 药 物	结 果
阿米卡星	耐药	头孢噻肟	耐药
庆大霉素	耐药	头孢他啶	耐药
氨苄西林-舒巴坦	耐药	头孢吡肟	耐药
头孢哌酮-舒巴坦	耐药	头孢美唑	耐药
哌拉西林-他唑巴坦	耐药	氨曲南	敏感
头孢唑林	耐药	亚胺培南	耐药
头孢呋辛	耐药	美罗培南	耐药

细菌：肺炎克雷伯菌。标本来源：痰			
抗 菌 药 物	**结 果**	**抗 菌 药 物**	**结 果**
厄他培南	耐药	多黏菌素 E	敏感
环丙沙星	耐药	头孢他啶-阿维巴坦	耐药
替加环素	敏感	甲氧苄啶-磺胺甲噁唑	耐药

解读：① 该菌为碳青霉烯类耐药肺炎克雷伯菌：对亚胺培南、美罗培南或厄他培南任意一种药物耐药者即可判断为碳青霉烯类耐药菌株。② 耐药机制：该菌为典型的单产金属 β -内酰胺酶（主要为 NDM 型金属酶）菌株，表现为对碳青霉烯类及其他的 β -内酰胺类药物（包括头孢他啶-阿维巴坦）均耐药，但对氨曲南敏感（氨曲南可以抑制金属酶的活性）。③ 由于 ESBL 或 AmpC 酶可水解破坏氨曲南，从氨曲南敏感结果判断该菌不产生 ESBL 或 AmpC 酶。④ 对于肠杆菌目细菌，头孢噻肟和头孢曲松为等效药物，从该菌对头孢噻肟耐药，可以推导其对头孢曲松亦耐药。

八、药敏试验报告单 8

细菌：肺炎克雷伯菌。标本来源：痰			
抗 菌 药 物	**结 果**	**抗 菌 药 物**	**结 果**
阿米卡星	敏感	头孢他啶	耐药
庆大霉素	中介	头孢吡肟	耐药
妥布霉素	耐药	头孢替坦	耐药
哌拉西林	耐药	氨曲南	耐药
氨苄西林	耐药	亚胺培南	耐药
氨苄西林-舒巴坦	耐药	美罗培南	耐药
哌拉西林-他唑巴坦	耐药	厄他培南	耐药
头孢唑林	耐药	环丙沙星	耐药
头孢呋辛	耐药	左氧氟沙星	耐药
头孢曲松	耐药	甲氧苄啶-磺胺甲噁唑	耐药

解读：① 该菌为碳青霉烯类耐药肺炎克雷伯菌：对亚胺培南、美罗培南或厄他培南任意一种药物耐药者即可判断为碳青霉烯类耐药菌株。② 耐药机制：酶免疫层析技术检测结果显示，该菌产生 NDM 型金属酶，表现为对碳青霉烯类、头孢菌素(除外头孢吡肟)和酶抑制剂复方制剂耐药。③ 由于 ESBL 或 AmpC 酶可水解破坏氨曲南，从氨曲南敏感结果判断该菌产生 ESBL 或 AmpC 酶。④ 对于肠杆菌目细菌，头孢噻肟和头孢曲松为等效药物，从该菌对头孢曲松耐药，可以推导其对头孢噻肟亦耐药。

九、药敏试验报告单 9

细菌：肺炎克雷伯菌。标本来源：痰			
抗 菌 药 物	结 果	抗 菌 药 物	结 果
阿米卡星	耐药	头孢美唑	耐药
庆大霉素	耐药	氨曲南	耐药
氨苄西林-舒巴坦	耐药	亚胺培南	敏感
头孢哌酮-舒巴坦	耐药	美罗培南	耐药
哌拉西林-他唑巴坦	耐药	厄他培南	耐药
头孢唑林	耐药	环丙沙星	耐药
头孢呋辛	耐药	替加环素	敏感
头孢噻肟	耐药	多黏菌素 E	敏感
头孢他啶	耐药	头孢他啶-阿维巴坦	敏感
头孢吡肟	耐药	甲氧苄啶-磺胺甲噁唑	耐药

解读：① 该菌为碳青霉烯类耐药肺炎克雷伯菌：对亚胺培南、美罗培南或厄他培南任意一种药物耐药者即可判断为碳青霉烯类耐药菌株。② 碳青霉烯类耐药菌株典型的药敏谱表现为对碳青霉烯类及其他的 β-内酰胺类药物(除外头孢他啶-阿维巴坦)均耐药，该菌对厄他培南和美罗培南耐药，但对亚胺培南敏感。③ 耐药机制：除产生 ESBL 外，很可能产生 OXA－48 家族碳青霉烯酶尤其是 OXA－232 型碳青霉烯酶，典型表现为对厄他培南高度耐药(MIC 范围为 32～64 mg/L)，对美罗培南低水平耐药(MIC 范围为 4～8 mg/L)，但往往对亚胺培南敏感(MIC 范围为 1～2 mg/L)。④ 由于 OXA－48 家族碳青霉烯酶的活性可被阿维巴坦抑制，因此该类耐药菌株往往对头孢他啶-阿维巴坦敏感。⑤ 对于肠杆菌目细菌，头孢噻肟和头孢曲松为等效药物，从该菌对头孢噻肟耐药，可以推导其对头孢曲松亦耐药。⑥ 如果实验室无法开展头孢他啶-阿维巴

坦药敏试验,可以根据头孢他啶的药敏结果进行初步推导,即头孢他啶敏感的菌株可直接推导该菌对头孢他啶-阿维巴坦敏感;但头孢他啶耐药的菌株不能直接推导该菌对头孢他啶-阿维巴坦耐药,因头孢他啶耐药的菌株可对头孢他啶-阿维巴坦敏感。

十、药敏试验报告单 10

细菌:肺炎克雷伯菌。标本来源:分泌物			
抗 菌 药 物	结 果	抗 菌 药 物	结 果
阿米卡星	耐药	头孢美唑	耐药
庆大霉素	耐药	氨曲南	耐药
氨苄西林-舒巴坦	耐药	亚胺培南	敏感
头孢哌酮-舒巴坦	耐药	美罗培南	中介
哌拉西林-他唑巴坦	耐药	厄他培南	耐药
头孢唑林	耐药	环丙沙星	耐药
头孢呋辛	耐药	替加环素	敏感
头孢噻肟	耐药	多黏菌素 E	敏感
头孢他啶	耐药	头孢他啶-阿维巴坦	耐药
头孢吡肟	耐药	甲氧苄啶-磺胺甲噁唑	耐药

解读:① 该菌为碳青霉烯类耐药肺炎克雷伯菌:对亚胺培南、美罗培南或厄他培南任意一种药物耐药者即可判断为碳青霉烯类耐药菌株。② 耐药机制:典型的碳青霉烯类耐药肺炎克雷伯菌(如产 KPC－2 型碳青霉烯酶菌株)往往对亚胺培南、美罗培南和厄他培南均耐药。该菌可能产生罕见的 KPC 新基因亚型菌株(在我国是指除 KPC－2 之外的其他亚型,如 KPC－33),典型表现为对头孢他啶-阿维巴坦耐药,但对亚胺培南敏感,对美罗培南中介或敏感或耐药,但对厄他培南耐药。③ 产 KPC 新基因亚型菌株所致感染的治疗,单独根据药敏报告结果选择敏感的药物如本报告中的亚胺培南进行单药治疗,很可能会治疗失败。因为细菌在治疗过程中可能会从 KPC 新基因亚型突变回传统的 KPC－2 基因型,从而导致细菌对亚胺培南耐药。④ 现有研究发现,对于产 KPC－2 或 KPC－3 型碳青霉烯酶肺炎克雷伯菌引起的感染,当头孢他啶-阿维巴坦治疗失败时,可选的补救性治疗方案包括使用美罗培南-韦博巴坦、头孢他啶-阿维巴坦联合亚胺培南或联合氨曲南或者采用替加环素联合多黏菌素等。⑤ 对于肠杆菌目细菌,头孢噻肟和头孢曲松为等效药物,从该菌对头孢噻肟耐药,可以推导其对头孢曲松亦耐药。

十一、药敏试验报告单 11

细菌：肺炎克雷伯菌。标本来源：痰			
抗 菌 药 物	结 果	抗 菌 药 物	结 果
阿米卡星	敏感	头孢美唑	耐药
庆大霉素	耐药	氨曲南	耐药
氨苄西林-舒巴坦	耐药	亚胺培南	敏感
头孢哌酮-舒巴坦	敏感	美罗培南	敏感
哌拉西林-他唑巴坦	敏感	厄他培南	敏感
头孢唑林	耐药	环丙沙星	耐药
头孢呋辛	耐药	替加环素	耐药
头孢噻肟	敏感	多黏菌素 E	敏感
头孢他啶	敏感	头孢他啶-阿维巴坦	敏感
头孢吡肟	敏感	甲氧苄啶-磺胺甲噁唑	耐药

解读：① 该菌对头孢噻肟敏感，但对第一、第二代头孢菌素耐药，提示该菌产生广谱 β-内酰胺酶，而非 ESBL。② 对于肠杆菌目细菌，头孢噻肟和头孢曲松为等效药物，从该菌对头孢噻肟敏感，可以推导其对头孢曲松亦敏感。③ 由于替加环素容易见光氧化分解或受其他因素导致活性下降，常规药敏试验方法容易出现假中介或假耐药结果。因此，对于常规药敏试验结果显示为替加环素中介或耐药者，应采用标准的肉汤微量稀释法或含复敏液的纸片扩散法进行复核。④ 如果实验室无法开展头孢他啶-阿维巴坦药敏试验，可以根据头孢他啶的药敏结果进行初步推导，即头孢他啶敏感的菌株可直接推导该菌对头孢他啶-阿维巴坦敏感；但头孢他啶耐药的菌株不能直接推导该菌对头孢他啶-阿维巴坦耐药，因头孢他啶耐药的菌株可对头孢他啶-阿维巴坦敏感。

十二、药敏试验报告单 12

细菌：肺炎克雷伯菌。标本来源：胆汁			
抗 菌 药 物	结 果	抗 菌 药 物	结 果
阿米卡星	耐药	氨苄西林-舒巴坦	耐药
庆大霉素	耐药	头孢哌酮-舒巴坦	耐药

（续表）

细菌：肺炎克雷伯菌。标本来源：胆汁			
抗 菌 药 物	结 果	抗 菌 药 物	结 果
哌拉西林-他唑巴坦	耐药	亚胺培南	耐药
头孢唑林	耐药	美罗培南	耐药
头孢呋辛	耐药	厄他培南	耐药
头孢噻肟	耐药	环丙沙星	耐药
头孢他啶	耐药	替加环素	耐药
头孢吡肟	耐药	多黏菌素 E（MIC= 0.5 mg/L）	中介
头孢美唑	耐药	头孢他啶-阿维巴坦	敏感
氨曲南	耐药	甲氧苄啶-磺胺甲噁唑	耐药

解读：① 该菌为碳青霉烯类耐药肺炎克雷伯菌：对亚胺培南、美罗培南或厄他培南任意一种药物耐药者即判断为碳青霉烯类耐药菌株。② 2020 年 CLSI 将多黏菌素药敏试验判断标准"敏感"分类改为"中介"分类，无论多黏菌素 E 的 MIC 值多低，均只能报告中介。但考虑到中国和美国治疗碳青霉烯类耐药菌株所致感染可选有效药物的差异，建议按 EUCAST 或中国多黏菌素报告专家共识，报告多黏菌素 E 结果为敏感，而非中介。③ 对于肠杆菌目细菌，多黏菌素 E 和多黏菌素 B 为等效药物，从该菌对多黏菌素 E 敏感，可以推导其对多黏菌素 B 亦敏感。反之亦然，对多黏菌素 B 敏感，可以推导其对多黏菌素 E 亦敏感。④ 如果实验室无法开展头孢他啶-阿维巴坦药敏试验，可以根据头孢他啶的药敏结果进行初步推导，即头孢他啶敏感的菌株可直接推导该菌对头孢他啶-阿维巴坦敏感；但头孢他啶耐药的菌株不能直接推导该菌对头孢他啶-阿维巴坦耐药，因头孢他啶耐药的菌株可对头孢他啶-阿维巴坦敏感。

十三、药敏试验报告单 13

细菌：大肠埃希菌。标本来源：痰。碳青霉烯酶检测结果：金属酶阳性			
抗 菌 药 物	结 果	抗 菌 药 物	结 果
阿米卡星	敏感	头孢唑林	耐药
庆大霉素	敏感	头孢呋辛	耐药
头孢哌酮-舒巴坦	耐药	头孢噻肟	耐药
哌拉西林-他唑巴坦	耐药	头孢他啶	耐药

(续表)

细菌:大肠埃希菌。标本来源:痰。碳青霉烯酶检测结果:金属酶阳性			
抗 菌 药 物	结 果	抗 菌 药 物	结 果
头孢吡肟	耐药	环丙沙星	耐药
头孢美唑	耐药	替加环素	敏感
氨曲南	敏感	多黏菌素 E	敏感
亚胺培南	耐药	左氧氟沙星	耐药
美罗培南	耐药	复方磺胺甲噁唑	耐药
厄他培南	耐药		

解读:该菌碳青霉烯酶检测结果显示该菌为产金属酶大肠埃希菌,药敏试验结果显示这株细菌除氨曲南敏感之外的所有受试 β-内酰胺类抗菌药物均耐药,如何解释此现象?从药敏试验结果判断,该菌可能为典型的单产金属酶菌株。① 根据氨曲南的抗菌谱和 β-内酰胺酶的水解底物谱综合考虑,此菌有可能产生 NDM 金属酶。② 临床所有 β-内酰胺类抗菌药,包括头孢菌素类、头霉素类、酶抑制剂复方制剂和碳青霉烯类均是 NDM 的水解底物,但唯氨曲南对之稳定。③ 建议采用分子生物学技术检测碳青霉烯酶及其分型。④ 该菌为产金属酶菌株,虽然实验室未进行头孢他啶-阿维巴坦药敏试验,但可根据阿维巴坦不能抑制金属酶活性的特性,推测该菌对头孢他啶-阿维巴坦耐药。

十四、药敏试验报告单 14

细菌:阴沟肠杆菌。标本来源:痰。碳青霉烯酶检测结果:NDM 阳性			
抗 菌 药 物	结 果	抗 菌 药 物	结 果
阿米卡星	敏感	头孢吡肟	耐药
庆大霉素	敏感	头孢美唑	耐药
头孢哌酮-舒巴坦	耐药	氨曲南	耐药
哌拉西林-他唑巴坦	耐药	亚胺培南	耐药
头孢唑林	耐药	美罗培南	耐药
头孢呋辛	耐药	厄他培南	耐药
头孢噻肟	耐药	环丙沙星	耐药
头孢他啶	耐药	替加环素	敏感

（续表）

细菌：阴沟肠杆菌。标本来源：痰。碳青霉烯酶检测结果：NDM 阳性			
抗 菌 药 物	结 果	抗 菌 药 物	结 果
多黏菌素 E	敏感	甲氧苄啶-磺胺甲噁唑	耐药
左氧氟沙星	耐药		

解读：该菌碳青霉烯酶基因检测结果显示该菌为产 NDM 型金属酶阴沟肠杆菌，但对氨曲南表现为耐药，可能的机制是什么？可能的解释如下。① 虽然金属酶一般不能水解氨曲南，但当细菌再产生 NDM 型金属酶外，还同时产生超广谱 β-内酰胺酶或质粒介导的 AmpC 酶时，由于超广谱 β-内酰胺酶或 AmpC 酶可轻松水解氨曲南，使氨曲南失去抗菌活性而导致细菌耐药。② 该菌为产金属酶菌株，虽然实验室未进行头孢他啶-阿维巴坦药敏试验，但可根据阿维巴坦不能抑制金属酶活性的特性，推测该菌对头孢他啶-阿维巴坦耐药。

十五、药敏试验报告单 15

细菌：肺炎克雷伯菌。标本来源：痰			
抗 菌 药 物	结 果	抗 菌 药 物	结 果
阿米卡星	耐药	氨曲南	耐药
庆大霉素	耐药	亚胺培南	≤0.25 mg/L（耐药）
头孢哌酮-舒巴坦	耐药	美罗培南	中介
哌拉西林-他唑巴坦	耐药	厄他培南	耐药
头孢唑林	耐药	头孢他啶-阿维巴坦	敏感
头孢呋辛	耐药	环丙沙星	耐药
头孢噻肟	耐药	替加环素	敏感
头孢他啶	耐药	多黏菌素 E	敏感
头孢吡肟	耐药	左氧氟沙星	耐药
头孢美唑	耐药	甲氧苄啶-磺胺甲噁唑	耐药

解读：亚胺培南对肺炎克雷伯菌的 MIC 为≤0.25 mg/L，应为敏感，为何修改为耐药？可能的解释如下。① 根据亚胺培南对肺炎克雷伯菌的判断标准（MIC≤1 mg/L 为敏感，2 mg/L 为中介，≥4 mg/L 为耐药），这株细菌对亚胺培南应该为敏感（MIC≤0.25 mg/L）。这种情况多见于内置专家规则的自动化药敏系统。由于这种表型的菌株比较少见，与专家规则大数据中匹配到的

表型较少或无,系统可能会认为这样的结果不可接受,而将亚胺培南的药敏试验结果由敏感修改为耐药。② 当出现这种情况时,需要采用的措施如下:a. 建议采用其他方法如 Etest 或肉汤微量稀释法测定亚胺培南 MIC,如仍为≤0.25 mg/L,建议报告敏感,因 CLSI 文件明确说明,如采用现行折点,即使产生碳青霉烯酶,亦无需将碳青霉烯类药物的药敏结果修改为耐药;b. 如复核结果为耐药,需要更改亚胺培南药敏试验结果,以复核后的 MIC 为最终报告值,报告为耐药。③ 研究显示,这种表型的菌株往往为非产碳青霉烯酶,其对厄他培南的耐药机制主要为产生ESBL 和/或 AmpC 酶合并外膜孔蛋白表达下调或缺失,这种耐药机制有可能会影响细菌对亚胺培南、美罗培南等的敏感性及临床治疗效果,因此临床进行抗感染治疗时需密切关注治疗预后和定期监测细菌对抗菌药物的敏感性变化特征。

十六、药敏试验报告单 16

细菌:肺炎克雷伯菌。标本来源:痰			
抗 菌 药 物	结 果	抗 菌 药 物	结 果
阿米卡星	耐药	氨曲南	耐药
庆大霉素	耐药	亚胺培南	敏感
头孢哌酮-舒巴坦	耐药	美罗培南	敏感
哌拉西林-他唑巴坦	耐药	厄他培南	耐药
头孢唑林	耐药	环丙沙星	耐药
头孢呋辛	耐药	替加环素	敏感
头孢噻肟	耐药	多黏菌素 E	敏感
头孢他啶	耐药	左氧氟沙星	耐药
头孢吡肟	耐药	甲氧苄啶-磺胺甲噁唑	耐药
头孢美唑	耐药		

解读:这株肺炎克雷伯菌对厄他培南耐药的机制是什么? 可能的解释如下。① 该菌为碳青霉烯类耐药肺炎克雷伯菌:对亚胺培南、美罗培南或厄他培南任意一种药物耐药者即可判断为碳青霉烯类耐药菌株。② 耐药机制:研究显示,仅厄他培南耐药,但亚胺培南和美罗培南敏感的菌株往往非产碳青霉烯酶,其对厄他培南的耐药机制主要为产生 ESBL 和/或 AmpC 酶合并外膜孔蛋白表达下调或缺失,这种耐药机制有可能会影响细菌对亚胺培南、美罗培南等的敏感性及临床治疗效果,因此临床进行抗感染治疗时需密切关注治疗预后和定期监测细菌对抗菌药物的敏感性变化特征。

十七、药敏试验报告单 17

细菌：肺炎克雷伯菌。标本来源：胆汁			
抗 菌 药 物	结 果	抗 菌 药 物	结 果
阿米卡星	耐药	头孢美唑	耐药
庆大霉素	耐药	氨曲南	耐药
氨苄西林-舒巴坦	耐药	亚胺培南	耐药
头孢哌酮-舒巴坦	耐药	美罗培南	耐药
哌拉西林-他唑巴坦	耐药	厄他培南	耐药
头孢唑林	耐药	环丙沙星	耐药
头孢呋辛	耐药	替加环素	敏感
头孢噻肟	耐药	多黏菌素 E	耐药
头孢他啶	耐药	头孢他啶-阿维巴坦	敏感
头孢吡肟	耐药	甲氧苄啶-磺胺甲噁唑	耐药

解读：① 该菌为碳青霉烯类耐药肺炎克雷伯菌：对亚胺培南、美罗培南或厄他培南任意一种药物耐药者即判断为碳青霉烯类耐药菌株。② 对于肠杆菌目细菌，多黏菌素 E 和多黏菌素 B 为等效药物，从该菌对多黏菌素 E 耐药，可以推导其对多黏菌素 B 亦耐药。反之亦然，对多黏菌素 B 耐药，可以推导其对多黏菌素 E 亦耐药。③ 耐药机制：细菌对多黏菌素耐药的主要机制包括产生质粒介导的 *mcr* 基因，如 *mcr* - 1 或者为 *mgrB* 基因突变。*mgrB* 基因突变是目前肠杆菌目细菌对多黏菌素耐药的主要机制。④ 如果实验室无法开展头孢他啶-阿维巴坦药敏试验，可以根据头孢他啶的药敏结果进行初步推导，即头孢他啶敏感的菌株可直接推导该菌对头孢他啶-阿维巴坦敏感；但头孢他啶耐药的菌株不能直接推导该菌对头孢他啶-阿维巴坦耐药，因头孢他啶耐药的菌株可对头孢他啶-阿维巴坦敏感。

十八、药敏试验报告单 18

细菌：产气克雷伯菌。标本来源：痰			
抗 菌 药 物	结 果	抗 菌 药 物	结 果
阿米卡星	敏感	头孢哌酮-舒巴坦	敏感
庆大霉素	敏感	哌拉西林-他唑巴坦	敏感

抗 菌 药 物	结 果	抗 菌 药 物	结 果
细菌：产气克雷伯菌。标本来源：痰			
头孢唑林	耐药	美罗培南	敏感
头孢呋辛	敏感	厄他培南	敏感
头孢噻肟	敏感	环丙沙星	敏感
头孢他啶	敏感	替加环素	敏感
头孢吡肟	敏感	多黏菌素 E	敏感
头孢美唑	敏感	左氧氟沙星	敏感
氨曲南	敏感	甲氧苄啶-磺胺甲噁唑	敏感
亚胺培南	耐药		

解读：细菌仅对亚胺培南耐药,但对其他 β-内酰胺类抗菌药物均敏感。这样的药敏试验结果有可能吗？可能的原因如下。① 这种药敏试验结果基本不可能,应高度怀疑药敏板中的亚胺培南可能失效了,建议采用 BMD 法对该受试菌进行亚胺培南的药敏试验,质控菌株同时进行检测;以此质控结果判断该批次药敏结果正确与否。② 该批次的药敏板对受试菌和质控菌株(标准菌株)同时重复药敏试验,如有新批次的合格药敏板或还保存在合适条件下的合格药敏板也应参与质控试验,以明确该菌对亚胺培南的敏感性。③ 虽然实验室并未开展头孢他啶-阿维巴坦药敏试验,但可以根据头孢他啶的药敏结果进行初步推导,即头孢他啶敏感的菌株可直接推导该菌对头孢他啶-阿维巴坦敏感,因此,可以判断该菌对头孢他啶-阿维巴坦敏感。但对头孢他啶耐药的菌株不能直接推导该菌对头孢他啶-阿维巴坦耐药,因头孢他啶耐药的菌株可对头孢他啶-阿维巴坦敏感。

十九、药敏试验报告单 19

抗 菌 药 物	结 果	抗 菌 药 物	结 果
细菌：大肠埃希菌。标本来源：痰			
阿米卡星	敏感	头孢唑林	耐药
庆大霉素	耐药	头孢呋辛	耐药
氨苄西林-舒巴坦	敏感	头孢噻肟	耐药
头孢哌酮-舒巴坦	敏感	头孢他啶	敏感
哌拉西林-他唑巴坦	敏感	头孢吡肟	敏感

(续表)

细菌：大肠埃希菌。标本来源：痰			
抗 菌 药 物	结 果	抗 菌 药 物	结 果
头孢美唑	敏感	环丙沙星	耐药
氨曲南	耐药	替加环素	敏感
亚胺培南	敏感	多黏菌素 E	敏感
美罗培南	敏感	头孢他啶-阿维巴坦	敏感
厄他培南	敏感	甲氧苄啶-磺胺甲噁唑	耐药

解读：① 该菌为典型的产超广谱 β-内酰胺酶（extended spectrum β-lactamase，ESBL）菌株，表现为对关键水解底物头孢噻肟耐药。ESBL 的活性可被 β-内酰胺酶抑制剂如克拉维酸、舒巴坦、他唑巴坦和阿维巴坦抑制，因此细菌对 β-内酰胺类/β-内酰胺酶抑制剂复方制剂，如头孢哌酮-舒巴坦、哌拉西林-他唑巴坦和头孢他啶-阿维巴坦表现为敏感；该菌对碳青霉烯类亦敏感。② 对于肠杆菌目细菌，头孢噻肟和头孢曲松为等效药物，从该菌对头孢噻肟耐药，可以推导其对头孢曲松亦耐药。反之亦然，如果该菌对头孢曲松耐药，亦可推导其对头孢噻肟也耐药。③ 我国临床分离的产 ESBL 菌株大多数产生 CTX－M 型 ESBL，尤其是 CTX－M－14 型 ESBL。CTX－M－14 型 ESBL 对头孢噻肟的水解能力强于对头孢他啶，因此药敏表型表现为对头孢噻肟耐药，但对头孢他啶敏感。④ 如果实验室无法开展头孢他啶-阿维巴坦药敏试验，可以根据头孢他啶的药敏结果进行初步推导，即头孢他啶敏感的菌株可直接推导该菌对头孢他啶-阿维巴坦敏感；但头孢他啶耐药的菌株不能直接推导该菌对头孢他啶-阿维巴坦耐药，因头孢他啶耐药的菌株可对头孢他啶-阿维巴坦敏感。⑤ 阿米卡星对肠杆菌目细菌的抗菌活性优于庆大霉素，此为常见结果。该菌对庆大霉素的耐药机制可能是产生氨基糖苷乙酰化酶（AAC）、磷酸转移酶（APH）和核苷转移酶（ANT）；如肠杆菌目细菌中主要可见 AAC（3）I 或 AAC（6）II，APH（2″）、ANT（2″）；以及双功能酶，如 AAC（6′）-I-b-Cr 等。

二十、药敏试验报告单 20

细菌：大肠埃希菌。标本来源：尿液			
抗 菌 药 物	结 果	抗 菌 药 物	结 果
阿米卡星	耐药	头孢哌酮-舒巴坦	敏感
庆大霉素	敏感	哌拉西林-他唑巴坦	敏感
氨苄西林-舒巴坦	敏感	头孢唑林	耐药

细菌：大肠埃希菌。标本来源：尿液			
抗 菌 药 物	结 果	抗 菌 药 物	结 果
头孢呋辛	耐药	美罗培南	敏感
头孢噻肟	耐药	厄他培南	敏感
头孢他啶	敏感	环丙沙星	耐药
头孢吡肟	敏感	替加环素	敏感
头孢美唑	敏感	多黏菌素 E	敏感
氨曲南	耐药	头孢他啶-阿维巴坦	敏感
亚胺培南	敏感	甲氧苄啶-磺胺甲噁唑	耐药

解读：① 该菌为典型的产超广谱 β-内酰胺酶(extended spectrum β-lactamase，ESBL)菌株，表现为对关键水解底物头孢噻肟耐药。ESBL 的活性可被 β-内酰胺酶抑制剂如克拉维酸、舒巴坦、他唑巴坦和阿维巴坦等抑制，因此细菌对 β-内酰胺类/β-内酰胺酶抑制剂复方制剂，如氨苄西林-舒巴坦、头孢哌酮-舒巴坦、哌拉西林-他唑巴坦和头孢他啶-阿维巴坦等表现为敏感；该菌对碳青霉烯类亦敏感。② 对于肠杆菌目细菌，头孢噻肟和头孢曲松为等效药物，从该菌对头孢噻肟耐药，可以推导其对头孢曲松亦耐药。反之亦然，如果该菌对头孢曲松耐药，亦可推导其对头孢噻肟也耐药。③ 我国临床分离的产 ESBL 菌株大多数产生 CTX-M 型 ESBL，尤其是 CTX-M-14 型 ESBL。CTX-M-14 型 ESBL 对头孢噻肟的水解能力强于对头孢他啶，因此药敏表型表现为对头孢噻肟耐药，但对头孢他啶敏感。④ 如果实验室无法开展头孢他啶-阿维巴坦药敏试验，可以根据头孢他啶的药敏结果进行初步推导，即头孢他啶敏感的菌株可直接推导该菌对头孢他啶-阿维巴坦敏感；但头孢他啶耐药的菌株不能直接推导该菌对头孢他啶-阿维巴坦耐药，因头孢他啶耐药的菌株可对头孢他啶-阿维巴坦敏感。⑤ 阿米卡星对肠杆菌目细菌的抗菌活性差于庆大霉素，此为罕见结果，需确认菌株无污染并重复药敏试验。如药敏试验结果无误，其耐药机制可能为产生氨基糖苷乙酰化酶 AAC(6′)。AAC(6′) 酶的钝化底物不仅是阿米卡星，也包含庆大霉素，但钝化的活性有所差异。

二十一、药敏试验报告单 21

细菌：黏质沙雷菌。标本来源：痰			
抗 菌 药 物	结 果	抗 菌 药 物	结 果
阿米卡星	耐药	氨苄西林-舒巴坦	敏感
庆大霉素	敏感	头孢哌酮-舒巴坦	敏感

（续表）

细菌：黏质沙雷菌。标本来源：痰			
抗 菌 药 物	结 果	抗 菌 药 物	结 果
哌拉西林-他唑巴坦	敏感	亚胺培南	敏感
头孢唑林	耐药	美罗培南	敏感
头孢呋辛	耐药	厄他培南	敏感
头孢噻肟	耐药	环丙沙星	耐药
头孢他啶	敏感	替加环素	敏感
头孢吡肟	敏感	多黏菌素 E	敏感
头孢美唑	敏感	头孢他啶-阿维巴坦	敏感
氨曲南	耐药	甲氧苄啶-磺胺甲噁唑	耐药

解读：① 该菌为典型的产超广谱 β-内酰胺酶（extended spectrum β-lactamase，ESBL）菌株，表现为对关键水解底物头孢噻肟耐药。ESBL 的活性可被 β-内酰胺酶抑制剂如克拉维酸、舒巴坦、他唑巴坦和阿维巴坦抑制，因此细菌对 β-内酰胺类/β-内酰胺酶抑制剂复方制剂，如头孢哌酮-舒巴坦、哌拉西林-他唑巴坦和头孢他啶-阿维巴坦表现为敏感；该菌对碳青霉烯类亦敏感。② 对于肠杆菌目细菌，头孢噻肟和头孢曲松为等效药物，从该菌对头孢噻肟耐药，可以推导其对头孢曲松亦耐药。反之亦然，如果该菌对头孢曲松耐药，亦可推导其对头孢噻肟也耐药。③ 我国临床分离的产 ESBL 菌株大多数产生 CTX-M 型 ESBL，尤其是 CTX-M-14 型 ESBL。CTX-M-14 型 ESBL 对头孢噻肟的水解能力强于对头孢他啶，因此药敏表型表现为对头孢噻肟耐药，但却对头孢他啶敏感。④ 如果实验室无法开展头孢他啶-阿维巴坦药敏试验，可以根据头孢他啶的药敏结果进行初步推导，即头孢他啶敏感的菌株可直接推导该菌对头孢他啶-阿维巴坦敏感；但头孢他啶耐药的菌株不能直接推导该菌对头孢他啶-阿维巴坦耐药，因头孢他啶耐药的菌株可对头孢他啶-阿维巴坦敏感。⑤ 阿米卡星耐药但庆大霉素敏感的结果在黏质沙雷菌中较常见，其耐药机制可能为产生氨基糖苷乙酰化酶 AAC(6′)。AAC(6′) 酶的钝化底物不仅是阿米卡星，也包含庆大霉素，但钝化的活性有所差异。

二十二、药敏试验报告单 22

细菌：大肠埃希菌。标本来源：痰			
抗 菌 药 物	结 果	抗 菌 药 物	结 果
阿米卡星	敏感	氨苄西林-舒巴坦	敏感
庆大霉素	耐药	头孢哌酮-舒巴坦	敏感

(续表)

抗 菌 药 物	结 果	抗 菌 药 物	结 果
细菌：大肠埃希菌。标本来源：痰			
哌拉西林-他唑巴坦	敏感	亚胺培南	敏感
头孢唑林	耐药	美罗培南	敏感
头孢呋辛	耐药	厄他培南	敏感
头孢噻肟	耐药	环丙沙星	耐药
头孢他啶	敏感	替加环素	敏感
头孢吡肟	耐药	多黏菌素 E	敏感
头孢美唑	敏感	头孢他啶-阿维巴坦	敏感
氨曲南	耐药	甲氧苄啶-磺胺甲噁唑	耐药

解读：① 该菌为典型的产超广谱 β-内酰胺酶（extended spectrum β-lactamase，ESBL）菌株，表现为对关键水解底物头孢噻肟耐药。ESBL 的活性可被 β-内酰胺酶抑制剂如克拉维酸、舒巴坦、他唑巴坦和阿维巴坦抑制，因此细菌对 β-内酰胺类/β-内酰胺酶抑制剂复方制剂，如头孢哌酮-舒巴坦、哌拉西林-他唑巴坦和头孢他啶-阿维巴坦等表现为敏感；该菌对碳青霉烯类亦敏感。② 对于肠杆菌目细菌，头孢噻肟和头孢曲松为等效药物，从该菌对头孢噻肟耐药，可以推导其对头孢曲松亦耐药。反之亦然，如果该菌对头孢曲松耐药，亦可推导其对头孢噻肟也耐药。③ 我国临床分离的产 ESBL 菌株大多数产生 CTX-M 型 ESBL，尤其是 CTX-M-14 型 ESBL。CTX-M-14 型 ESBL 对头孢噻肟和头孢吡肟的水解能力强于对头孢他啶，因此药敏表型可表现为对头孢噻肟和头孢吡肟耐药，但却对头孢他啶敏感。④ 如果实验室无法开展头孢他啶-阿维巴坦药敏试验，可以根据头孢他啶的药敏结果进行初步推导，即头孢他啶敏感的菌株可直接推导该菌对头孢他啶-阿维巴坦敏感；但头孢他啶耐药的菌株不能直接推导该菌对头孢他啶-阿维巴坦耐药，因头孢他啶耐药的菌株可对头孢他啶-阿维巴坦敏感。⑤ 阿米卡星对肠杆菌目细菌的抗菌活性优于庆大霉素，此为常见结果。该菌对庆大霉素的耐药机制可能是产生氨基糖苷乙酰化酶（AAC）、磷酸转移酶（APH）和核苷转移酶（ANT）；如肠杆菌科中主要可见 AAC(3)I 或 AAC(6)II，APH(2″)、ANT(2″) 以及双功能酶，如 AAC(6′)-I-b-Cr 等。

二十三、药敏试验报告单 23

抗 菌 药 物	结 果	抗 菌 药 物	结 果
细菌：大肠埃希菌。标本来源：腹水			
阿米卡星	敏感	氨苄西林-舒巴坦	耐药
庆大霉素	耐药	阿莫西林-克拉维酸	耐药

（续表）

细菌：大肠埃希菌。标本来源：腹水			
抗 菌 药 物	结 果	抗 菌 药 物	结 果
哌拉西林-他唑巴坦	耐药	美罗培南	敏感
头孢唑林	耐药	厄他培南	敏感
头孢呋辛	耐药	环丙沙星	耐药
头孢噻肟	敏感	替加环素	敏感
头孢他啶	敏感	多黏菌素 E	敏感
头孢吡肟	敏感	头孢他啶-阿维巴坦	敏感
亚胺培南	敏感	甲氧苄啶-磺胺甲噁唑	耐药

解读：① 该菌为典型的产酶抑制剂耐药广谱 β - 内酰胺酶（Inhibitor-resistant broad spectrum β - lactamase，IR - BSBL）菌株，经典表现为对传统的酶抑制剂复方制剂耐药，该酶活性不被传统 β -内酰胺酶抑制剂如克拉维酸、舒巴坦和他唑巴坦抑制，因此细菌对氨苄西林-舒巴坦、阿莫西林-克拉维酸和哌拉西林-他唑巴坦等表现为耐药。② 该菌可能产生 SHV - 49 型 IR - BSBL，不同 IR - BSBL 水解酶抑制剂的能力有较大差别，有些仅能水解克拉维酸但不能水解舒巴坦和他唑巴坦。现有报道的 IR - BSBL 以 SHV 型 IR - BSBL 为主，包括 SHV - 49、SHV - 107、SHV - 26、SHV - 52、SHV - 56、SHV - 72 和 SHV - 92 等。③ 广谱 β -内酰胺酶一般只能水解一、二代头孢菌素，而不能水解三、四代头孢菌素以及碳青霉烯类药物。④ 对于肠杆菌目细菌，头孢噻肟和头孢曲松为等效药物，从该菌对头孢噻肟敏感，可以推导其对头孢曲松亦敏感。反之亦然，如果该菌对头孢曲松耐药，亦可推导其对头孢噻肟也耐药。⑤ 如果实验室无法开展头孢他啶-阿维巴坦药敏试验，可以根据头孢他啶的药敏结果进行初步推导，即头孢他啶敏感的菌株可直接推导该菌对头孢他啶-阿维巴坦敏感；但头孢他啶耐药的菌株不能直接推导该菌对头孢他啶-阿维巴坦耐药，因头孢他啶耐药的菌株可对头孢他啶-阿维巴坦敏感。

二十四、药敏试验报告单 24

细菌：大肠埃希菌。标本来源：腹水			
抗 菌 药 物	结 果	抗 菌 药 物	结 果
ESBL	阳性	氨苄西林-舒巴坦	敏感
阿米卡星	敏感	阿莫西林-克拉维酸	敏感
庆大霉素	耐药	哌拉西林-他唑巴坦	敏感

(续表)

细菌:大肠埃希菌。标本来源:腹水			
抗 菌 药 物	结 果	抗 菌 药 物	结 果
头孢唑林	耐药	厄他培南	敏感
头孢呋辛	耐药	环丙沙星	耐药
头孢噻肟	耐药	替加环素	敏感
头孢他啶	耐药	多黏菌素 E	敏感
头孢吡肟	耐药	头孢他啶-阿维巴坦	敏感
亚胺培南	敏感	甲氧苄啶-磺胺甲噁唑	耐药
美罗培南	敏感		

解读:如何解读该菌 ESBL 检测阳性的结果? 从大肠埃希菌对第一代至第四代头孢菌素耐药,但对酶抑制剂复方制剂和碳青霉烯类敏感的结果判断,该菌产生 ESBL。药敏试验判断一株细菌是否产生 ESBL 的检测原理如下: 由于 ESBL 的活性可被酶抑制剂如克拉维酸所抑制,目前指南推荐以克拉维酸抑制剂为基础的酶抑制剂增强试验,测定细菌是否产生 ESBL。测定时主要采用的药物包括头孢噻肟、头孢噻肟-克拉维酸、头孢他啶和头孢他啶-克拉维酸四种药物。① 如果采用纸片扩散法药敏试验,当任意一组含酶抑制剂复方制剂的抑菌圈直径与相对应的单药相差≥5 mm 时,如头孢噻肟单药的抑菌圈为 6 mm,头孢噻肟-克拉维酸的抑菌圈直径为 26 mm,两者相差 20 mm(≥5 mm),判断该菌为 ESBL 阳性菌株;如头孢噻肟单药的抑菌圈为 28 mm,头孢噻肟-克拉维酸的抑菌圈直径为 30 mm,两者相差 2 mm(≤4 mm),判断该菌为 ESBL 阴性菌株。② 如果采用 MIC 测定方法(如自动化药敏系统或 E-test 等),当任意一组单药 MIC 值与相对应的含酶抑制剂复方制剂的 MIC 值之比≥8 倍时,如头孢噻肟单药的 MIC 为 32 mg/L,头孢噻肟-克拉维酸的 MIC 值为 0.5 mg/L,两者 MIC 比值为 32/0.5= 64 倍(≥8 倍),判断该菌为 ESBL 阳性菌株;如头孢噻肟单药的 MIC 为 1 mg/L,头孢噻肟-克拉维酸的 MIC 值为 0.5 mg/L,两者 MIC 比值为 1/0.5= 2 倍(≤4 倍),判断该菌为 ESBL 阴性菌株。

二十五、药敏试验报告单 25

细菌:大肠埃希菌。标本来源:腹水			
抗 菌 药 物	结 果	抗 菌 药 物	结 果
ESBL	阴性	庆大霉素	耐药
阿米卡星	敏感	氨苄西林-舒巴坦	敏感

（续表）

细菌：大肠埃希菌。标本来源：腹水			
抗 菌 药 物	结 果	抗 菌 药 物	结 果
阿莫西林-克拉维酸	敏感	美罗培南	敏感
哌拉西林-他唑巴坦	敏感	厄他培南	敏感
头孢唑林	耐药	环丙沙星	耐药
头孢呋辛	耐药	替加环素	敏感
头孢噻肟	敏感	多黏菌素 E	敏感
头孢他啶	敏感	头孢他啶-阿维巴坦	敏感
头孢吡肟	敏感	甲氧苄啶-磺胺甲噁唑	耐药
亚胺培南	敏感		

　　解读：如何解读该菌 ESBL 检测阴性的结果？从大肠埃希菌仅对第一代和第二代头孢菌素耐药，但对第三代头孢菌素敏感的结果判断，该菌仅产生广谱 β-内酰胺酶，而非 ESBL。药敏试验判断一株细菌是否产生 ESBL 的检测原理如下：由于 ESBL 的活性可被酶抑制剂如克拉维酸所抑制，目前指南推荐以克拉维酸抑制剂为基础的酶抑制剂增强试验，测定细菌是否产生 ESBL。测定时主要采用的药物包括头孢噻肟、头孢噻肟-克拉维酸、头孢他啶和头孢他啶-克拉维酸四种药物。① 如果采用纸片扩散法药敏试验，当任意一组含酶抑制剂复方制剂的抑菌圈直径与相对应的单药相差≥5 mm 时，如头孢噻肟单药的抑菌圈为 6 mm，头孢噻肟-克拉维酸的抑菌圈直径为 26 mm，两者相差 20 mm（≥5 mm），判断该菌为 ESBL 阳性菌株；如头孢噻肟单药的抑菌圈为 28 mm，头孢噻肟-克拉维酸的抑菌圈直径为 30 mm，两者相差 2 mm（≤4 mm），判断该菌为 ESBL 阴性菌株。② 如果采用 MIC 测定方法（如自动化药敏系统或 E-test 等），当任意一组单药 MIC 值与相对应的含酶抑制剂复方制剂的 MIC 值之比≥8 倍时，如头孢噻肟单药的 MIC 为 32 mg/L，头孢噻肟-克拉维酸的 MIC 值为 0.5 mg/L，两者 MIC 比值为 32/0.5= 64 倍（≥8 倍），判断该菌为 ESBL 阳性菌株；如头孢噻肟单药的 MIC 为 1 mg/L，头孢噻肟-克拉维酸的 MIC 值为 0.5 mg/L，两者 MIC 比值为 1/0.5= 2 倍（≤4 倍），判断该菌为 ESBL 阴性菌株。

二十六、药敏试验报告单 26

细菌：大肠埃希菌。标本来源：腹水			
抗 菌 药 物	结 果	抗 菌 药 物	结 果
ESBL	阴性	庆大霉素	耐药
阿米卡星	敏感	氨苄西林-舒巴坦	耐药

（续表）

细菌：大肠埃希菌。标本来源：腹水			
抗 菌 药 物	结 果	抗 菌 药 物	结 果
阿莫西林-克拉维酸	耐药	美罗培南	耐药
哌拉西林-他唑巴坦	耐药	厄他培南	耐药
头孢唑林	耐药	环丙沙星	耐药
头孢呋辛	耐药	替加环素	敏感
头孢噻肟	耐药	多黏菌素 E	敏感
头孢他啶	耐药	头孢他啶-阿维巴坦	敏感
头孢吡肟	耐药	甲氧苄啶-磺胺甲噁唑	耐药
亚胺培南	耐药		

解读：如何解读该菌 ESBL 检测阴性的结果？大肠埃希菌对头孢噻肟耐药，高度怀疑该菌为 ESBL 阳性菌株，但以克拉维酸为抑制剂的酶抑制剂增强试验（自动化药敏系统、纸片扩散法或 E－test 等）结果显示 ESBL 为阴性，此可能为假阴性结果。从药敏试验结果看，该菌同时对碳青霉烯类耐药，提示该菌可能产生碳青霉烯酶，如 KPC 型丝氨酸酶。由于碳青霉烯酶的活性往往不被克拉维酸所抑制，将导致以克拉维酸为抑制剂基础的 ESBL 确认试验在检测碳青霉烯类耐药菌株时，出现 ESBL 假阴性的结果。根据研究显示，碳青霉烯类耐药菌株同时产生 ESBL 基因的概率可达 90%。

二十七、药敏试验报告单 27

细菌：肺炎克雷伯菌。标本来源：痰			
抗 菌 药 物	结 果	抗 菌 药 物	结 果
阿米卡星	敏感	头孢唑林	敏感
庆大霉素	敏感	头孢呋辛	敏感
氨苄西林	耐药	头孢噻肟	敏感
氨苄西林-舒巴坦	敏感	头孢他啶	敏感
头孢哌酮-舒巴坦	敏感	头孢吡肟	敏感
哌拉西林-他唑巴坦	敏感	氨曲南	敏感

（续表）

细菌：肺炎克雷伯菌。标本来源：痰			
抗 菌 药 物	结 果	抗 菌 药 物	结 果
亚胺培南	敏感	多黏菌素 E	敏感
美罗培南	敏感	左氧氟沙星	敏感
环丙沙星	敏感	甲氧苄啶-磺胺甲噁唑	敏感
替加环素	敏感		

解读：肺炎克雷伯菌对氨苄西林天然耐药，但该菌却对氨苄西林-舒巴坦敏感，这种结果如何解释？可能的解释如下。① 该菌为野生型菌株。肺炎克雷伯菌对氨苄西林天然耐药是因为该菌天然产生 SHV 型 β-内酰胺酶，该酶虽然可水解氨苄西林，但其活性可被舒巴坦所抑制，所以可表现为对氨苄西林-舒巴坦敏感。② 虽然实验室并未开展头孢他啶-阿维巴坦药敏试验，但可以根据头孢他啶的药敏结果进行初步推导，即头孢他啶敏感的菌株可直接推导该菌对头孢他啶-阿维巴坦敏感；但对头孢他啶耐药的菌株不能直接推导该菌对头孢他啶-阿维巴坦耐药，因头孢他啶耐药的菌株可对头孢他啶-阿维巴坦敏感。

二十八、药敏试验报告单 28

细菌：肺炎克雷伯菌。标本来源：痰			
抗 菌 药 物	结 果	抗 菌 药 物	结 果
阿米卡星	敏感	头孢吡肟	敏感
庆大霉素	敏感	氨曲南	敏感
氨苄西林	敏感	亚胺培南	敏感
氨苄西林-舒巴坦	敏感	美罗培南	敏感
头孢哌酮-舒巴坦	敏感	环丙沙星	敏感
哌拉西林-他唑巴坦	敏感	替加环素	敏感
头孢唑林	耐药	多黏菌素 E	敏感
头孢呋辛	敏感	左氧氟沙星	敏感
头孢噻肟	敏感	甲氧苄啶-磺胺甲噁唑	敏感
头孢他啶	敏感		

解读:肺炎克雷伯菌对氨苄西林敏感,这种结果如何解释? 可能的解释如下。① 对氨苄西林敏感的肺炎克雷伯菌罕见,因肺炎克雷伯菌天然产生 SHV 型 β-内酰胺酶,该酶可水解氨苄西林,表现为对氨苄西林耐药。② 肺炎克雷伯菌对氨苄西林敏感的机制推测如下:细菌 SHV 基因发生点突变,使 SHV mRNA 逆转录失败,无法正常翻译出由 SHV 基因编码的 β-内酰胺酶产物,即该菌不产生 SHV 型 β-内酰胺酶,从而出现肺炎克雷伯菌对氨苄西林敏感的现象。

二十九、药敏试验报告单 29

细菌:肺炎克雷伯菌。标本来源:痰			
抗 菌 药 物	结 果	抗 菌 药 物	结 果
阿米卡星	敏感	头孢吡肟	敏感
庆大霉素	敏感	氨曲南	敏感
氨苄西林	敏感	亚胺培南	敏感
氨苄西林-舒巴坦	敏感	美罗培南	敏感
头孢哌酮-舒巴坦	敏感	环丙沙星	敏感
哌拉西林-他唑巴坦	敏感	替加环素	敏感
头孢唑林	敏感	多黏菌素 E	敏感
头孢呋辛	敏感	左氧氟沙星	敏感
头孢噻肟	敏感	甲氧苄啶-磺胺甲噁唑	敏感
头孢他啶	敏感		

解读:肺炎克雷伯菌对氨苄西林敏感,但对其他的所有 β-内酰胺类抗菌药物均敏感,包括第一至第四代头孢菌素、酶抑制剂复方制剂。这种结果如何解释? 可能的解释如下:该菌产生窄谱 β-内酰胺酶。该酶仅能水解破坏青霉素类抗菌药物,但不能水解破坏头孢菌素,且酶的活性可被酶抑制剂所抑制。

三十、药敏试验报告单 30

细菌:大肠埃希菌。标本来源:痰			
抗 菌 药 物	结 果	抗 菌 药 物	结 果
阿米卡星	敏感	氨苄西林-舒巴坦	耐药
庆大霉素	耐药	头孢哌酮-舒巴坦	敏感

（续表）

细菌：大肠埃希菌。标本来源：痰			
抗 菌 药 物	结 果	抗 菌 药 物	结 果
哌拉西林-他唑巴坦	敏感	亚胺培南	敏感
头孢唑林	耐药	美罗培南	敏感
头孢呋辛	耐药	厄他培南	敏感
头孢噻肟	耐药	环丙沙星	耐药
头孢他啶	敏感	替加环素	敏感
头孢吡肟	敏感	多黏菌素 E	敏感
头孢美唑	耐药	头孢他啶-阿维巴坦	敏感
氨曲南	耐药	甲氧苄啶-磺胺甲噁唑*	≤20 mg/L(敏感)

* 有些报告名称为复方磺胺甲噁唑或复方新诺明。

解读：如何解读甲氧苄啶-磺胺甲噁唑的 MIC 值以及结果判读？① 甲氧苄啶-磺胺甲噁唑抗菌药物包含两种成分,其比例为甲氧苄啶∶磺胺甲噁唑=1∶19。部分自动化药敏系统在报告甲氧苄啶-磺胺甲噁唑的 MIC 结果时,将两种组分的值相加了,如 20 mg/L（规范格式为 1/19 mg/L）、40 mg/L（规范格式为 2/38 mg/L）、80 mg/L（规范格式为 4/76 mg/L）和 160 mg/L（规范格式为 8/152 mg/L）等。CLSI 文件中甲氧苄啶-磺胺甲噁唑对肠杆菌目细菌的判断标准为：≤2/38 mg/L 为敏感,≥4/76 mg/L 为耐药。此药敏试验报告中,甲氧苄啶-磺胺甲噁唑的 MIC 为≤20 mg/L,即规范 MIC 为≤1/19 mg/L。按照 CLSI 标准,该菌对甲氧苄啶-磺胺甲噁唑敏感。② 该菌为典型的产超广谱 β-内酰胺酶（Extended spectrum β-lactamase, ESBL）菌株,表现为对关键水解底物头孢噻肟耐药。ESBL 的活性可被 β-内酰胺酶抑制剂如舒巴坦、他唑巴坦抑制,因此细菌对 β-内酰胺类/β-内酰胺酶抑制剂复方制剂,如头孢哌酮-舒巴坦和哌拉西林-他唑巴坦表现为敏感；该菌对碳青霉烯类亦敏感。③ 对于肠杆菌目细菌,头孢噻肟和头孢曲松为等效药物,从该菌对头孢噻肟耐药,可以推导其对头孢曲松亦耐药。反之亦然,如果该菌对头孢曲松耐药,亦可推导其对头孢噻肟也耐药。④ 我国临床分离的产 ESBL 菌株大多数产生 CTX-M 型 ESBL,尤其是 CTX-M-14 型 ESBL。CTX-M-14 型 ESBL 对头孢噻肟的水解能力强于对头孢他啶,因此药敏表型表现为对头孢噻肟耐药,但对头孢他啶敏感。⑤ 如果实验室无法开展头孢他啶-阿维巴坦药敏试验,可以根据头孢他啶的药敏结果进行初步推导,即头孢他啶敏感的菌株可直接推导该菌对头孢他啶-阿维巴坦敏感；但头孢他啶耐药的菌株不能直接推导该菌对头孢他啶-阿维巴坦耐药,因头孢他啶耐药的菌株可对头孢他啶-阿维巴坦敏感。

三十一、药敏试验报告单 31

细菌:铜绿假单胞菌。标本来源:痰			
抗 菌 药 物	结 果	抗 菌 药 物	结 果
阿米卡星	敏感	氨曲南	耐药
庆大霉素	耐药	亚胺培南	耐药
氨苄西林-舒巴坦	耐药	美罗培南	敏感
头孢哌酮-舒巴坦	耐药	环丙沙星	耐药
哌拉西林-他唑巴坦	耐药	多黏菌素 E	敏感
头孢他啶	敏感	头孢他啶-阿维巴坦	敏感
头孢吡肟	敏感		

解读:① 该菌为碳青霉烯类耐药铜绿假单胞菌:对亚胺培南或美罗培南任意一种药物耐药者即判断为碳青霉烯类耐药菌株。② 耐药机制:该菌对亚胺培南耐药但却对美罗培南敏感,其耐药机制可能是膜孔蛋白 OprD2 的缺失。OprD2 膜孔蛋白为亚胺培南进入细菌细胞内的特有通道,丢失后将导致细菌对亚胺培南耐药,而其他抗菌药物仍可通过其他通道进入细胞内而发挥杀菌作用,因此美罗培南、头孢他啶和头孢吡肟仍表现为敏感。③ 如果实验室无法开展头孢他啶-阿维巴坦药敏试验,可以根据头孢他啶的药敏结果进行初步推导,即头孢他啶敏感的菌株可直接推导该菌对头孢他啶-阿维巴坦敏感,但对头孢他啶耐药的菌株不能直接推导该菌对头孢他啶-阿维巴坦耐药,因头孢他啶耐药的菌株可对头孢他啶-阿维巴坦敏感。

三十二、药敏试验报告单 32

细菌:铜绿假单胞菌。标本来源:肺泡盥洗液			
抗 菌 药 物	结 果	抗 菌 药 物	结 果
阿米卡星	敏感	哌拉西林-他唑巴坦	耐药
庆大霉素	耐药	头孢他啶	敏感
氨苄西林-舒巴坦	耐药	头孢吡肟	敏感
头孢哌酮-舒巴坦	耐药	氨曲南	耐药

（续表）

细菌：铜绿假单胞菌。标本来源：肺泡盥洗液			
抗 菌 药 物	结 果	抗 菌 药 物	结 果
亚胺培南	耐药	多黏菌素 E	敏感
美罗培南	耐药	头孢他啶-阿维巴坦	敏感
环丙沙星	耐药		

解读：① 该菌为碳青霉烯类耐药铜绿假单胞菌：对亚胺培南或美罗培南任意一种药物耐药者即判断为碳青霉烯类耐药菌株。② 耐药机制：该菌对亚胺培南和美罗培南同时表现为耐药，其耐药机制可能是膜孔蛋白 OprD2 的缺失以及外排泵。OprD2 膜孔蛋白为亚胺培南进入细菌细胞内的特有通道，丢失后将导致细菌对亚胺培南耐药，而其他抗菌药物仍可通过其他通道进入细胞内而发挥杀菌作用；细菌外排泵的存在及高表达可导致其对美罗培南耐药。③ 如果实验室无法开展头孢他啶-阿维巴坦药敏试验，可以根据头孢他啶的药敏结果进行初步推导，即头孢他啶敏感的菌株可直接推导该菌对头孢他啶-阿维巴坦敏感，但对头孢他啶耐药的菌株不能直接推导该菌对头孢他啶-阿维巴坦耐药，因头孢他啶耐药的菌株可对头孢他啶-阿维巴坦敏感。

三十三、药敏试验报告单 33

细菌：铜绿假单胞菌。标本来源：痰			
抗 菌 药 物	结 果	抗 菌 药 物	结 果
阿米卡星	耐药	氨曲南	耐药
庆大霉素	耐药	亚胺培南	敏感
氨苄西林-舒巴坦	耐药	美罗培南	耐药
头孢哌酮-舒巴坦	耐药	环丙沙星	耐药
哌拉西林-他唑巴坦	耐药	多黏菌素 E	敏感
头孢他啶	耐药	头孢他啶-阿维巴坦	敏感
头孢吡肟	耐药		

解读：① 该菌为碳青霉烯类耐药铜绿假单胞菌：对亚胺培南或美罗培南任意一种药物耐药者即判断为碳青霉烯类耐药菌株。② 耐药机制：该菌对亚胺培南敏感但却对美罗培南耐药，其耐药机制可能是细菌外排泵系统的高表达。

三十四、药敏试验报告单 34

细菌：铜绿假单胞菌。标本来源：痰			
抗 菌 药 物	结 果	抗 菌 药 物	结 果
阿米卡星	耐药	氨曲南	敏感
庆大霉素	耐药	亚胺培南	敏感
氨苄西林-舒巴坦	耐药	美罗培南	耐药
头孢哌酮-舒巴坦	耐药	环丙沙星	耐药
哌拉西林-他唑巴坦	耐药	多黏菌素 E	敏感
头孢他啶	耐药	头孢他啶-阿维巴坦	耐药
头孢吡肟	耐药		

解读：① 该菌为碳青霉烯类耐药铜绿假单胞菌：对亚胺培南或美罗培南任意一种药物耐药者即判断为碳青霉烯类耐药菌株。② 耐药机制：该菌为典型的单产金属 β-内酰胺酶(如产生 IMP 型金属酶)菌株,表现为对碳青霉烯类(亚胺培南可敏感或耐药)及其他的 β-内酰胺类药物(包括头孢他啶-阿维巴坦)均耐药,但对氨曲南敏感。

三十五、药敏试验报告单 35

细菌：流感嗜血杆菌。标本来源：痰。β-内酰胺酶：阴性			
抗 菌 药 物	结 果	抗 菌 药 物	结 果
氨苄西林	敏感	左氧氟沙星	敏感
氨苄西林-舒巴坦	敏感	氯霉素	敏感
阿莫西林-克拉维酸	敏感	阿奇霉素	耐药
头孢曲松	敏感	头孢呋辛	敏感
美罗培南	敏感	甲氧苄啶-磺胺甲噁唑	耐药

解读：该菌为典型的 β-内酰胺酶阴性流感嗜血杆菌,表现为对青霉素类(包含单药和酶抑制剂复方制剂)、头孢菌素和碳青霉烯类药物均敏感。

三十六、药敏试验报告单 36

细菌：流感嗜血杆菌。标本来源：痰。β-内酰胺酶：阳性			
抗 菌 药 物	结 果	抗 菌 药 物	结 果
氨苄西林	耐药	左氧氟沙星	敏感
氨苄西林-舒巴坦	敏感	氯霉素	敏感
阿莫西林-克拉维酸	敏感	阿奇霉素	耐药
头孢曲松	敏感	头孢呋辛	耐药
美罗培南	敏感	甲氧苄啶-磺胺甲噁唑	耐药

解读：该菌为典型的 β-内酰胺酶阳性且氨苄西林耐药（β - lactamase positive，ampicillin-resistant，BLPAR）菌株，耐药机制主要是产生 TEM‐1 或 ROB‐1 型窄谱 β-内酰胺酶。该酶活性可被酶抑制剂所抑制如舒巴坦和克拉维酸，因此氨苄西林-舒巴坦敏感。

三十七、药敏试验报告单 37

细菌：流感嗜血杆菌。标本来源：痰。β-内酰胺酶：阴性			
抗 菌 药 物	结 果	抗 菌 药 物	结 果
氨苄西林	耐药	氯霉素	敏感
氨苄西林-舒巴坦	耐药	阿奇霉素	耐药
阿莫西林-克拉维酸	耐药	头孢呋辛	耐药
头孢曲松	敏感	甲氧苄啶-磺胺甲噁唑	耐药
美罗培南	敏感	β-内酰胺酶	阴性
左氧氟沙星	敏感		

解读：该菌为少见的 β-内酰胺酶阴性但氨苄西林耐药（β - lactamase negative，ampicillin-resistant，BLNAR）菌株，耐药机制主要是青霉素结合蛋白 PBP3 突变。该耐药机制可表现为对 β-内酰胺类/β-内酰胺酶抑制剂复方制剂如氨苄西林-舒巴坦和阿莫西林-克拉维酸亦耐药。

三十八、药敏试验报告单 38

细菌：流感嗜血杆菌。标本来源：痰。β-内酰胺酶：阳性			
抗 菌 药 物	结 果	抗 菌 药 物	结 果
氨苄西林	耐药	左氧氟沙星	敏感
氨苄西林-舒巴坦	耐药	氯霉素	敏感
阿莫西林-克拉维酸	耐药	阿奇霉素	耐药
头孢曲松	敏感	头孢呋辛	耐药
美罗培南	敏感	甲氧西林-磺胺甲噁唑	耐药

解读：该菌为罕见的 β-内酰胺酶阳性且对阿莫西林-克拉维酸耐药（β-lactamase positive，amoxicillin-clavulanic acid-resistant，BLPACR）菌株。这种菌株的耐药机制主要是产生 TEM-1 型窄谱 β-内酰胺酶同时合并青霉素结合蛋白 PBP3 突变。该耐药机制可表现为对 β-内酰胺类/β-内酰胺酶抑制剂复方制剂如氨苄西林-舒巴坦和阿莫西林-克拉维酸亦耐药。

三十九、药敏试验报告单 39

细菌：流感嗜血杆菌。标本来源：痰。β-内酰胺酶：阳性			
抗 菌 药 物	结 果	抗 菌 药 物	结 果
氨苄西林	敏感	左氧氟沙星	敏感
氨苄西林-舒巴坦	敏感	氯霉素	敏感
阿莫西林-克拉维酸	敏感	阿奇霉素	耐药
头孢曲松	敏感	头孢呋辛	敏感
美罗培南	敏感	甲氧西林-磺胺甲噁唑	耐药

解读：该菌为罕见的 β-内酰胺酶阳性但氨苄西林敏感（β-lactamase positive，ampicillin-susceptible，BLPAS）菌株。这种菌株的耐药机制主要是产生 TEM-1 型窄谱 β-内酰胺酶，但编码该酶的基因启动子区域发生突变，导致弱启动子中功能性 TEM-1 酶表达量低，或者是产生了无活性的突变型 TEM 酶。

四十、药敏试验报告单 40

细菌：卡他莫拉菌。标本来源：痰。β-内酰胺酶：阳性			
抗 菌 药 物	结 果	抗 菌 药 物	结 果
阿莫西林	耐药	氯霉素	敏感
阿莫西林-克拉维酸	敏感	阿奇霉素	敏感
头孢呋辛	敏感	甲氧西林-磺胺甲噁唑	敏感
头孢曲松	敏感	利福平	敏感
左氧氟沙星	敏感		

解读：该菌为产 β-内酰胺酶菌株，主要是 BRO-1 和 BRO-2 型窄谱 β-内酰胺酶。95% 的卡他莫拉菌为 β-内酰胺酶阳性菌株，该酶可水解青霉素类抗菌药物（如阿莫西林和氨苄西林），但其活性可被酶抑制剂如克拉维酸抑制。

四十一、药敏试验报告单 41

细菌：卡他莫拉菌。标本来源：痰。β-内酰胺酶：阴性			
抗 菌 药 物	结 果	抗 菌 药 物	结 果
阿莫西林	敏感	氯霉素	敏感
阿莫西林-克拉维酸	敏感	阿奇霉素	敏感
头孢呋辛	敏感	甲氧西林-磺胺甲噁唑	敏感
头孢曲松	敏感	利福平	敏感
左氧氟沙星	敏感		

解读：该菌为非产 β-内酰胺酶菌株，相对少见。临床分离的卡他莫拉菌，90% 左右的菌株为 β-内酰胺酶阳性菌株，10% 左右的菌株为 β-内酰胺酶阴性菌株。

第二十章

革兰阳性菌典型药敏试验报告解读

一、药敏试验报告单 1

细菌：金黄葡萄球菌。标本来源：脓液			
抗 菌 药 物	结 果	抗 菌 药 物	结 果
青霉素	耐药	替考拉宁	敏感
苯唑西林	耐药	利福平	敏感
头孢西丁	耐药	红霉素	耐药
庆大霉素	耐药	克林霉素	耐药
万古霉素	敏感	甲氧苄啶-磺胺甲噁唑	敏感
利奈唑胺	敏感	左氧氟沙星	耐药

解读：该菌为典型的医院获得性甲氧西林耐药金黄葡萄球菌（hospital-associated methicillin-resistant *Staphylococcus aureus*，HA－MRSA），表现为对大多数抗菌药物均耐药。① 头孢西丁为苯唑西林的指示药，不应报告头孢西丁药敏试验结果，而应报告苯唑西林的药敏试验结果。② 苯唑西林作为替代药物，该药耐药可预报该菌对以下抗菌药物均耐药，包括：青霉素类、β－内酰胺类/β－内酰胺酶抑制剂复方制剂、头孢菌素类（除外具有抗 MRSA 活性的第五代头孢菌素，如头孢罗膦和头孢比罗）、碳青霉烯类；③ 对利奈唑胺敏感的金黄葡萄球菌，可以推导该菌为康替唑胺的野生型菌株（类似于敏感分类）。

二、药敏试验报告单 2

细菌：金黄葡萄球菌。标本来源：痰			
抗 菌 药 物	结 果	抗 菌 药 物	结 果
青霉素	耐药	利福平	敏感
苯唑西林	耐药	红霉素	敏感
庆大霉素	敏感	克林霉素	敏感
万古霉素	敏感	甲氧苄啶-磺胺甲噁唑	敏感
利奈唑胺	敏感	左氧氟沙星	敏感
替考拉宁	敏感		

解读：① 该菌为典型的社区获得性甲氧西林耐药金黄葡萄球菌（community-associated methicillin-resistant *Staphylococcus aureus*，CA－MRSA）。苯唑西林作为替代药物，该药耐药可预报该菌对以下抗菌药物均耐药，包括：青霉素类、β-内酰胺类/β-内酰胺酶抑制剂复方制剂、头孢菌素类（除外具有抗 MRSA 活性的第五代头孢菌素，如头孢罗膦和头孢比罗）、碳青霉烯类。② CA－MRSA 典型的药敏试验特征为对青霉素和苯唑西林耐药，但对其他抗菌药物均可表现为敏感。

三、药敏试验报告单 3

细菌：金黄葡萄球菌。标本来源：痰			
抗 菌 药 物	结 果	抗 菌 药 物	结 果
青霉素	耐药	替考拉宁	敏感
苯唑西林	敏感	利福平	敏感
头孢西丁	敏感	红霉素	耐药
庆大霉素	耐药	克林霉素	耐药
万古霉素	敏感	甲氧苄啶-磺胺甲噁唑	敏感
利奈唑胺	敏感	左氧氟沙星	敏感

解读：该菌对苯唑西林（或头孢西丁）敏感，为甲氧西林敏感金黄葡萄球菌（methicillin-susceptible *Staphylococcus aureus*，MSSA）。① 头孢西丁为苯唑西林的指示药，不应报告头孢西丁药敏试验结果，而应报告苯唑西林的药敏试验结果。② 苯唑西林作为替代药物，该药敏感可预报该菌对以下抗菌药物均敏感，包括：β-内酰胺类/β-内酰胺酶抑制剂复方制剂、头孢菌素类和碳青霉烯类。③ 产生窄谱 β-内酰胺酶是金黄葡萄球菌对青霉素耐药的主要机制。

四、药敏试验报告单 4

细菌：金黄葡萄球菌。标本来源：痰			
抗 菌 药 物	结 果	抗 菌 药 物	结 果
青霉素	敏感	替考拉宁	敏感
苯唑西林	敏感	利福平	敏感
头孢西丁	敏感	红霉素	耐药
庆大霉素	耐药	克林霉素	耐药
万古霉素	敏感	甲氧苄啶-磺胺甲噁唑	敏感
利奈唑胺	敏感	左氧氟沙星	敏感

解读：该菌对青霉素敏感，为少见耐药表型，临床分离率为 5% ～10%，提示该菌为非产 β-内酰胺酶菌株。① 头孢西丁为苯唑西林的指示药，不应报告头孢西丁药敏试验结果，而应报告苯唑西林的药敏试验结果。② 苯唑西林作为替代药物，该药敏感可预报该菌对以下抗菌药物均敏感，包括：β-内酰胺类/β-内酰胺酶抑制剂复方制剂、头孢菌素类和碳青霉烯类。③ 产生窄谱 β-内酰胺酶是金黄葡萄球菌对青霉素耐药的主要机制。

五、药敏试验报告单 5

细菌：金黄葡萄球菌。标本来源：痰			
抗 菌 药 物	结 果	抗 菌 药 物	结 果
青霉素	耐药	庆大霉素	耐药
苯唑西林	耐药	万古霉素	敏感
头孢西丁	敏感	利奈唑胺	敏感

（续表）

细菌：金黄葡萄球菌。标本来源：痰			
抗 菌 药 物	结 果	抗 菌 药 物	结 果
替考拉宁	敏感	克林霉素	耐药
利福平	敏感	甲氧苄啶-磺胺甲噁唑	敏感
红霉素	耐药	左氧氟沙星	敏感

解读：该菌对苯唑西林耐药但对头孢西丁敏感，为罕见耐药菌株。① 建议采用标准方法如肉汤微量稀释法复核药敏试验结果。② 如复核结果仍为苯唑西林耐药但对头孢西丁敏感，其耐药机制可能为青霉素结合蛋白的改变，或者高产 β-内酰胺酶。③ 建议将该菌报告为甲氧西林耐药金黄葡萄球菌（methicillin-resistant *Staphylococcus aureus*，MRSA）。

六、药敏试验报告单 6

细菌：金黄葡萄球菌。标本来源：血液			
抗 菌 药 物	结 果	抗 菌 药 物	结 果
青霉素	耐药	利福平	敏感
苯唑西林	敏感	红霉素	耐药
庆大霉素	耐药	克林霉素（MIC≤0.25 mg/L）	耐药
万古霉素	敏感	甲氧苄啶-磺胺甲噁唑	敏感
利奈唑胺	敏感	左氧氟沙星	敏感
替考拉宁	敏感	克林霉素诱导耐药试验	阳性

解读：该菌为 D-试验阳性菌株，即克林霉素诱导耐药试验呈阳性。① 药敏报告显示该菌为红霉素耐药、克林霉素敏感（MIC≤0.25 mg/L），进一步的 D 试验结果显示阳性，提示此菌为诱导克林霉素耐药。虽然克林霉素 MIC 值较低（MIC≤0.25 mg/L），但仍应将克林霉素药敏结果修改为耐药，其耐药机制是 *erm* 基因编码改变的核糖体结构（23S rRNA 甲基化），导致对大环内酯类和林可霉素类耐药。*erm* 基因表达需诱导，红霉素具有诱导作用。实验室若出现红霉素耐药而克林霉素敏感者（包括中介），必须进行 D 试验。若 D 试验阳性，必须修改克林霉素的敏感或中介结果为耐药；未进行 D 试验的报告不可发至临床，克林霉素很可能会被报告敏感而误导临床用药。② 该菌为甲氧西林敏感金黄葡萄球菌（methicillin-susceptible *Staphylococcus aureus*，

MSSA)。苯唑西林作为替代药物,该药敏感可预报该菌对以下抗菌药物均敏感,包括:β-内酰胺类/β-内酰胺酶抑制剂复方制剂、头孢菌素类、碳青霉烯类。

七、药敏试验报告单 7

细菌:金黄葡萄球菌。标本来源:痰			
诱导克林霉素耐药试验(D试验):阳性			
抗 菌 药 物	结 果	抗 菌 药 物	结 果
青霉素	耐药	利福平	敏感
苯唑西林	耐药	红霉素	耐药
庆大霉素	耐药	克林霉素	耐药
万古霉素	耐药	甲氧苄啶-磺胺甲噁唑	敏感
利奈唑胺	耐药	左氧氟沙星	敏感
替考拉宁	敏感		

解读:① 该菌为甲氧西林耐药金黄葡萄球菌。苯唑西林作为替代药物,该药耐药可预报该菌对以下抗菌药物均耐药,包括:青霉素类、β-内酰胺类/β-内酰胺酶抑制剂复方制剂、头孢菌素类(除外具有抗 MRSA 活性的头孢菌素,如头孢罗膦和头孢比罗)、碳青霉烯类。② 目前对万古霉素或利奈唑胺耐药的金黄葡萄球菌尚未见报道或极罕见,建议复核药敏试验结果。

八、药敏试验报告单 8

细菌:粪肠球菌。标本来源:尿液			
抗 菌 药 物	结 果	抗 菌 药 物	结 果
氨苄西林	敏感	红霉素	耐药
高浓度庆大霉素	敏感	利福平	敏感
高浓度链霉素	敏感	左氧氟沙星	耐药
万古霉素	敏感	呋喃妥因	耐药
利奈唑胺	敏感	磷霉素	敏感

解读：① 氨苄西林和青霉素 MICs≥16 µg/mL 的肠球菌属被归类为耐药株。然而，当使用高剂量的青霉素或氨苄西林时，青霉素类联合庆大霉素或链霉素（不存在庆大霉素或链霉素高水平耐药）对青霉素 MIC≤64 µg/mL 或氨苄西林 MIC≤32 µg/mL 的肠球菌可能存在协同杀菌效应。更高水平青霉素（MIC≥128 µg/mL）或氨苄西林（MIC≥64 µg/mL）耐药的肠球菌属可能对与氨基糖胺类联合效应不敏感。该菌对高浓度庆大霉素或高浓度链霉素敏感，提示庆大霉素或链霉素联合作用于细胞壁合成的抗菌药物（如氨苄西林、青霉素和万古霉素）可能出现联合杀菌效果。② 氨苄西林的敏感性可预报阿莫西林的活性，可预报不产 β-内酰胺酶菌株对阿莫西林-克拉维酸、氨苄西林-舒巴坦和哌拉西林-他唑巴坦的敏感性。对于粪肠球菌，氨苄西林的敏感性可预报其对亚胺培南的敏感性。③ 对利奈唑胺敏感的粪肠球菌，可以推导该菌为康替唑胺的野生型菌株（类似于敏感分类）。

九、药敏试验报告单 9

细菌：粪肠球菌。标本来源：尿			
抗 菌 药 物	结 果	抗 菌 药 物	结 果
氨苄西林	耐药	红霉素	耐药
高浓度庆大霉素	耐药	利福平	敏感
高浓度链霉素	耐药	左氧氟沙星	耐药
万古霉素	敏感	呋喃妥因	耐药
利奈唑胺	敏感	磷霉素	敏感

解读：① 氨苄西林和青霉素 MIC≥16 µg/mL 的肠球菌属被归类为耐药株。然而，当使用高剂量的青霉素或氨苄西林时，青霉素类联合庆大霉素或链霉素（不存在庆大霉素或链霉素高水平耐药）对青霉素 MIC≤64 µg/mL 或氨苄西林 MIC≤32 µg/mL 的肠球菌可能存在协同杀菌效应。更高水平青霉素（MIC≥128 µg/mL）或氨苄西林（MIC≥64 µg/mL）耐药的肠球菌属可能对联合效应不敏感。该菌对高浓度庆大霉素或高浓度链霉素耐药，提示庆大霉素或链霉素联合作用于细胞壁合成的抗菌药物（如氨苄西林、青霉素和万古霉素）无联合杀菌效果。② 氨苄西林的敏感性可预报阿莫西林的活性，可预报不产 β-内酰胺酶菌株对阿莫西林-克拉维酸、氨苄西林-舒巴坦和哌拉西林-他唑巴坦的敏感性。对于粪肠球菌，氨苄西林的敏感性可预报其对亚胺培南的敏感性。③ 对利奈唑胺敏感的粪肠球菌，可以推导该菌为康替唑胺的野生型菌株（类似于敏感分类）。

十、药敏试验报告单 10

细菌:屎肠球菌。标本来源:尿			
抗 菌 药 物	结 果	抗 菌 药 物	结 果
氨苄西林	耐药	红霉素	耐药
高浓度庆大霉素	耐药	利福平	敏感
万古霉素	耐药	左氧氟沙星	耐药
利奈唑胺	敏感	呋喃妥因	耐药
替考拉宁	耐药	磷霉素	敏感

解读:① 该菌为万古霉素耐药菌株,且同时对替考拉宁耐药,其耐药机制可能是携带 vanA 型耐药基因所致对糖肽类耐药。② 利奈唑胺罕见有与万古霉素同时耐药的菌株,该菌对利奈唑胺敏感,临床可根据实际情况使用。③ CLSI 和 EUCAST 均无磷霉素对屎肠球菌的折点,此报告中磷霉素敏感结果应该删除。④ 对利奈唑胺敏感的屎肠球菌,可以推导该菌为康替唑胺的野生型菌株(类似于敏感分类)。

十一、药敏试验报告单 11

细菌:屎肠球菌。标本来源:尿			
抗 菌 药 物	结 果	抗 菌 药 物	结 果
氨苄西林	耐药	红霉素	耐药
高浓度庆大霉素	耐药	利福平	敏感
万古霉素	耐药	左氧氟沙星	耐药
利奈唑胺	敏感	呋喃妥因	耐药
替考拉宁	敏感	磷霉素	敏感

解读:① 该菌为万古霉素耐药菌株,但对替考拉宁敏感,推测其耐药机制可能是产生 vanB 型耐药基因。该菌感染者临床替考拉宁用之可获期望效果。② 利奈唑胺罕见有与万古霉素同时耐药的菌株,该菌对利奈唑胺敏感,临床可根据实际情况使用。③ CLSI 和 EUCAST 均无磷霉

素对屎肠球菌的折点,此报告中磷霉素敏感结果应该删除。④ 对利奈唑胺敏感的屎肠球菌,可以推导该菌为康替唑胺的野生型菌株(类似于敏感分类)。

十二、药敏试验报告单 12

细菌:肺炎链球菌。标本来源:痰			
抗 菌 药 物	结 果	抗 菌 药 物	结 果
青霉素	敏感	克林霉素	敏感
万古霉素	敏感	左氧氟沙星	敏感
去甲万古霉素	敏感	莫西沙星	敏感
利奈唑胺	敏感	甲氧苄啶-磺胺甲噁唑	耐药
替考拉宁	敏感	D 试验	阴性
红霉素	耐药		

解读:① 该菌为青霉素敏感菌株(penicillin-susceptible *Streptococcus pneumoniae*,PSSP)。② 如该菌为非脑膜炎分离株,青霉素 MIC 值≤2 mg/L 为 PSSP。当青霉素 MIC 值≤0.06 mg/L(或苯唑西林抑菌圈直径≥20 mm)时,可预报该菌对下列 β-内酰胺类药物的敏感性:氨苄西林、氨苄西林-舒巴坦、阿莫西林、阿莫西林-克拉维酸、头孢克洛、头孢地尼、头孢妥仑、头孢吡肟、头孢噻肟、头孢泊肟、头孢丙烯、头孢罗膦、头孢唑肟、头孢曲松、头孢呋辛、多立培南、厄他培南、亚胺培南、氯碳头孢、美罗培南。③ 如该菌为脑膜炎分离株,青霉素 MIC 值≤0.06 mg/L 为 PSSP。④ 对利奈唑胺敏感的肺炎链球菌,可以推导该菌为康替唑胺的野生型菌株(类似于敏感分类)。

十三、药敏试验报告单 13

细菌:肺炎链球菌。标本来源:痰			
抗 菌 药 物	结 果	抗 菌 药 物	结 果
青霉素	中介	红霉素	耐药
万古霉素	敏感	克林霉素	敏感
去甲万古霉素	敏感	左氧氟沙星	敏感
利奈唑胺	敏感	莫西沙星	敏感
替考拉宁	敏感	甲氧苄啶-磺胺甲噁唑	耐药

解读：① 该菌为青霉素中介菌株（penicillin-intermediate *Streptococcus pneumoniae*，PISP）。② 如该菌为非脑膜炎分离株，青霉素 MIC 值= 4 mg/L 为 PISP。③ 对利奈唑胺敏感的肺炎链球菌，可以推导该菌为康替唑胺的野生型菌株(类似于敏感分类)。

十四、药敏试验报告单 14

细菌：肺炎链球菌。标本来源：痰			
抗 菌 药 物	结 果	抗 菌 药 物	结 果
青霉素	耐药	红霉素	耐药
万古霉素	敏感	克林霉素	敏感
去甲万古霉素	敏感	左氧氟沙星	敏感
利奈唑胺	敏感	莫西沙星	敏感
替考拉宁	敏感	甲氧苄啶-磺胺甲噁唑	耐药

解读：① 该菌为青霉素耐药菌株（Penicillin-resistant *Streptococcus pneumoniae*，PRSP），其对青霉素的耐药机制为青霉素结合蛋白的改变,而非产生 β-内酰胺酶。② 如该菌为非脑膜炎分离株,青霉素 MIC 值≥8 mg/L 为 PRSP。③ 如该菌为脑膜炎分离株,青霉素 MIC 值≥0.125 mg/L 为 PRSP。④ 对利奈唑胺敏感的肺炎链球菌,可以推导该菌为康替唑胺的野生型菌株(类似于敏感分类)。

十五、药敏试验报告单 15

细菌：肺炎链球菌。标本来源：痰			
抗 菌 药 物	结 果	抗 菌 药 物	结 果
青霉素	耐药	红霉素	耐药
万古霉素	敏感	克林霉素	敏感
去甲万古霉素	敏感	左氧氟沙星	敏感
利奈唑胺	敏感	莫西沙星	敏感
康替唑胺	WT	甲氧苄啶-磺胺甲噁唑	耐药
替考拉宁	敏感		

解读：此报告单上的"WT"是指该菌为"野生型（wild type）"菌株。某些抗菌药物仅开展了流行病学折点制定研究，建立了流行病学界值（epidemiological cutoff value，ECOFF 或 ECV）。ECOFF 将细菌区分为野生型、非野生型菌株两大类。野生型菌株是指对该抗菌药物不存在任何耐药机制的群体，类似于临床折点中的"敏感"解释分类，而非野生型菌株是指对该抗菌药物可能存在耐药机制的群体。

──────── 参 考 文 献 ────────

［1］Clinical and Laboratory Standards Institute. Performance standards for antimicrobial susceptibility testing［S］. In：Clinical and Laboratory Standards Institute. M100, 34th Edition. Wayne, PA：CLSI, 2024.

［2］The European Committee on Antimicrobial Susceptibility Testing. Breakpoint tables for interpretation of MICs and zone diameters.Version 14.0［EB/OL］.（2024－03－08）［2024－03－10］. http：//www.eucast.org.

［3］U.S. Food & Drug Administration. Antibacterial susceptibility test interpretive criteria［EB/OL］.（2024－03－08）［2023－03－08］. https：//www.fda.gov/drugs/development-resources/antibacterial-susceptibility-test-interpretive-criteria.

［4］喻华,徐雪松,李敏,等.肠杆菌目细菌碳青霉烯酶的实验室检测和临床报告规范专家共识［J］.中国感染与化疗杂志,2020,20(6)：671－680.

［5］喻华,徐雪松,李敏,等.肠杆菌目细菌碳青霉烯酶的实验室检测和临床报告规范专家共识(第二版)［J］.中国感染与化疗杂志,2022,22(4)：463－474.

［6］Livermore DM, Winstanley TG, Shannon KP. Interpretative reading：recognizing the unusual and inferring resistance mechanisms from resistance phenotypes［J］. J Antimicrob Chemother, 2001, 48(Suppl 1)：87－102.

［7］杨启文,马筱玲,胡付品,等.多黏菌素药物敏感性检测及临床解读专家共识［J］.协和医学杂志,2020,11(5)：559－570.

［8］Yin D, Guo Y, Li M, et al. Performance of VITEK 2, E-test, Kirby-Bauer disk diffusion, and modified Kirby-Bauer disk diffusion compared to reference broth microdilution for testing tigecycline susceptibility of carbapenem-resistant K. pneumoniae and A. baumannii in a multicenter study in China［J］. Eur J Clin Microbiol Infect Dis, 2021, 40(6)：1149－1154.

［9］Shen S, Shi Q, Hu F. The changing face of Klebsiella pneumoniae carbapenemase：in-vivo mutation in patient with chest infection［J］. Lancet, 2022, 399(10342)：2226.

［10］Ding L, Shen S, Han R, et al. Ceftazidime-avibactam in combination with imipenem as salvage therapy for st11 kpc-33-producing klebsiella pneumoniae［J］. Antibiotics（Basel）, 2022, 11(5)：604.

［11］Shen S, Shi Q, Han R, et al. Isolation of a ceftazidime-avibactam-resistant bla_{kpc-71}-positive klebsiella pneumoniae clinical isolate［J］. Microbiol Spectr, 2022, 10(1)：e0184021.

［12］Tiseo G, Falcone M, Leonildi A, et al. Meropenem-vaborbactam as salvage therapy for ceftazidime-avibactam-, cefiderocol-resistant st-512 klebsiella pneumoniae-producing KPC－31, a D179Y variant of KPC－3［J］. Open Forum Infect Dis, 2021, 8(6)：ofab141.

［13］Fu Y, Zhang F, Zhang W, et al. Differential expression of bla（SHV）related to susceptibility to ampicillin in Klebsiella pneumoniae［J］. Int J Antimicrob Agents, 2007, 29(3)：344－347.

［14］Dubois V, Poirel L, Arpin C, et al. SHV－49, a novel inhibitor-resistant beta-lactamase in a clinical isolate of Klebsiella pneumoniae［J］. Antimicrob Agents Chemother, 2004, 48(11)：4466－4469.

［15］Mendonça N, Manageiro V, Robin F, et al. The Lys234Arg substitution in the enzyme SHV－72 is a determinant for resistance to clavulanic acid inhibition［J］. Antimicrob Agents Chemother, 2008, 52(5)：1806－1811.

［16］Tristram SG. Novel $bla_{(TEM)}$-positive ampicillin-susceptible strains of Haemophilus influenza［J］. J Infect Chemother, 2009, 15(5)：340－342.

第二十一章

近年新上市或即将上市抗菌药物介绍

为应对耐药菌所致感染带来的挑战,新抗菌药物不断被研发出来用于临床抗感染治疗。本章详细介绍近年来新上市或未来即将上市的抗菌药物的特征,包括临床微生物学、临床药理学和抗感染治疗疗效等相关信息供参考。

一、阿莫西林-克拉维酸(10∶1)(Amoxicillin-clavulanate,10∶1)

阿莫西林-克拉维酸是由阿莫西林和克拉维酸按照10∶1比例组成的β-内酰胺类/β-内酰胺酶抑制剂复方制剂(图21-1)。该复方制剂由葛兰素史克公司最先研究开发,包括5∶1及10∶1两个比例的复方制剂。2023年之前我国临床使用的注射用阿莫西林克拉维酸钾为5∶1比例的复方制剂,阿莫西林-克拉维酸(10∶1)由深圳华润九新药业有限公司国内首仿,并于2023年11月13日获批上市。

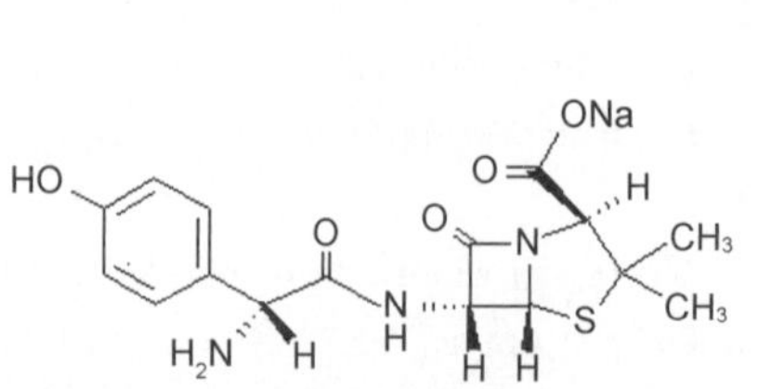

图 21-1　阿莫西林-克拉维酸化学结构

1. 作用机制:阿莫西林是一种半合成抗生素,与细菌细胞壁上的青霉素结合蛋白结合,对革兰阳性和革兰阴性菌具有抗菌活性。但阿莫西林易被β-内酰胺酶降解,因此产酶菌株通常对阿莫西林耐药。克拉维酸是一种β-内酰胺酶抑制剂,对窄谱和广谱β-内酰胺酶具有抑制作用。阿莫西林和克拉维酸组合可防止阿莫西林被 β-内酰胺酶降解,从而扩大阿莫西林的抗菌谱。

2. 体外抗菌活性:阿莫西林-克拉维酸对以下病原菌具有抗菌活性。① 革兰阴性菌:肠杆菌目细菌(包括大肠埃希菌、克雷伯菌属和奇异变形杆菌等)、流感嗜血杆菌和卡他莫拉菌等。② 革兰阳性菌:粪肠球菌、甲氧西林敏感葡萄球菌属、肺炎链球菌、化脓性链球菌和草绿色链球菌等。③ 厌氧菌:脆弱拟杆菌、梭杆菌属和消化链球菌等。

3. 临床药理学:健康受试者单剂静脉滴注阿莫西林钠克拉维酸钾(10:1)1.1 g 后,阿莫西林血浆中 C_{max} 为 50.8±6.50 μg/mL,$AUC_{0\sim12}$ 为 55.48±5.54 μg·h/mL,$t_{1/2}$ 为 1.51±0.40 h。克拉维酸的 C_{max} 为 5.78±0.594 μg/mL;$AUC_{0\sim12}$ 为 7.08±0.92 μg·h/mL;$t_{1/2}$ 为 1.00±0.09 h。阿莫西林分布较广,在血浆、细胞内液和细胞外液均有分布;主要经肾排出,给药后 12 h 内累积尿排出率范围为 66%～74%。克拉维酸在体内分布同样较广,在血浆、细胞内液和细胞外液均有分布,尿排出率则较低,给药后 12 h 内累积尿排出率范围为 37%～45%。阿莫西林与克拉维酸的血清蛋白结合率很低,约 70% 以游离形式存在于血清中。阿莫西林剂量与 PK 参数的统计分析结果显示 C_{max}、$AUC_{0\sim12h}$ 和 $AUC_{0\sim\infty}$ 在 0.5～2.0 g 剂量范围内呈线性关系;克拉维酸剂量与 PK 参数的统计分析结果显示 C_{max}、$AUC_{0\sim12h}$ 和 $AUC_{0\sim\infty}$ 在 0.05～0.2 g 剂量范围内不呈线性关系。12 例健康受试者多剂静脉滴注阿莫西林-克拉维酸(10:1)2.2 g(q12h),连续 8 日后,阿莫西林和克拉维酸在体内均无积蓄。安全性结果显示,健康受试者单剂、多剂静脉滴注阿莫西林-克拉维酸(10:1)在 0.55～ 2.2 g 剂量范围内安全性和耐受性良好。

4. 临床:深圳华润九新药业公司 2015 年 10 月 20 日—2020 年 8 月 25 日开展了一项多中心、随机、盲法、阳性对照研究,旨在评价注射用阿莫西林-克拉维酸(10:1)对比注射用氨苄西林-舒巴坦(2:1)治疗成人社区获得性肺炎的有效性和安全性。研究结果显示,阿莫西林-克拉维酸(10:1)7～14 d 疗程治疗社区获得性肺炎具有良好的临床有效性与安全性,临床疗效不劣于氨苄西林-舒巴坦(2:1)。阿莫西林-克拉维酸(10:1)具有良好的微生物学疗效,对导致社区获得性肺炎的主要病原菌肺炎链球菌、流感嗜血杆菌、肺炎克雷伯菌等的总清除率达 94.4%。药敏试验结果显示该药对上述社区获得性肺炎主要病原菌均具有良好的抗菌活性。试验组中 4 株青霉素耐药的肺炎链球菌感染患者临床疗效均为治愈,微生物疗效亦均为假定清除,提示阿莫西林-克拉维酸(10:1)用于治疗青霉素不敏感肺炎链球菌所致社区获得性肺炎可获良好疗效。本研究中对不同严重程度的社区获得性肺炎患者,按肺炎严重程度 PORT/PSI 评分进行了分级,评分IV级者接受每日 6 000 mg/600 mg 阿莫西林-克拉维酸(10:1),II/III级者接受每日 4 000 mg/400 mg 剂量。结果显示,试验药在评分为 II、III 和 IV 级的患者中临床治愈率分别为 83.1%(98/118)、71.8%(28/39)和 50.0%(4/8),对照组也呈相同趋势。IV级患者治愈率较 II、III 级者低,此与该组患者多属高龄,且基础疾病复杂可能有关。

参 考 文 献

ANSM.Résumé des caractéristiques du produit [EB/OL].(2023 - 07 - 20)[2024 - 03 - 19]. https://www.drugfuture.com/frdrugs/download.aspx.

二、氨曲南-阿维巴坦(Aztreonam-avibactam)

氨曲南-阿维巴坦是由辉瑞制药有限公司和艾伯维制药公司共同开发的 β-内酰胺类/β-内酰胺酶抑制剂复方制剂,其组分为氨曲南(1.5 g)和阿维巴坦(0.5 g),两者配比为 3∶1。氨曲南和阿维巴坦化学结构图见图 21-2。

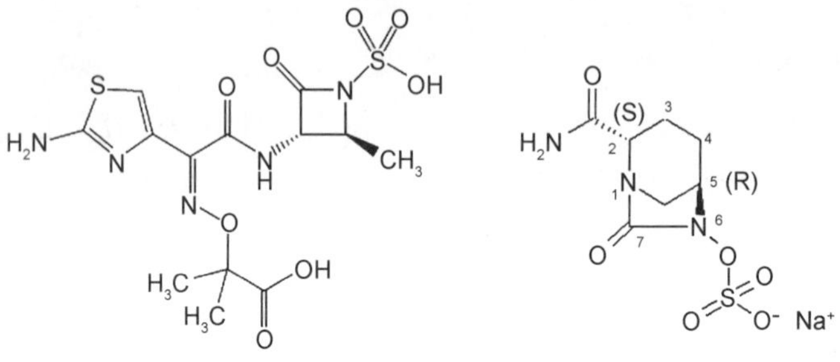

图 21-2　氨曲南-阿维巴坦化学结构

1. 作用机制:氨曲南与青霉素结合蛋白结合后,可抑制细菌肽聚糖细胞壁合成,导致细菌细胞裂解和死亡,该药对 B 类金属 β-内酰胺酶稳定。阿维巴坦是非 β-内酰胺类 β-内酰胺酶抑制剂,可抑制 Ambler A 类和 C 类 β-内酰胺酶以及部分 D 类酶,包括超广谱 β-内酰胺酶(ESBL)、肺炎克雷伯菌碳青霉烯酶(KPC)和 OXA-48 碳青霉烯酶以及头孢菌素酶(AmpC)等。

2. 体外抗菌活性:氨曲南-阿维巴坦对肠杆菌目细菌、铜绿假单胞菌、嗜麦芽窄食单胞菌均具有抗菌活性,包括产金属酶肠杆菌目细菌,但对鲍曼不动杆菌、革兰阳性菌和厌氧菌无抗菌活性。中国 6 个地区 6 家三级医院收集了 161 株产金属酶肠杆菌目分离株,敏感试验结果显示 96.9% 的菌株对氨曲南-阿维巴坦敏感。

3. 临床药理学:多项研究探索了氨曲南单药的 PK 参数,发现住院患者中静脉输注 1 g 或 2 g 氨曲南后平均 $C_{max} > 100$ mg/L。在肺、肝、胆、肾及胰腺等组织中均有较高的药物浓度,穿透率较高。一项人体 PK 研究表明阿维巴坦在脑膜炎时脑脊液 AUC/血浆 AUC 较高可达 38%。一项氨曲南-阿维巴坦的 I 期研究,评估了健康成年受试者单剂量和多剂量氨曲南-阿维巴坦的安全性、耐受性和 PK。表明氨曲南和阿维巴坦均呈线性 PK,两组分之间无药物相互作用,两种成分的血浆 PK 参数,肾脏清除以及尿中的排泄率无论是单药还是联合都是相似的。氨曲南主要经肾脏排泄,约 2/3 的药物以原型在尿液中被清除,阿维巴坦在尿液中基本上没有变化。总体而言,80%~90% 的剂量在前 6 h 内排出,所有剂量组中 85%~100% 的母体药物在 48 h 内排出。氨曲南和阿维巴坦的终末消除半衰期($t_{1/2}$)为静脉给药后 2~3 h。约 12% 的氨曲南和不到 0.25% 的阿维巴坦会排泄到粪便中。一项在 cIAI 患者中进行的 PK 和 2 期开放标签多中心研究中,比较了三种给药方案对 PK/PD 达标概率的影响,该研究证实在 CrCl > 50 mL/min 的患者中,氨曲南-阿维巴坦 500/167 mg(30 min 输注)负荷剂量和 1 500/500 mg(3 h 输注)维持剂量 q6h 给药方案适用于Ⅲ期开发计划。氨曲南-阿维巴坦的总体安全性与单独使用氨曲南的安全性一致,具有良好的风险效益。多次静脉输注本品后,给药方案的 D4 达到稳态,氨曲南和阿维巴坦的 C_{max} 通常发生在输注结束时。在 3 d 内每 6 h 输注 1 500 mg/500 mg 剂量的氨曲南-阿维巴坦后,复杂性腹腔内感染患者中氨曲南和阿维巴坦的稳态分布容积相当,分别约为 20 L 和 24 L。具体参数如表 21-1 所示。

表 21-1　多次静脉输注氨曲南-阿维巴坦(1 次/6 h,每次持续 3 h)后,CrCL＞50 mL/min 的 cIAI 感染患者的稳态药代动力学参数(几何均数[％ CV])

参　数	氨曲南(n=18)	阿维巴坦(n=18)
$AUC_{0\sim6稳态}$(mg·h/L)	234.7(54.6)	47.5(79.2)
C_{max}(mg/L)	55.4(42.6)	12.1(61.2)
CL(L/h)	6.4(35.5)	10.5(41.4)
$t_{1/2}$(h)*	2.8(2.05)	2.2(1.85)

注:* 报告 $t_{1/2}$ 的算术均数(SD)$AUC_{0\sim6}$=0~6 h 的药时曲线下面积;C_{max}=血药峰浓度;CL=血浆清除率;$t_{1/2}$=消除半衰期;％ CV=几何变异系数。

4. 临床:C3601002 是一项在 cIAI 或 HAP/VAP 住院成年受试者中评估氨曲南-阿维巴坦±甲硝唑相对于美罗培南±黏菌素的疗效、安全性和耐受性的Ⅲ期、前瞻性、随机、多中心、开放性、中心评估者设盲、平行对照研究。共有 422 名患者被随机分组(氨曲南-阿维巴坦±甲硝唑,n=282;美罗培南±黏菌素,n=140)。治愈访视 TOC 时的临床治愈率分别为 68.4% 和 65.7%。在氨曲南-阿维巴坦组未出现与治疗相关的严重不良反应。结论:氨曲南-阿维巴坦(±甲硝唑)治疗 cIAI 和 HAP/VAP 患者疗效显著,与美罗培南±黏菌素疗效相近,总体耐受性良好。这些数据支持氨曲南-阿维巴坦在治疗由敏感革兰阴性菌引起的严重感染方面的潜在用途。

───── 参 考 文 献 ─────

[1] Karvouniaris M,Almyroudi MP,Abdul-Aziz MH,et a;. Novel Antimicrobial Agents for Gram-Negative Pathogens [J]. Antibiotics(Basel),2023,12(4):761.

[2] Yahav D,Giske CG,Grāmatniece A,et al. New β-Lactam-β-Lactamase Inhibitor Combinations[J]. Clin Microbiol Rev,2020,34(1):e00115-20.

[3]《β-内酰胺类抗生素/β-内酰胺酶抑制剂复方制剂临床应用专家共识》编写专家组.β-内酰胺类抗生素/β-内酰胺酶抑制剂复方制剂临床应用专识(2020 年版)[J].中华医学杂志,2020,100(10):738-747.

[4] Karlowsky JA,Kazmierczak KM,de Jonge BLM,et al. In Vitro Activity of aztreonam-avibactam against enterobacteriaceae and pseudomonas aeruginosa isolated by clinical laboratories in 40 countries from 2012 to 2015[J]. Antimicrob Agents Chemother,2017,61(9):e00472-17.

[5] Mojica MF,Papp-Wallace KM,Taracila MA,et al Avibactam restores the susceptibility of clinical isolates of stenotrophomonas maltophilia to aztreonam[J]. Antimicrob Agents Chemother,2017,61(10):e00777-17.

[6] Zhang B,Zhu Z,Jia W,et al. In vitro activity of aztreonam-avibactam against metallo-β-lactamase-producing Enterobacteriaceae-A multicenter study in China[J]. Int J Infect Dis,2020,97:11-18.

[7] Ramsey C，MacGowan AP. A review of the pharmacokinetics and pharmacodynamics of aztreonam[J]. J Antimicrob Chemother，2016，71(10)：2704-2712.

[8] Nicolau DP，Siew L，Armstrong J，et al. Phase 1 study assessing the steady-state concentration of ceftazidime and avibactam in plasma and epithelial lining fluid following two dosing regimens[J]. J Antimicrob Chemother，2015，70(10)：2862-2869.

[9] Merdjan H，Rangaraju M，Tarral A. Safety and pharmacokinetics of single and multiple ascending doses of avibactam alone and in combination with ceftazidime in healthy male volunteers：results of two randomized，placebo-controlled studies[J]. Clin Drug Investig, 2015, 35(5)：307-317.

[10] Cornely OA，Cisneros JM，Torre-Cisneros J，et al.Pharmacokinetics and safety of aztreonam/avibactam for the treatment of complicated intra-abdominal infections in hospitalized adults：results from the REJUVENATE study [J]. J Antimicrob Chemother,2020,75(3)：618-627.

[11] Yehuda Carmeli，Jose-Miguel Cisneros，Mical Paul，et al. 2893 A. Efficacy and safety of aztreonam-avibactam for the treatment of serious infections due to gram-negative bacteria，including Metallo-β-Lactamase-Producing Pathogens：Phase 3 REVISIT Study[J]. Open Forum Inf Dis，2023, 10(suppl 2)：ofad500.2476.

三、奥马环素(Omadacycline)

奥马环素是美国 Paratek 制药公司开发的新型半合成四环素，由 Honeyman 等通过两步法从米诺环素衍生化获得，化学结构如图 21-3 所示。

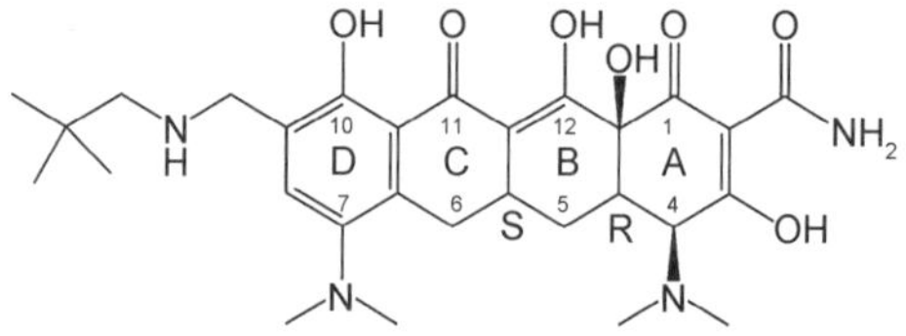

图 21-3　奥玛环素化学结构图

1. 作用机制：奥马环素通过特异性地结合细菌核糖体 30S 亚基的 A 位点，抑制氨酰基-tRNA 与该位点正常结合，致肽链延伸终止，阻断蛋白质合成从而产生抑菌作用。

2. 体外抗菌活性：奥马环素抗菌谱广，与其他类型抗生素无交叉耐药性，对临床常见革兰阳性菌、革兰阴性菌、非典型病原体、厌氧菌和部分非结核分枝杆菌等均具有良好的抑菌活性。2016—2018 年 SENTRY 抗菌药物监测项目中欧洲[24 500 个分离株，40 个医疗中心(19 个国家)]和美国[2 450 株分离株，33 个医学中心(23 个州和所有 9 个美国人口普查部门)]共 49 000 个临床分离株对奥马环素的体外药敏试验结果显示，奥马环素(MIC$_{50/90}$，0.12/0.25 mg/L)在≤0.5 mg/L 时可抑制 98.6% 的金黄葡萄球菌，包括 96.3% 的耐甲氧西林金黄葡萄球菌和 99.8% 的甲氧西林敏感金黄葡萄球菌。奥马环素对肺炎链球菌(MIC$_{50/90}$，0.06/0.12 mg/L)、草绿色链球菌(MIC$_{50/90}$，0.06/0.12 mg/L)和 β-溶血链球菌(MIC$_{50/90}$，0.12/0.25 mg/L)均具有高度抗菌活性。奥马环素对革兰阴性菌的抗菌活性与替加环素相仿或略差。

3. 临床药理学：奥马环素 C_{max}、AUC 与口服剂量正相关，药物口服吸收较快，绝对生物利用度 34.5%，即 300 mg 口服与 100 mg 静注的血药浓度基本相当。奥马环素的血浆蛋白质结合率低（21.3% ±9.7%），表观分布容积大（300 mg 口服达 794 L），后者提示药物组织渗透率高，治疗全身性感染时具有优势。奥马环素全身清除率低（11～35 L/h）、消除半衰期长（13～17 h），支持每天一次给药。静脉注射 100 mg 奥马环素，27% 以原型经肾脏排出，肾脏清除率为 2.4～3.3 L/h；口服 300 mg 奥马环素主要由粪便排出（77.5%～84.0%），另约 14.4% 经肾脏排出，肺泡上皮衬液内浓度高，具体见表 21-2。

表 21-2　奥马环素的药代动力学参数

参　　数	数　　值
C_{max}（mg/L）	2.12（静脉）；0.95（口服）
蛋白质结合率(%)	20
Vd（L）	190 L（Vss）
$t_{1/2}$（h）	16
$AUC_{0\sim\infty}$（mg·h/L）	12.14（静脉）；11.16（口服）
CLT（L/h）	8.8
代谢	未被代谢
尿排泄(%)	14.4（口服）；27（静脉）

4. 临床：始于 2017 年的一项随机、双盲、多中心Ⅲ期临床试验（OPTIC）比较了奥马环素与莫西沙星治疗社区获得细菌性肺炎成年受试者的安全、有效性。774 例 CABP 患者随机入组接受奥马环素（首日 100 mg iv bid，后 100 mg iv qd，3 d 后可改为 300 mg po qd）和莫西沙星（400 mg iv qd，3 d 后可改为 400 mg po bid）治疗 7～14 d。在给药后 72～120 h 的 ECR 和末次治疗后 5～10 d 的 PET，奥马环素治疗的成功率和细菌清除率[81.1% vs. 82.7%（ECR 时间点，ITT 人群）；87.6% vs. 85.1%（PTE 期间，ITT 人群）；92.9% vs. 90.4%（PTE 期间，CE 人群）]均不劣于莫西沙星。2018 年两项随机、双盲、多中心Ⅲ期临床试验 OASIS-1 和 OASIS-2 进一步比较了奥马环素与利奈唑胺治疗 ABSSSI 成年患者，受试者按 1∶1 随机分配接受奥马环素（OASIS-1：首日 100 mg iv bid，后 100 mg iv qd，3 d 后可改为 300 mg po qd；OASIS-2：450 mg po qd，2 d 后 300 mg iv qd）或利奈唑胺（OASIS-1：100 mg iv bid，3 d 后可改为 600 mg po bid；OASIS-2：600 mg po bid）治疗 7～14 d。结果显示，无论在给药后 48～72 h 早期临床反应的 FDA 主要终点 ECR，或末次给药后 7～14 d 的欧洲药监局（EMA）主要终点 PTE，奥马环素 MTT 和 CE 患者群的治疗成功率和细菌清除率[OASIS-1/2：84.8 vs. 85.5%，87.3% vs. 82.2%（mITT 人群 ECR 时间点）；OASIS-1/2：86.1% vs. 83.6%，83.9% vs. 80.5%（MITT 人群 PTE 期间）]均不劣于利奈唑胺。近期在美国进行的一项真实世界、多中心、观察性病例系列/试点研究，口服奥马环素治疗多重耐药或广泛耐药革兰阴性菌感染，66.7% 的病例获得临床成功，其中骨/关节源感染或 CRAB 引起的感染成功率均为 80.0%，患者不

良反应少。最新发表的临床研究显示,奥马环素治疗非典型病原体脓肿分枝杆菌感染,微生物清除率为46%（44/95）,治疗鹦鹉热衣原体感染亦具有良好疗效。一项 Meta 分析评估奥马环素治疗急性细菌感染的临床疗效和安全性,共纳入 7 项随机对照试验,涉及 2 841 例急性细菌感染患者。分析结果表明奥马环素治疗的临床治愈率（OR= 1.18）和微生物清除率（OR= 1.02）与对照药(利奈唑胺、莫西沙星、呋喃妥因和左氧氟沙星)相仿。

参 考 文 献

［1］董璐瑶,李国庆,游雪甫,等.奥玛环素研究进展[J].中国医药生物技术,2020,15(1)：48-56.

［2］Zhanel GG, Esquivel J, Zelenitsky S, et al. Omadacycline：A Novel Oral and Intravenous Aminomethylcycline Antibiotic Agent[J]. Drugs, 2020, 80（3）：285-313.

［3］Pfaller MA, Huband MD, Shortridge D, Flamm RK. Surveillance of omadacycline activity tested against clinical isolates from the united states and europe：report from the sentry antimicrobial surveillance program, 2016 to 2018[J]. Antimicrob Agents Chemother, 2020, 64（5）：e02488-19.

［4］FDA. Omadacycline Injection and Oral Products[EB/OL].（2022-06-06）［2024-03-19］. https://www.fda.gov/drugs/development-resources/omadacycline-injection-and-oral-products.

［5］临床常用四环素类药物合理应用多学科专家共识编写组,中华预防医学会医院感染控制分会,中国药理学会临床药理分会. 临床常用四环素类药物合理应用多学科专家共识[J].中华医学杂志,2023,103(30)：2281-2296.

［6］Stets R, Popescu M, Gonong JR, et al. Omadacycline for community-acquired bacterial pneumonia[J]. N Engl J Med, 2019, 380（6）：517-527.

［7］O'Riordan W, Green S, Overcash JS, et al. Omadacycline for Acute Bacterial Skin and Skin-Structure Infections [J]. N Engl J Med, 2019, 380（6）：528-538.

［8］O'Riordan W, Cardenas C, Shin E, et al. Once-daily oral omadacycline versus twice-daily oral linezolid for acute bacterial skin and skin structure infections（OASIS-2）：a phase 3, double-blind, multicentre, randomised, controlled, non-inferiority trial[J]. Lancet Infect Dis, 2019, 19（10）：1080-1090.

［9］Morrisette T, Alosaimy S, Lagnf AM, et al. Real-world, multicenter case series of patients treated with oral omadacycline for resistant gram-negative pathogens[J].Infect Dis Ther, 2022, 11（4）：1715-1723.

［10］Mingora CM, Bullington W, Faasuamalie PE, et al. Long-term safety and tolerability of omadacycline for the treatment of mycobacterium abscessus infections[J]. Open Forum Infect Dis,2023, 10（7）：ofad335.

［11］Fang C, Xu L, Tan J, et al. Omadacycline for the treatment of severe chlamydia psittaci pneumonia complicated with multiple organ failure：a case report[J]. Infect Drug Resist, 2022, 15：5831-5838.

［12］Lin F, He R, Yu B, et al. Omadacycline for treatment of acute bacterial infections：a meta-analysis of phase II/III trials[J]. BMC Infect Dis, 2023, 23（1）：232.

四、硫酸多黏菌素 E(Colistin)

硫酸黏菌素（Colistin Sulfate）,又称硫酸多黏菌素 E,是由多黏菌类芽孢杆菌产生的一种环多肽类抗菌药物,由中国科学家于 1966 年自主研发。因近年来多重耐药菌感染治疗选择有限,硫酸黏菌素经生产工艺改进并于 2019 年重新上市用于临床抗感染治疗。硫酸黏菌素由多黏菌素 E1(又称黏菌素 A)和多黏菌素 E2(又称黏菌素 B)组成,化合物结构见图 21-4。

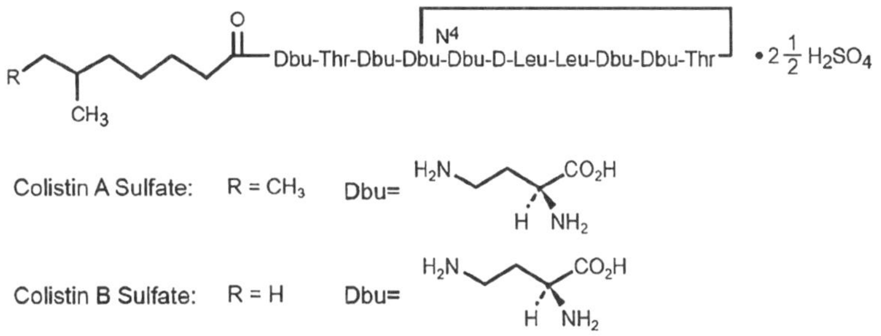

图 21-4　黏菌素 A 和黏菌素 B 的结构

1. 作用机制：多黏菌素 E 为多黏菌素类环状多肽抗菌药，主要作用机制为选择性作用于具有疏水外膜的需氧革兰阴性菌，通过破坏细胞膜导致细菌膨胀、溶解死亡。

2. 体外抗菌活性：硫酸黏菌素属于窄谱抗菌药物，对绝大多数革兰阴性菌均具有良好的抗菌活性。药敏试验结果显示，硫酸黏菌素对大肠埃希菌、肺炎克雷伯菌、肠杆菌属、弗劳地枸橼酸杆菌、沙门菌属、志贺菌属等肠杆菌目细菌以及铜绿假单胞菌、鲍曼不动杆菌等不动杆菌属细菌均具有较强的抗菌活性，包括上述对碳青霉烯类耐药菌株或广泛耐药菌株。变形杆菌属、沙雷菌属、洋葱伯克霍尔德菌、嗜麦芽窄食单胞菌、奈瑟菌属和脆弱拟杆菌等对硫酸黏菌素大多呈现耐药。2016—2019 年，来自西欧（$n=7\,966$）、东欧（$n=3\,182$）和美国（$n=17\,770$）的肺炎住院患者呼吸道样本中分离的共 28 918 细菌分离株的药敏试验结果显示，硫酸黏菌素对铜绿假单胞菌和鲍曼不动杆菌均具有高度抗菌活性。CHINET 中国细菌耐药监测（www.chinets.com）评估了 2018—2022 年的细菌耐药变迁，硫酸黏菌素对大肠埃希菌、肺炎克雷伯菌、铜绿假单胞菌和鲍曼不动杆菌均具有高度抗菌活性，敏感率范围为 96%～99.5%。

3. 临床药理学：硫酸黏菌素以静脉滴注给药，成人常用剂量为 100 万～150 万 U/d，q8h 或 q12h 给药。目前，硫酸黏菌素的药代动力学报道仅见于危重患者，未见健康人群的药代动力学报道。重症患者中硫酸黏菌素的药代动力学参数汇总情况如表 21-3 所述。硫酸黏菌素进入体内后，主要经非肾途径消除。一项回顾性研究数据显示，与未接受连续性肾脏替代治疗（CRRT）患者相比，接受 CRRT 对硫酸黏菌素治疗重症监护室（ICU）患者的血药浓度无显著影响。另一项探讨硫酸黏菌素在危重患者中的群体药代动力学研究数据结果建议，静脉注射硫酸黏菌素的剂量应根据患者的 CrCl 和丙氨酸氨基转移酶来调整。

表 21-3　重症患者接受硫酸黏菌素后的药代动力学参数

参　　　数	数　　　值
$AUC_{0\sim24,ss}$（mg·h/L）	39.39 ± 14.47
V（L）	20.7
CL（L/h）	1.74 ± 0.61
尿排泄（%）	10.05
血浆蛋白结合率（%）	50

注：$AUC_{0\sim24,ss}$：稳定状态下的血浆浓度-时间曲线下的面积；V：分布容积；CL：清除率。

4. 临床：说明书推荐本品每 50 万 U 加入 5% 葡萄糖注射液 250～500 mL 溶解后缓慢静脉滴注。成人常用剂量：每日 100 万～150 万 U，分 2～3 次静脉滴注。最大剂量不得超过 150 万 U/d，一般疗程 10～14 d。根据《中国多黏菌素类抗菌药物临床合理应用多学科专家共识》推荐，硫酸黏菌素雾化吸入剂量为 25 万～50 万 U/次，2 次/d；根据《中国碳青霉烯耐药肠杆菌科细菌感染诊治与防控专家共识》：脑室内局部给药多黏菌素 E 硫酸盐 5 mg（相当于 10 万 U），1 次/d，连续使用 3 d 后改隔日一次。多项真实世界研究结果显示，硫酸黏菌素疗效显著且安全性高。一项真实世界的回顾性研究共纳入了 119 例被诊断为碳青霉烯类耐药革兰阴性菌重症感染并在 2020 年 5 月至 2022 年 7 月接受硫酸黏菌素治疗超过 72 h 的患者结果显示，72.3% 的患者并发脓毒症，68.9% 伴有呼吸衰竭，68.9% 肝功能不全，93.3% 合并使用了血管活性药物，83.2% 有肺部感染，72.3% 为碳青霉烯类耐药鲍曼不动杆菌感染，33.6% 为碳青霉烯类耐药肺炎克雷伯菌感染，且 40.3% 的患者同时感染两种或两种以上碳青霉烯类耐药革兰阴性菌。结果显示，硫酸黏菌素治疗的临床有效率为 53.8%，微生物清除率为 49.1%，仅 6 名患者出现急性肾损伤（AKI）。一项多中心回顾性队列研究纳入了 2021 年 7 月至 2022 年 5 月因碳青霉烯类耐药革兰阴性菌感染而接受硫酸黏菌素治疗的 122 例 ICU 患者，发现所有患者中 25.4% 并发脓毒症休克，33.6% 为鲍曼不动杆菌感染，50.8% 为肺部感染，72.1% 接受了机械通气，31.1% 接受了 CRRT，17.2% 接受了 ECMO。结果显示，硫酸黏菌素治疗后，70.5% 的患者表现出良好的临床反应，50.0% 的患者达到细菌学清除。硫酸黏菌素在治疗不同病原微生物和清除不同部位感染方面的临床结果没有显著差异。在治疗过程中，仅 5 名患者出现 AKI，其中包括 3 名基线时已有肾功能不全的患者。另一项真实世界的回顾性队列研究回顾性收集 2021 年 10 月至 2022 年 11 月在该院首次静脉注射硫酸黏菌素或硫酸多黏菌素 B 至少 72 h 的成年患者的社会人口学和实验室数据，主要终点是 AKI 的发生率，根据肾脏疾病改善全球结局标准定义，次要终点为 30 d 死亡率。结果显示，硫酸多黏菌素 B（176 例）组 AKI 发生率明显高于硫酸黏菌素（109 例）组（50.6% vs 18.3%，$P < 0.001$）。在多因素分析中，硫酸黏菌素治疗[风险比（HR）= 0.275，$P < 0.001$]与较高的肾小球滤过率（eGFR）是 AKI 的独立保护因素。然而，多黏菌素 B 组和硫酸黏菌素组的 30 d 死亡率相似（21.6% vs 13.8%，$P = 0.099$）。多因素分析显示，硫酸黏菌素治疗与 30 d 死亡率无相关性（HR= 0.968，$P = 0.926$），而入住 ICU、联合使用美罗培南、Charlson 评分和 3 期 AKI 是影响 30 d 死亡率的独立危险因素。在使用倾向评分匹配平衡患者的基线特征后，主要结果没有变化。

参 考 文 献

[1] 中国碳青霉烯耐药肠杆菌科细菌感染诊治与防控专家共识编写组,中国医药教育协会感染疾病专业委员会,中华医学会细菌感染与耐药防控专业委员会.中国碳青霉烯耐药肠杆菌科细菌感染诊治与防控专家共识[J].中华医学杂志,2021,101(36)：2850‐2860.

[2] 中国医药教育协会感染疾病专业委员会,中华医学会呼吸病学分会,中华医学会重症医学分会,等.中国多黏菌素类抗菌药物临床合理应用多学科专家共识[J].中华结核和呼吸杂志,2021,44(4)：292‐310.

[3] 中国医师协会神经外科医师分会神经重症专家委员会,北京医学会神经外科学分会神经外科危重症学组.神经外科中枢神经系统感染诊治中国专家共识(2021 版)[J].中华神经外科杂志,2021,37(1)：2‐15.

［4］Loose M，Naber KG，Hu Y，et al. Serum bactericidal activity of colistin and azidothymidine combinations against mcr-1-positive colistin-resistant Escherichia coli［J］. Int J Antimicrob Agents，2018,52（6）：783－789.

［5］Andrade FF，Silva D，Rodrigues A，Pina-Vaz C. Colistin update on its mechanism of action and resistance，present and future challenges［J］. Microorganisms，2020, 8（11）：1716.

［6］Gogry FA，Siddiqui MT，Sultan I，Haq QMR. Current update on intrinsic and acquired colistin resistance mechanisms in bacteria［J］. Front Med（Lausanne），2021，8：677720.

［7］Sader HS，Streit JM，Carvalhaes CG，et al. Frequency of occurrence and antimicrobial susceptibility of bacteria isolated from respiratory samples of patients hospitalized with pneumonia in Western Europe，Eastern Europe and the USA：results from the SENTRY Antimicrobial Surveillance Program（2016－19）［J］. JAC Antimicrob Resist，2021，3(3)：dlab117.

［8］Yang W，Ding L，Han R, et al. Current status and trends of antimicrobial resistance among clinical isolates in China：a retrospective study of CHINET from 2018 to 2022［J］. One Health Adv，2023，1：8.

［9］Xi J，Jia P，Zhu Y，et al. Antimicrobial susceptibility to polymyxin B and other comparators against Gram-negative bacteria isolated from bloodstream infections in China：Results from CARVIS-NET program［J］. Front Microbiol，2022，13：1017488.

［10］Li J，Milne RW，Nation RL，et al. Use of high-performance liquid chromatography to study the pharmacokinetics of colistin sulfate in rats following intravenous administration［J］. Antimicrob Agents Chemother，2003，47（5）：1766－1770.

［11］Ouchi S，Matsumoto K，Okubo M，et al. Development of HPLC with fluorescent detection using NBD－F for the quantification of colistin sulfate in rat plasma and its pharmacokinetic applications［J］. Biomed Chromatogr,2018，32（5）：e4167.

［12］彭丹阳，张帆，李兆桢，等.连续性肾脏替代治疗对硫酸黏菌素血药浓度和临床疗效及安全性的影响［J］.中华危重病急救医学,2023,35(1)：88－92.

［13］Xie YL，Jin X，Yan SS，et al. Population pharmacokinetics of intravenous colistin sulfate and dosage optimization in critically ill patients［J］. Front Pharmacol，2022，13：967412.

［14］Wang Y，Yu X，Chen C, et al. Development of UPLC-MS/MS method for the determination of colistin in plasma and kidney and its application in pharmacokinetics［J］. J Pharm Biomed Anal，2023，233：115440.

［15］Yu XB，Zhang XS，Wang YX，et al. Population pharmacokinetics of colistin sulfate in critically ill patients：exposure and clinical efficacy［J］. Front Pharmacol，2022，13：915958.

［16］Lu X，Zhong C，Liu Y，et al. Efficacy and safety of polymyxin E sulfate in the treatment of critically ill patients with carbapenem-resistant organism infections［J］. Front Med（Lausanne），2022，9：1067548.

［17］Peng D，Zhang F，Chen Y，et al. Efficacy and safety of colistin sulfate in the treatment of infections caused by carbapenem-resistant organisms：a multicenter retrospective cohort study［J］. J Thorac Dis，2023，15(4)：1794－1804.

［18］Zhang Y，Dong R，Huang Y，et al. Acute kidney injury associated with colistin sulfate versus polymyxin b sulfate therapy：a real-world，retrospective cohort study［J］. Int J Antimicrob Agents，2023，9：107031.

［19］陈赟,慕心力.多黏菌素E治疗ICU患者肺部鲍曼不动杆菌感染的临床回顾性研究［J］.空军军医大学学报,2022,43(7)：871－878.

［20］Hao M，Yang Y，Guo Y，et al. Combination regimens with colistin sulfate versus colistin sulfate monotherapy in the treatment of infections caused by carbapenem-resistant gram-negative bacilli［J］. Antibiotics（Basel），2022，11(10)：1440.

［21］史丽英,史丽珠,马燕.硫酸黏菌素联合头孢哌酮钠舒巴坦钠治疗多重耐药鲍曼不动杆菌的疗效［J］.临床与病理杂志,2022,42(3)：590－594.

五、多黏菌素 E 甲磺酸钠(Colistimethate Sodium)

多黏菌素类药物问世于 20 世纪 50 年代,因近年来多重耐药菌感染治疗选择有限,多黏菌素类药物经生产工艺改进并于 2019 年重新上市用于临床抗感染治疗。目前国内上市的多黏菌素类抗菌药物主要包括硫酸多黏菌素 B、多黏菌素 E 甲磺酸钠和硫酸多黏菌素 E。多黏菌素 B 与多黏菌素 E 只有一个氨基酸的差异(图 21 - 5)。

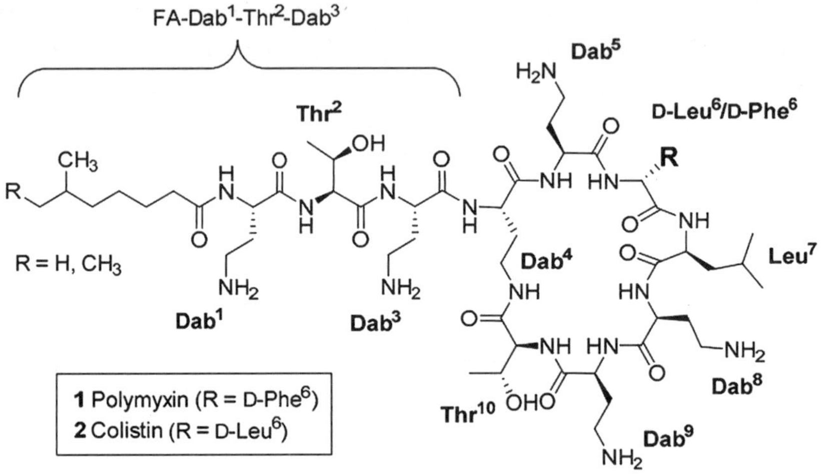

图 21 - 5 多黏菌素 B1 和多黏菌素 E(黏菌素)2 的化学结构式

1. 作用机制: 多黏菌素 E 甲磺酸钠为多黏菌素 E 的前体药物,多黏菌素 E 甲磺酸钠进入体内后水解为多黏菌素 E(黏菌素),发挥杀菌作用。多黏菌素 E 为多黏菌素类环状多肽抗菌药,主要作用机制为选择性作用于具有疏水外膜的需氧革兰阴性菌,通过破坏细胞膜导致细菌膨胀、溶解死亡。

2. 体外抗菌活性: 多黏菌素 E 甲磺酸钠为窄谱抗菌药物,对大部分需氧革兰阴性菌具有高度抗菌活性,包括肠杆菌目细菌、铜绿假单胞菌、鲍曼不动杆菌复合群和嗜麦芽窄食单胞菌等,但洋葱伯克霍尔德菌、变形杆菌属、普罗威登菌属和沙雷菌属对该药天然耐药。根据 2023 年中国细菌耐药监测网发布的监测报告,8 189 株碳青霉烯耐药肺炎克雷伯菌对多黏菌素 E 的耐药率为 10.1%;5 396 株肠杆菌属细菌对多黏菌素 E 的耐药率仅为 1.4%,仅次于阿米卡星的 1.3%;15 054 株铜绿假单胞菌对多黏菌素 E 的耐药率为 2.3%;13 385 株碳青霉烯类耐药鲍曼不动杆菌(CRAB)对多黏菌素 E 耐药率 0.9%,对替加环素耐药率 2.4%,对其余抗菌药物的耐药率均在 70% 以上。

3. 临床药理学: 多黏菌素 E 甲磺酸钠目前报道的 PK/PD 数据主要是在健康人群和危重患者中。在健康人群中,多黏菌素 E 甲磺酸钠的消除半衰期($t_{1/2}$)为 0.5～2 h,而其转化的多黏菌素 E 的 $t_{1/2}$ 为 3～5 h,达峰时间(T_{max})为 2～4 h。在危重患者中多黏菌素 E 甲磺酸钠的消除半衰期为 2～12 h,其转化的多黏菌素 E 的 $t_{1/2}$ 为 9～15 h,T_{max} 为 7～8 h。多黏菌素 E 甲磺酸钠大部分经过肾排除,因此不同肾功能的患者需要调整剂量。多黏菌素 E 甲磺酸钠可在尿液中转化为多黏菌素 E,因此可以用于尿路感染,但多黏菌素 E 甲磺酸钠静脉注射相比于雾化吸入,一般肺组织浓度较低,因此肺部感染的患者可应用雾化吸入治疗,目前多黏菌素 E 甲磺酸钠在欧洲的适应证有雾化吸入治疗。

4. 临床用药:从目前已有的多黏菌素 E 甲磺酸钠静脉治疗多重耐药革兰阴性菌感染的研究结果来看,静脉输注多黏菌素 E 甲磺酸钠治疗疗效显著。Moni 等以多重耐药革兰阴性菌感染造成的危重患者进行前瞻性观察研究,纳入 20 例患者接受静脉输注多黏菌素 E 甲磺酸钠,其中 60% 的患者患有肺炎,结果表明,静脉输注多黏菌素 E 甲磺酸钠临床治愈率为 50%。Markou 等应用静脉输注多黏菌素 E 甲磺酸钠治疗多重耐药革兰阴性菌感染所致的危重患者的研究也显示,静脉输注多黏菌素 E 甲磺酸钠治疗疗效显著,患者临床应答率为 73%,30 d 生存率为 57.7%。Koomanachai 等以多重耐药铜绿假单胞菌和鲍曼不动杆菌感染患者为研究对象,纳入了 93 例患者,接受静脉输注多黏菌素 E 甲磺酸钠治疗($n=78$)或其他抗生素治疗($n=15$),结果显示,多黏菌素 E 甲磺酸钠组患者临床应答率和微生物学应答率分别达 80.8% 和 94.9%,表明多黏菌素 E 甲磺酸钠有效治疗多重耐药铜绿假单胞菌和鲍曼不动杆菌感染。Reina 等和 Levin 等应用静脉输注多黏菌素 E 甲磺酸钠治疗多重耐药铜绿假单胞菌和鲍曼不动杆菌感染的前瞻性队列研究中,疗效同样显示出较好的结果。既往研究也对雾化吸入多黏菌素 E 甲磺酸钠治疗肺部感染的疗效和安全性进行了评估,研究结果证明了雾化吸入多黏菌素 E 甲磺酸钠对肺部感染有较高的临床治愈率、微生物清除率以及较佳的安全性。另外,近年来,两项临床试验已证实多黏菌素 E 甲磺酸钠雾化吸入联合静脉输注治疗肺部感染的有效性更佳。一项由 Doshi 等进行的回顾性研究显示,多黏菌素 E 甲磺酸钠雾化吸入联合静脉输注治疗相比于仅多黏菌素 E 甲磺酸钠静脉输注治疗多重耐药革兰阴性菌危重患者的临床治愈率显著更高(57.1% vs. 31.3%, $P=$ 0.033)。另一项由 Tumbarello 等进行的回顾性研究,纳入了 208 例多重耐药革兰阴性菌感染造成的呼吸机相关肺炎患者,试验组接受多黏菌素 E 甲磺酸钠雾化吸入联合静脉输注治疗,对照组只接受多黏菌素 E 甲磺酸钠静脉输注治疗,研究结果显示,试验组的临床治愈率显著高于对照组(69.2% vs. 54.8%, $P=0.03$)。

--- 参 考 文 献 ---

[1] 中国医药教育协会感染疾病专业委员会,中华医学会呼吸病学分会,中华医学会重症医学分会,等.中国多黏菌素类抗菌药物临床合理应用多学科专家共识[J].中华结核和呼吸杂志,2021,44(4):292－310.

[2] 中国研究型医院学会危重医学专业委员会,中国研究型医院学会感染性疾病循证与转化专业委员会.多黏菌素临床应用中国专家共识[J].中华急诊医学杂志,2019,28(10):1218－1222.

[3] CHINET 数据云.CHINET 2023 年全年细菌耐药监测结果[EB/OL].(2024－03－08)[2024－03－08]. http://www.chinets.com/Document/Index#.

[4] Gallardo-Godoy A,Hansford KA,Muldoon C,et al. Structure-function studies of polymyxin b lipononapeptides [J]. Molecules,2019,24(3):553.

[5] EUCAST.European Committee on Antimicrobial Susceptibility Testing Breakpoint tables for interpretation of MICs and zone diametersVersion 13.1[EB/OL].(2023－06－29)[2024－03－19]. https://www.eucast.org/clinical_breakpoints.

［6］ Couet W，Grégoire N，Gobin P，et al. Pharmacokinetics of colistin and colistimethate sodium after a single 80mg intravenous dose of CMS in young healthy volunteers［J］. Clin Pharmacol Ther，2011，89（6）：875－879.

［7］ Zhao M，Wu XJ，Fan YX，et al. Pharmacokinetics of colistin methanesulfonate（CMS）in healthy Chinese subjects after single and multiple intravenous doses［J］. Int J Antimicrob Agents，2018，51（5）：714－720.

［8］ Plachouras D，Karvanen M，Friberg LE，et al. Population pharmacokinetic analysis of colistin methanesulfonate and colistin after intravenous administration in critically ill patients with infections caused by gram-negative bacteria［J］. Antimicrob Agents Chemother，2009，53（8）：3430－3436.

［9］ Garonzik SM，Li J，Thamlikitkul V，et al.Population pharmacokinetics of colistin methanesulfonate and formed colistin in critically ill patients from a multicenter study provide dosing suggestions for various categories of patients［J］. Antimicrob Agents Chemother，2011，55（7）：3284－3294.

［10］ Karaiskos I，Friberg LE，Pontikis K，et al. Colistin population pharmacokinetics after application of a loading dose of 9 mu colistin methanesulfonate in critically ill patients［J］. Antimicrob Agents Chemother，2015，59（12）：7240－7248.

［11］ Moni M，Sudhir AS，Dipu TS，et al. Clinical efficacy and pharmacokinetics of colistimethate sodium and colistin in critically ill patients in an Indian hospital with high endemic rates of multidrug-resistant gram-negative bacterial infections：A prospective observational study［J］. Int J Infect Dis，2020，100：497－506.

［12］ Abdellatif S，Trifi A，Daly F，et al. Efficacy and toxicity of aerosolised colistin in ventilator-associated pneumonia：a prospective，randomised trial［J］. Ann Intensive Care，2016，6（1）：26.

［13］ Lin CC，Liu TC，Kuo CF，et al. Aerosolized colistin for the treatment of multidrug-resistant Acinetobacter baumannii pneumonia：experience in a tertiary care hospital in northern Taiwan［J］. J Microbiol Immunol Infect，2010，43（4）：323－331.

［14］ Doshi NM，Cook CH，Mount KL，et al. Adjunctive aerosolized colistin for multi-drug resistant gram-negative pneumonia in the critically ill：a retrospective study［J］. BMC Anesthesiol，2013，13（1）：45.

［15］ Tumbarello M，De Pascale G，Trecarichi EM，et al. Effect of aerosolized colistin as adjunctive treatment on the outcomes of microbiologically documented ventilator-associated pneumonia caused by colistin-only susceptible gram-negative bacteria［J］. Chest，2013，144（6）：1768－1775.

六、康替唑胺(Contezolid)

康替唑胺(Contezolid)是首个国产原研新一代噁唑烷酮类抗菌药物,是国家Ⅰ类新药,由上海盟科药业股份有限公司研发(化合物结构见图21－6),于2021年6月经国家药品监督管理局批准在中国大陆首发上市。

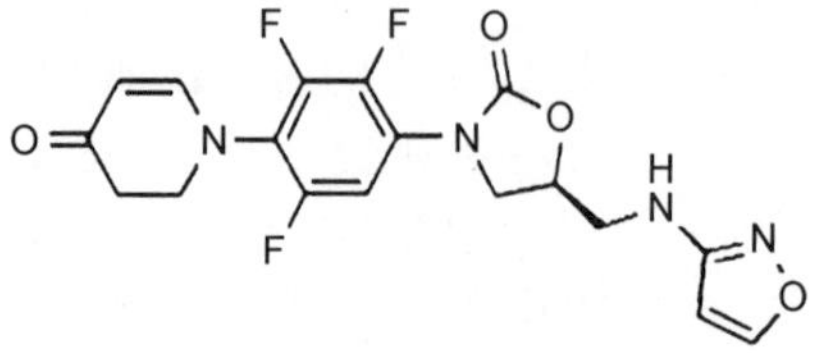

图21－6　康替唑胺化学结构

1. 作用机制:康替唑胺主要通过与23S核糖体RNA结合抑制功能性70S起始复合物的形成而达到抑制细菌生长的作用,由于康替唑胺独特的作用机制,降低了该药与其他类别抗菌药物之间的交叉耐药性。

2. 体外抗菌活性：体外试验结果显示，康替唑胺对革兰阳性球菌具有高度抗菌活性，包括对金黄葡萄球菌、肺炎链球菌、粪肠球菌、屎肠球菌、表皮葡萄球菌等。康替唑胺对 MRSA、PRSP、VRE 和 MRSE 等细菌的 MIC_{90} 均≤1 mg/L，对 MSSA、MSSE 和 PSSP 的 MIC_{90} 均为 0.5 mg/L。研究显示，康替唑胺对结核分枝杆菌的抗菌活性与利奈唑胺相仿，康替唑胺和利奈唑胺对敏感或耐药结核分枝杆菌标准株及临床分离株的 MIC_{90} 均为 1 mg/L；康替唑胺可显著降低感染结核分枝菌的小鼠肺部细菌负荷，对脓肿分枝杆菌的胞内、胞外抗菌活性与利奈唑胺相仿，与常用的抗脓肿分枝杆菌药物间无拮抗作用，且预暴露不增加抗脓肿分枝杆菌药物及康替唑胺的 MIC。在斑马鱼脓肿分枝杆菌感染模型中，康替唑胺能有效抑制脓肿分枝杆菌的生长并延长斑马鱼的存活时间，MIC 和最大耐受浓度分别是 6 μg/mL 和 15.6 μg/mL。康替唑胺对诺卡菌的抗菌活性优于利奈唑胺，MIC 范围为 0.5～8 μg/mL，康替唑胺对盖尔森基兴诺卡菌和皮疽诺卡菌的 MIC_{50} 低于利奈唑胺。

3. 临床药理学：健康成人受试者单剂餐后口服 800 mg 康替唑胺片，或多剂餐后口服 800 mg（1 次/12 h）达稳态后的药代动力学参数见表 21‑4。康替唑胺与人血浆蛋白结合率约为 90%。口服给药后，在健康受试者体内分布广泛，平均表观分布容积约为 0.61 L/kg。在人体内的代谢由黄素单加氧酶 5（FMO5）和肝胞浆中的还原酶共同催化，主要代谢物为二氢吡啶酮环的氧化开环代谢物，其无抗菌活性。原形药物经尿和粪便的累积排泄量不足给药量的 5%。原形药物和主要代谢产物在体内均无明显蓄积。在成人，无需根据年龄、性别进行剂量调整。无需对肾功能不全的患者调整剂量。轻至中度肝功能不全患者无需调整剂量。

表 21‑4　健康成年人单剂和多剂餐后口服 800 mg 康替唑胺片的药代动力学参数（Mean±SD）

给 药 周 期	C_{max}（μg/mL）	T_{max} *（h）	$AUC_{0\sim t}$（μg·h/mL）	$AUC_{0\sim\infty}$（μg·h/mL）	$t_{1/2}$（h）	$MRT_{0\sim\infty}$（h）
单剂给药	26.5±6.06	4.00（1.50，6.00）	96.6±26.2	96.8±26.2	1.99±0.89	4.76±0.94
多剂末次给药	26.4±5.42	2.50（1.50，4.02）	85.80±18.94	85.86±18.95	2.63±1.22	3.64±0.84

注：C_{max}= 血药峰浓度；* T_{max}= 血浆药物浓度达峰时间，以中位数（最小值，最大值）表示；$AUC_{0\sim t}$= 服药后 0 h 至最后一个可检出浓度的时间点的血药浓度-时间曲线下面积；$AUC_{0\sim\infty}$= 服药后 h 至无穷大的血药浓度-时间曲线下面积；$t_{1/2}$ 末端相消除半衰期；$MRT_{0\sim\infty}$= 平均滞留时间。

4. 临床：康替唑胺治疗复杂性皮肤和软组织感染（cSSTIs）的 Ⅲ 期研究显示，康替唑胺组和利奈唑胺组治愈检验期访视时临床治愈率分别为 92.8% 和 93.4%，康替唑胺临床疗效非劣于利奈唑胺。在 cSSTIs Ⅱ 期和 Ⅲ 期研究中，对于接受研究药物治疗 7～14 d 的安全性人群（SS），康替唑胺组发生血小板计数降低的风险，较利奈唑胺组明显降低，且在治疗≥11 d 的患者中差异更显著。康替唑胺上市后，相较于利奈唑胺显著的骨髓抑制毒性、神经毒性，其血液学与神经学安全性优势与更少的药物间相互作用优势逐渐彰显，并在临床治疗中发挥着越来越重要的作用。现有的康替唑胺相关病例报告涵盖肺炎（MRSA、MSSA 和 VRE 等）、血流感染（MRSA 和新金色分枝杆菌）、结核病（肺结核、结核性胸膜炎、结核性脑膜炎、结核性脑膜脑炎）、心内膜炎（MRSA）、诺卡菌感染等临床应用实践,康替唑胺在这些病例中展现了良好的疗效和安全性,其中年龄最高患者为 101 岁,应用康替唑胺时间最长者达 326 d。2023 年发表的"含康替唑胺的抗结核方案治疗 25 例利奈唑胺不耐受结核病患者"的回顾性研究中,患者无法耐受利奈唑胺引发相关不良事件时替换成含有康替唑胺的抗结核方案,在换用至少 1 个月后,90% 患者的利奈唑胺相关不良事件缓解或好转,所有患者均观察到临床改善,84% 患者的痰培养和/或痰涂片结果阴性。与此同时,康替唑胺在肺炎、骨髓炎、腹腔感染、血流感染、耐多药结核病、重症、中枢神经系统感染、高龄患者和儿童患者在内的多个治疗领域及患者人群,开展了一系列研究者发起的临床研究,截至 2024 年 1 月 24 日,共计 14 项临床研究在中国临床试验注册中心(Chinese Clinical Trial Registry,ChiCTR)或 ClinicalTrials.gov 登记。作为上市不久的新一代噁唑烷酮类药物,需要更多严谨有力的循证数据来进一步验证其临床价值。

参 考 文 献

[1] 袁红,王星海,张菁.噁唑烷酮类抗耐药菌新药——康替唑胺[J].中国感染与化疗杂志,2021,21:765-772.

[2] 刘世聪,王海林,许云华,等.新型噁唑烷酮类抗生素体内药代动力学-药效学研究[J].北方药学,2018,15(9):146-147.

[3] 朱德妹,叶信予,胡付品,等.康替唑胺体外抗菌作用研究[J].中国感染与化疗杂志,2021,21:121-135.

[4] Guo Q, Xu L, Tan F, Zhang Y, et al. A novel oxazolidinone, contezolid (mrx-i), expresses anti-mycobacterium abscessus activity in vitro[J]. Antimicrob Agents Chemother, 2021, 65 (11): e0088921.

[5] Gao S, Nie W, Liu L, et al. Antibacterial activity of the novel oxazolidinone contezolid (MRX-I) against Mycobacterium abscessus[J]. Front Cell Infect Microbiol, 2023, 13: 1225341.

[6] Zhao X, Huang H, Yuan H, et al. A Phase Ⅲ multicentre, randomized, double-blind trial to evaluate the efficacy and safety of oral contezolid versus linezolid in adults with complicated skin and soft tissue infections[J]. J Antimicrob Chemother, 2022, 77 (6): 1762-1769.

[7] Edward Fang, Huahui Yang, Hong Yuan. 1702. Platelet Counts in Contezolid Complicated Skin and Soft Tissue Infection Phase 2 and Phase 3 Clinical Trials[J]. Open Forum Infect Dis, 2022, 9(suppl 2): ofac492.1332.

[8] Li B, Liu Y, Luo J, Cai Y, Chen M, Wang T. Contezolid, a novel oxazolidinone antibiotic, may improve drug-related thrombocytopenia in clinical antibacterial treatment[J]. Front Pharmacol, 2023, 14: 1157437.

[9] Pang L, Chen Z, Xu D, Cheng W. Case report: Mycobacterium neoaurum infection during ICI therapy in a hepatocellular carcinoma patient with psoriasis[J]. Front Immunol, 2022, 13: 972302.

[10] Li J, Yu Z, Jiang Y, Lao S, Li D. Rare tuberculosis in recipients of allogeneic hematopoietic stem cell transplantation successfully treated with contezolid-a typical case report and literature review[J]. Front Cell Infect Microbiol, 2023, 13: 1258561.

[11] Wang J, Ma L. Tuberculosis patients with special clinical conditions treated with contezolid: three case reports and a literature review[J]. Front Med-Lausanne, 2023, 10: 1265923.

[12] Kang Y, Ge C, Zhang H, et al. Compassionate use of contezolid for the treatment of tuberculous pleurisy in a patient with a leadless pacemaker[J]. Infect Drug Resist, 2022, 15: 4467-4470.

[13] Xu Z, Zhang J, Guan T, et al. Case report: successful treatment with contezolid in a patient with tuberculous meningitis who was intolerant to linezolid[J]. Front Med (Lausanne), 2023, 10: 1224179.

[14] Guo W, Hu M, Xu N, et al. Concentration of contezolid in cerebrospinal fluid and serum in a patient with tuberculous meningoencephalitis: A case report[J]. Int J Antimicrob Agents, 2023, 62 (2): 106875.

[15] Zhao S, Zhang W, Zhang L, et al. Use of contezolid for the treatment of refractory infective endocarditis in a patient with chronic renal failure: case report[J]. Infect Drug Resist, 2023, 16: 3761-3765.

七、来法莫林(Lefamulin)

来法莫林为截短侧耳素类抗菌新药,主要用于治疗敏感菌所致成人社区获得性肺炎:肺炎链球菌(包括多重耐药肺炎链球菌)、金黄葡萄球菌、流感嗜血杆菌、嗜肺军团菌、肺炎支原体和肺炎衣原体,来法莫林化学结构见图 21‑7。

1. 作用机制:来法莫林通过与细菌 50S 核糖体亚基 23s rRNA 结构域的肽基转移酶中心的 A 位点和 P 位点相互作用抑制细菌蛋白质合成,通过封闭所在细菌核糖体 tRNA 结合口袋,产生诱导契合以阻碍 tRNA 的正确定位。

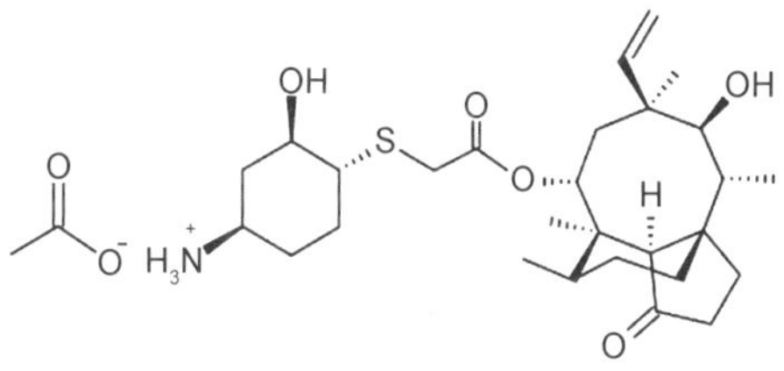

图 21‑7　来法莫林化学结构图

2. 体外抗菌活性:来法莫林对以下微生物具有抗菌活性。① 革兰阳性菌:肺炎链球菌、金黄葡萄球菌(包含甲氧西林敏感菌株、甲氧西林耐药菌株)、无乳链球菌、咽峡炎链球菌、缓症链球菌、化脓链球菌、唾液链球菌。② 革兰阴性菌:流感嗜血杆菌、副流感嗜血杆菌、卡他莫拉菌。③ 其他微生物:肺炎支原体、肺炎衣原体、嗜肺军团菌。中国 29 家医院收集的病原微生物体外活性研究结果显示:来法莫林对革兰阳性菌、革兰阴性菌、非典型病原体具有广谱抗菌活性。药敏试验结果显示,来法莫林对 MRSA 的 MIC_{50} 和 MIC_{90} 分别为≤0.015 mg/L 和 0.125 mg/L,对 MRSE 的 MIC_{50} 和 MIC_{90} 分别为≤0.015 mg/L 和 0.06 mg/L,对肺炎链球菌(包括青霉素敏感、中介和耐药菌株)的 MIC 范围为≤0.015～0.25 mg/L,敏感率均为 100%;对化脓链球菌和无乳链球菌的 MIC 范围为≤0.015～0.03 mg/L,对流感嗜血杆菌(包括产与非产 β‑内酰胺酶菌株)的 MIC 范围为 0.125～2 mg/L 敏感率达到 100%;对卡他莫拉菌的 MIC 范围为≤0.015～0.5 mg/L(MIC_{50} 和 MIC_{90} 均为 0.25 mg/L),对肺炎支原体的 MIC 范围为≤0.015～0.03 mg/L(MIC_{50} 和 MIC_{90} 均为 0.03 mg/L)。

3. 临床药理学:社区获得性肺炎患者接受本品 150 mg 静脉(60 min 内输注)或 600 mg 口服单次或多次(1 次/12 h)给药后的 PK 参数如表 21‑5。

表 21‑5　来法莫林药代动力学参数

药代动力学参数	给药途径	算术平均值(% CV)	
		D1	稳　态
C_{max}(mcg/mL)	静脉	3.50(11.7)	3.60(14.6)
	口服	2.24(36.4)	2.24(37.1)
C_{min}(mcg/mL)	静脉	0.398(68.1)	0.573(89.4)
	口服	0.593(67.3)	0.765(75.7)

（续表）

药代动力学参数	给药途径	算术平均值(% CV)	
		D1	稳　态
AUC$_{0\sim24h}$（mcg·h/mL）	静脉	27.0(31.8)	28.6(46.9)
	口服	30.7(45.0)	32.7(49.2)

4. 临床：全球Ⅲ期临床试验 LEAP-1(中度-重度 CABP，来法莫林 vs.莫西沙星±利奈唑胺静脉转口服，用药周期 7 d)和 LEAP-2(中度 CABP，来法莫林 5 d 口服 vs.莫西沙星 7 d 口服)显示：来法莫林达成 FDA 和 EMA 的主要终点。表 21-6 总结了两项试验的主要研究结果。安全性方面，来法莫林治疗相关不良事件均为一过性，具备良好的安全性特征。最常见的不良反应为腹泻(7%)、恶心(4%)、呕吐(2%)、肝酶升高(2%)、头痛(1%)、低钾血症(1%)和失眠(1%)。胃肠道反应主要和本品口服制剂相关，导致治疗终止发生率<1%。

表 21-6　来法莫林全球Ⅲ期临床试验结果汇总(ITT 分析集)

临床试验	早期临床应答率		研究者评估临床应答成功率	
	来法莫林（n/N）	莫西沙星（n/N）*	来法莫林（n/N）	莫西沙星（n/N）*
LEAP-1	87.3%（241/276）	90.2%（248/275）	80.8%（223/276）	83.6%（230/275）
LEAP-2	90.8%（336/370）	90.8%（334/368）	87.0%（322/370）	89.1%（328/368）

注：* 3101 研究比较了来法莫林与莫西沙星±利奈唑胺。

参 考 文 献

［1］ Wu S，Zheng Y，Guo Y，et al. In vitro activity of lefamulin against the common respiratory pathogens isolated from mainland China during 2017-2019［J］. Front Microbiol，2020，11：578824.

［2］ File TM，Goldberg L，Das A，et al. Efficacy and safety of intravenous-to-oral lefamulin, a pleuromutilin antibiotic, for the treatment of community-acquired bacterial pneumonia：the phase Ⅲ lefamulin evaluation against pneumonia（leap 1）trial［J］. Clin Infect Dis，2019，69（11）：1856-1867.

［3］ Alexander E，Goldberg L，Das AF，et al. Oral lefamulin vs moxifloxacin for early clinical response among adults with community-acquired bacterial pneumonia：the leap 2 randomized clinical trial［J］. JAMA，2019，322（17）：1661-1671.

八、美罗培南-韦博巴坦(Meropenem-vaborbactam)

美罗培南-韦博巴坦是一种新型 β-内酰胺类/β-内酰胺酶抑制剂复方制剂，由意大利美纳里尼制药公司最先研发，该药于 2017 年在美国获批上市，2018 年在欧盟获批上市。美罗培南和韦博巴坦的化学结构见图 21-8。

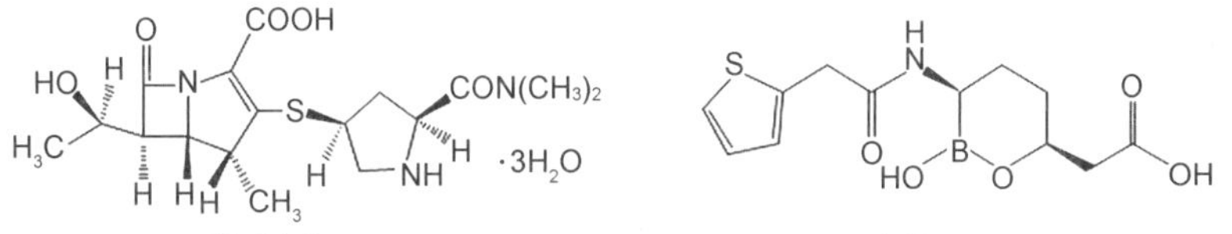

图 21-8　美罗培南和韦博巴坦化学结构图

1. 作用机制：美罗培南属于碳青霉烯类抗菌药物，通过与肠杆菌目细菌、铜绿假单胞菌和鲍曼不动杆菌的青霉素结合蛋白结合，导致细菌细胞壁的合成受阻。韦博巴坦本身没有抗菌活性，它通过与 β-内酰胺酶形成共价加合物发挥作用，对 β-内酰胺酶包括 ESBL、AmpC 和 A 类丝氨酸碳青霉烯酶如 KPC 等具有抑制作用。

2. 体外抗菌活性：美罗培南对革兰阴性菌包括肠杆菌目、铜绿假单胞菌和鲍曼不动杆菌等具有抗菌活性，用于治疗上述敏感菌株所致严重感染的治疗。复旦大学附属华山医院抗生素研究所（2020）进行的 1 项美罗培南-韦博巴坦体外抗菌活性研究，检测了 2016—2019 年国内 31 家医院临床分离菌共 1 154 株。结果显示，美罗培南-韦博巴坦对产与非产 ESBL、blaKPC 阳性大肠埃希菌和肺炎克雷伯菌均具有高度抗菌活性。2021 年对产 ESBL 或碳青霉烯酶肠杆菌目细菌的体外抗菌活性进行了进一步研究，收集了 2016—2020 年国内 48 家医院 701 株大肠埃希菌和肺炎克雷伯菌。结果显示，美罗培南-韦博巴坦对大肠埃希菌和肺炎克雷伯菌的抗菌活性与碳青霉烯酶基因型有关，对产 ESBL 和 KPC-2 型碳青霉烯酶大肠埃希菌具有高度抗菌活性，敏感率均为 100%；对产 ESBL、产 KPC-2 型和产 KPC 基因新亚型肺炎克雷伯菌均具有高度抗菌活性，敏感率分别为 100%、97.6% 和 100%。另外，北美 JMI 实验室对 2021 年收集自全球 32 个国家 86 家医疗中心的 16 521 株革兰阴性临床分离株的抗菌活性进行了研究。结果显示，美罗培南-韦博巴坦对 12 394 株肠杆菌的抑制率为 98.9%（CLSI 标准）和 99.0%（EUCAST 标准）；对 192 株产 KPC 酶菌株的抑制率也高达 97.4%（CLSI）和 99.5%（EUCAST）。

3. 临床药理学：美罗培南和韦博巴坦单次静脉输注 3 h 的药代动力学（C_{max} 和 AUC）在研究的剂量范围内（美罗培南为 1~2 g，韦博巴坦为 0.25~2 g）呈线性。在肾功能正常的受试者中，每 8 h 静脉输注给药 7 d 后，美罗培南或韦博巴坦均没有累积。美罗培南和韦博巴坦的血浆蛋白结合率分别约为 2% 和 33%。基于肺泡上皮衬液的 $AUC_{0\sim\infty}$ 数据以及总血浆浓度，美罗培南和韦博巴坦肺内的穿透率分别约为 63% 和 53%。美罗培南是有机阴离子转运系统的底物，因此丙磺舒禁止与美罗培南和韦博巴坦联用。美罗培南和韦博巴坦联合给药后，有 40%~60% 的美罗培南以及 75%~95% 的韦博巴坦在 24~48 h 随尿液排出。在肾功能降低患者中，美罗培南和韦博巴坦的血浆清除率降低程度相似，可在维持剂量配比的情况下根据肾功能调整剂量。群体药代动力学显示，男性和女性中的 C_{max} 和 AUC 相近。未发现老年患者的药代动力学参数有临床显著的变化。也未观察到各种族的平均美罗培南或韦博巴坦清除率有显著差异。

4. 临床：美罗培南-韦博巴坦在成人复杂性尿路感染（cUTI）包括肾盂肾炎（AP）患者中进行了一项Ⅲ期、多中心、随机、双盲双模拟的关键性研究，美罗培南-韦博巴坦组和哌拉西林-他唑巴坦组在静脉给药结束时 m-mITT 人群的综合应答率分别为 98.4% 和 94.0%，率差及 95% *CI* 为

4.5%(0.7%,9.1%)。此外,两组在治愈评估(TOC)时 m‑mITT 人群中的细菌清除率分别为 66.7% 和 57.7%,率差及 95% CI 为 9.0%(−0.9%,18.7%);两组在 TOC 时微生物可评估人群中的细菌清除率分别为 66.3%(118/178)和 60.4%(102/169),率差及 95% CI 为 5.9%(−4.2%,16.0%)。上述终点均达到预设的非劣效性。另一项疑似或确诊由 CRE 引起的严重感染[包括 cUTI 或 AP、cIAI、HAP、VAP 和血流感染]患者中进行的美罗培南-韦博巴坦与最佳治疗(BAT)比较的多中心、随机(2∶1)开放Ⅲ期临床研究。该研究总共入组已知或疑似由 CRE 感染的 77 例患者,其中 52 例被随机分配至注射用美罗培南-韦博巴坦组,在所有适应证中,美罗培南-韦博巴坦组 CRE 改良意向治疗(mCRE‑MITT)人群中第 28 d 全因死亡率比 BAT 组降低 17.7%[95% CI:(−44.7%,9.3%)]。

参 考 文 献

[1] Clinical and Laboratory Standards Institute. Performance standards for antimicrobial susceptibility testing[S]. In: Clinical and Laboratory Standards Institute. M100,34th Edition. Wayne,PA:CLSI,2024.

[2] EMA. EPAR-Public assessment report:Vabomere[EB/OL].[2024‑03‑19]https://www.ema.europa.eu/en/documents/assessment-report/vabomere-epar-public-assessment-report_en.pdf.

[3] Kaye KS,Bhowmick T,Metallidis S,et al. Effect of meropenem-vaborbactam vs piperacillin-tazobactam on clinical cure or improvement and microbial eradication in complicated urinary tract infection:the tango i randomized clinical trial[J]. JAMA,2018;319(8):788‑799.

[4] Wunderink RG,Giamarellos-Bourboulis EJ,Rahav G,et al. Effect and safety of meropenem-vaborbactam versus best-available therapy in patients with carbapenem-resistant Enterobacteriaceae infections:The TANGO II Randomized Clinical Trial[J]. Infect Dis Ther,2018,7(4):439‑455.

[5] Bassetti M,Giacobbe DR,Patel N,Tillotson G,Massey J. Efficacy and safety of meropenem-vaborbactam versus best available therapy for the treatment of carbapenem-resistant Enterobacteriaceae infections in patients without prior antimicrobial failure:a post hoc analysis[J]. Adv Ther,2019,36(7):1771‑1777.

九、奈诺沙星(Nemonoxacin)

奈诺沙星(Nemonoxacin)是一种新型无氟喹诺酮类抗生素,于 2016 年上市,现有胶囊和注射液两种剂型,化学结构见图 21‑9。

1. 作用机制:奈诺沙星能双重抑制 DNA 旋转酶(亦称拓扑异构酶Ⅱ)和拓扑异构酶Ⅳ,破坏 DNA 旋转酶和拓扑异构酶对细菌 DNA 的正常功能,构成奈诺沙星/酶/DNA 复合作用,抑制 DNA 的合成,从而达到杀菌目的。

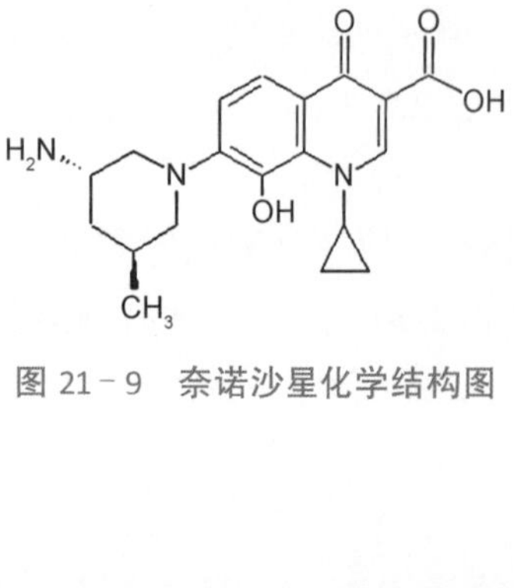

2. 体外抗菌活性:奈诺沙星对需氧革兰阳性菌具有高度抗菌活性,包括甲氧西林敏感和耐药金黄色葡萄球菌、青霉素敏感/中介/耐药肺炎链球菌,对粪肠球菌亦具有良好抗菌作用,但对屎肠球菌的抗菌作用差;奈诺沙星对需氧革兰阴性杆菌抗菌活性与环丙沙星、左氧氟沙星相仿,对结核分枝杆菌的抗菌活性差。北京

图 21‑9 奈诺沙星化学结构图

大学第一医院临床药理研究所（2023）对 2021—2022 年来自全国 18 座城市 18 家医院的 3 017 株临床分离菌进行了 MIC 测定。结果显示奈诺沙星对甲氧西林敏感金葡菌、甲氧西林耐药金葡菌和甲氧西林耐药表皮葡萄球菌均具有高度抗菌活性，敏感率分别为 98.7%、83.3% 和 91.3%；肺炎链球菌对奈诺沙星的敏感率为 100%；奈诺沙星对草绿色链球菌的 MIC_{90} 为 0.5 mg/L，低于 β-溶血性链球菌。大肠埃希菌和肺炎克雷伯菌对奈诺沙星的敏感率分别为 41.1% 和 62.5%，均优于环丙沙星和左氧氟沙星。奈诺沙星对流感嗜血杆菌的抗菌活性远优于副流感嗜血杆菌。卡他莫拉菌对奈诺沙星高度敏感（MIC_{90} 为 0.12 mg/L）。复旦大学附属华山医院抗生素研究所（2022）检测了 2020—2021 年 22 省市和自治区 37 所医院 276 株泌尿道分离菌的敏感性。结果显示，奈诺沙星对大肠埃希菌、肺炎克雷伯菌和奇异变形杆菌具有较强抗菌活性，对非产 ESBL 肺炎克雷伯菌和粪肠球菌具有高度抗菌活性。与同类抗菌药物相比，奈诺沙星对大肠埃希菌（包括非产 ESBL 菌株）、肺炎克雷伯菌（包括产与非产 ESBL 菌株）和奇异变形杆菌的抗菌活性与左氧氟沙星和环丙沙星相仿，对粪肠球菌的抗菌活性优于左氧氟沙星和环丙沙星。

3. 临床药理学：奈诺沙星口服和静脉成人 0.5 g qd，其中静脉给药每次输注时间 ≥90 min。健康受试者口服或静脉注射奈诺沙星 500 mg 后血浆及尿液中奈诺沙星的药代动力学参数汇总情况如表 21-7 所示。奈诺沙星与含钙补充剂、华法林、茶碱、丙磺舒和西咪替丁合并使用无明显药物相互作用，口服绝对生物利用度达 106%，可广泛分布于身体各种组织体液中，离体血浆蛋白结合率约 16%，主要经肾脏排泄，给药后 72 h 内约 70% 的原形药物自尿中排出。对于轻度肝损患者、肌酐清除率＞50 mL/min 肾损患者和老年患者（＞60 岁）均无需调整剂量，重度肾损害［eGFR≤30 mL/(min·1.73 m²)］未透析患者使用 0.5 g q36 h 或 0.5 g q48 h 的给药方案。

表 21-7　健康受试者空腹口服/静脉输注 500 mg 奈诺沙星后的药代动力学参数（Mean±SD）

单　次　给　药							
给药方案（例数）	C_{max}（μg/mL）	$t_{1/2}$（h）	T_{max}（h）	$AUC_{0\sim72\,h}$（μg·h/mL）	V_d（L）	CL（L/h）	CL_R（L/h）
口服（n=11）	5.91±1.35	12.8±3.7	1.0	42.2±5.8	222.26±70.58	11.98±1.57	8.32±1.64
静脉输注（n=11）	7.15±1.33	10.9±3.0	-	39.3±5.3	201.10±50.62	12.87±1.75	-
多　次　给　药							
给药方案（例数）	C_{max_ss}（μg/mL）	$C_{24\,h\_ss}/C_{22\,h\_ss}$（μg/mL）	T_{max_ss}（h）	$AUC_{0\text{-}tau}$（μg·h/mL）	V_{d_ss}（L）	CL_{ss}（L/h）	CL_{R_ss}（L/h）
po q24h* 10 d（n=12）	7.02±1.77	0.37±0.10	1.0	46.9±12.2	107.64±41.38	11.32±2.84	5.69±2.44
静脉输注 q24h* 10 d（n=12）	7.13±1.47	0.29±0.10	-	40.5±9.5	101.13±23.64	11.77±2.84	-

注：① 单次给药，C_{max}，血药峰浓度；T_{max}，血药浓度达峰时间（中位数）；$AUC_{0\sim72\,h}$，服药后 0～72 h 药时曲线下面积；V_d，表观分布容积；CL，总清除率；$t_{1/2}$，末端相半衰期；CL_R，肾清除率。② 多次给药，C_{max_ss}：稳态时血药峰浓度；$C_{24\,h\_ss}$：口服稳态时 24 h 血药浓度；$C_{22\,h\_ss}$：静脉输注稳态时 22 h 血药浓度；T_{max_ss}：血药浓度达峰时间（中位数）；$AUC_{0\sim tau}$：稳态时服药后 0～24 h 药时曲线下面积；V_{d_ss}：稳态时表观分布容积；CL_{ss}：稳态时总清除率；CL_{R_ss}：稳态时肾清除率。

4. 临床：奈诺沙星在美国、南非、中国开展了 10 余项 Ⅰ 期研究和多项治疗 CAP 的 Ⅱ～Ⅳ 期临床研究结果显示，奈诺沙星用于治疗 CAP 具有良好的临床和微生物学疗效，且安全性良好。目前该品种正在开展 uUTI 新适应证 Ⅲ 期临床研究。奈诺沙星胶囊 Ⅲ 期临床研究共 532 名患者按 2∶1 接受了奈诺沙星或左氧氟沙星，治疗后访视中奈诺沙星和左氧氟沙星的临床有效率分别为 94.3% 和 93.5%，率差及 95% *CI* 为 0.9%［－3.8%，5.5%］，微生物学有效率分别为 92.1% 和 91.7%，率差及 95% *CI* 为 0.4%［－8.1%，9.0%］，证明了非劣效性。Ⅳ 期临床研究共 465 名患者接受了奈诺沙星，治疗后访视的临床有效率和微生物学有效率分别为 94.2% 和 100%。各项临床研究均显示奈诺沙星安全性良好。奈诺沙星注射液 Ⅲ 期临床研究共 417 名患者按 2∶1 接受了奈诺沙星或左氧氟沙星，治疗后访视中奈诺沙星和左氧氟沙星的临床有效率分别为 91.8% 和 85.7%，率差及 95% *CI* 为 6.1%［－0.2%，12.3%］，微生物学有效率分别为 89.3% 和 87.8%，$p >$ 0.05，证明了非劣效性。

参 考 文 献

［1］Qin X，Huang H. Review of nemonoxacin with special focus on clinical development［J］. Drug Des Devel Ther，2014，8：765-774.

［2］汪复，张婴元.抗菌药物临床应用指南［M］.北京：人民卫生出版社，2020.

［3］朱德妹，吴文娟，胡付品.细菌真菌耐药监测实用手册［M］.上海：上海科学技术出版社，2020.

［4］徐晓勇，康悦，陈渊成，等.中度肝功能损害者口服苹果酸奈诺沙星胶囊群体药动学/药效学研究及给药方案推荐［J］.中国感染与化疗杂志，2020，20（3）：244-248.

［5］Li Y，Lu J，Kang Y，Xu X，et al. Nemonoxacin dosage adjustment in patients with severe renal impairment based on population pharmacokinetic and pharmacodynamic analysis［J］. Br J Clin Pharmacol，2021，87（12）：4636-4647.

［6］Yuan J，Zhang X，Chen J，et al. Safety of oral nemonoxacin：A systematic review of clinical trials and postmarketing surveillance［J］. Front Pharmacol，2022，13：1067686.

［7］Kocsis B，Domokos J，Szabo D. Chemical structure and pharmacokinetics of novel quinolone agents represented by avarofloxacin，delafloxacin，finafloxacin，zabofloxacin and nemonoxacin［J］. Ann Clin Microbiol Antimicrob，2016，15（1）：34.

十、舒巴坦-度洛巴坦(Sulbactam-durlobactam)

舒巴坦-度洛巴坦是一种新型 β-内酰胺类/β-内酰胺酶抑制剂复方制剂，由 Entasis Therapeutics Inc.和再鼎医药(上海)有限公司共同研发。舒巴坦和度洛巴坦化合物结构见图 21-10。舒巴坦-度洛巴坦已于 2023 年经 FDA 批准用于治疗 18 岁及以上患者由鲍曼不动杆菌复合群敏感分离株所致医院获得性细菌性肺炎和呼吸机相关性细菌性肺炎。

1. 作用机制：舒巴坦为 Ambler A 类 β-内酰胺酶的抑制剂，因对 PBP3 有抑制作用，使舒巴坦对鲍曼不动杆菌复合群具有抗菌活性。度洛巴坦是一种二氮杂二环辛烷(DBO)β-内酰胺酶抑制剂，对 A 类、C 类和 D 类 β-内酰胺酶具有抑制作用，可恢复舒巴坦对产 A 类、C 类和 D 类 β-内酰胺酶鲍曼不动杆菌复合群的抗菌活性。

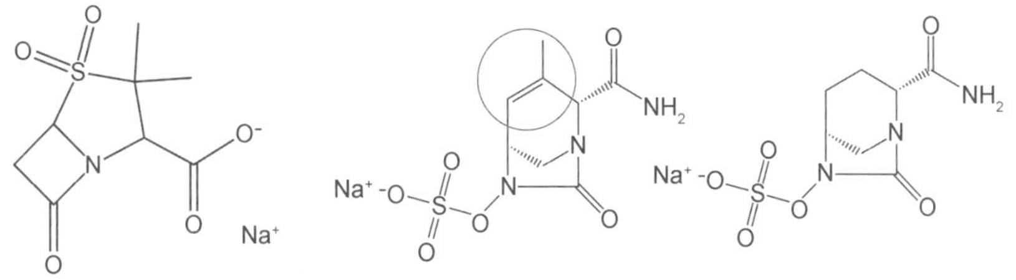

图 21-10 舒巴坦、度洛巴坦和阿维巴坦化学结构图

2. 体外抗菌活性：2016—2021 年国际多中心研究评估舒巴坦-度洛巴坦对鲍曼不动杆菌复合群的抗菌活性，舒巴坦-度洛巴坦对 5 032 株鲍曼不动杆菌复合群的 MIC_{90} 值为 2 μg/mL，舒巴坦单药的 MIC_{90} 值为 64 μg/mL。中国大陆地区各研究中心 2016—2018 年收集的 982 株鲍曼不动杆菌临床分离株：舒巴坦单药的 MIC_{90} 值为 64 μg/mL，舒巴坦-度洛巴坦的 MIC_{90} 值为 2 μg/mL，其中舒巴坦-度洛巴坦对 831 株碳青霉烯类耐药菌株的 MIC_{90} 值同样为 2 μg/mL。

3. 临床药理学：对于肌酐清除率（CrCl）为 45～129 mL/min 的成人患者，推荐剂量为 1.0 g 舒巴坦和 1.0 g 度洛巴坦，每 6 h 进行一次静脉输注（持续 3 h）。舒巴坦和度洛巴坦的药代动力学参数汇总情况见表 21-8。舒巴坦和度洛巴坦在肺上皮细胞衬液中的渗透性良好，平均渗透率分别为 50% 和 37%。与丙磺舒合并给药可能会增加舒巴坦的血药浓度。舒巴坦和度洛巴坦消除半衰期短，大部分以原形经肾脏排泄。对于肾功能损害（CrCl＜45 mL/min）患者，建议减少给药次数。对于舒巴坦，未结合血浆舒巴坦浓度高于对鲍曼不动杆菌 MIC 的时间占给药间期百分比（% fT＞MIC），已证明是动物和体外感染模型中疗效的最佳预测指标。对于度洛巴坦，24 h 未结合血浆度洛巴坦 AUC 与舒巴坦-度洛巴坦 MIC 的比值（$fAUC_{0\sim24}$/MIC）可准确预测体内和体外感染模型中的活性。

表 21-8 舒巴坦-度洛巴坦各组分的药代动力学特征（平均值±SD）

药代动力学参数		舒 巴 坦	度洛巴坦
C_{max}（μg/mL）*		32.4±24.7	29.2±13.2
$AUC_{0\sim24}$（h·μg/mL）*		515±458	471±240
分布	与人血浆蛋白结合百分比	38%	10%
	$AUC_{0\sim6}$ ELF/血浆比率	0.5	0.37
	Vss（L）*	25.4±11.3	30.3±12.9
代 谢		代谢极少	
消除	CL（L/h）*	11.6±5.64	9.96±3.11
	$t_{1/2}$（h）*	2.15±1.16	2.52±0.77

（续表）

药代动力学参数		舒 巴 坦	度洛巴坦
排泄	主要消除途径	肾脏	
	原形经尿液排泄的百分比	75%～85%	78%

注：. 显示数值为在给药剂量为1g舒巴坦和1g度洛巴坦每6h一次的肾功能正常患者中的稳态(第3d)药代动力学参数。$AUC_{0～6}$=从给药时至给药后6h的血浆浓度时间曲线下面积；$AUC_{0～24}$=从给药时至24h的血浆浓度时间曲线下面积；CL=清除率；C_{max}=峰浓度；ELF=上皮细胞衬液；SD=标准差，$t_{1/2}$=终末半衰期；V_{ss}=稳态分布容积。

4. 临床：在鲍曼不动杆菌复合群感染患者中进行的一项严格、充分且对照良好的Ⅲ期研究（共纳入177例受试者），证明舒巴坦-度洛巴坦治疗鲍曼不动杆菌复合群所致感染具有良好疗效和安全性。该研究评估比较舒巴坦-度洛巴坦联合亚胺培南对照多黏菌素E联合亚胺培南治疗鲍曼不动杆菌复合群所致成人严重感染（HABP、VABP或菌血症）的疗效和安全性：在基线感染碳青霉烯类耐药鲍曼不动杆菌复合群的m-MITT人群中，28 d全因死亡率，舒巴坦-度洛巴坦组（19.0%）达到了非劣效于多黏菌素E组（32.3%，差异：-13.2%；95% CI：-30.0%，3.5%）。TOC时的临床治愈率在舒巴坦-度洛巴坦组为61.9%，多黏菌素E组为40.3%，差异具有统计学意义。TOC时还观察到碳青霉烯类耐药鲍曼不动杆菌复合群m-MITT人群中舒巴坦-度洛巴坦组微生物学良好应答率的显著优势：舒巴坦-度洛巴坦组68.3%的患者达到微生物学良好应答，多黏菌素E组为41.9%（95% CI：7.9%，44.7%）。且舒巴坦-度洛巴坦组肾毒性的发生率显著低于多黏菌素E组（13.2% vs. 37.6%，p=0.000 2）。

─────── 参 考 文 献 ───────

[1] Penwell WF，Shapiro AB，Giacobbe RA，et al. Molecular mechanisms of sulbactam antibacterial activity and resistance determinants in Acinetobacter baumannii[J]. Antimicrob Agents Chemother 2015；59（3）：1680-1689.

[2] Shapiro AB. Kinetics of Sulbactam Hydrolysis by β-Lactamases，and Kinetics of β-Lactamase Inhibition by Sulbactam[J]. Antimicrob Agents Chemother，2017，61（12）：e01612-17.

[3] Durand-Réville TF，Guler S，Comita-Prevoir J，et al. ETX2514 is a broad-spectrum β-lactamase inhibitor for the treatment of drug-resistant Gram-negative bacteria including Acinetobacter baumannii[J]. Nat Microbiol，2017，2：17104.

[4] Karlowsky JA，Hackel MA，McLeod SM，Miller AA. In Vitro activity of sulbactam-durlobactam against global isolates of acinetobacter baumannii-calcoaceticus complex collected from 2016 to 2021[J]. Antimicrob Agents Chemother，2022，66（9）：e0078122.

[5] Yang Q，Xu Y，Jia P，Zhu Y，Zhang J，Zhang G，Deng J，Hackel M，Bradford PA，Reinhart H. In vitro activity of sulbactam/durlobactam against clinical isolates of Acinetobacter baumannii collected in China[J]. J Antimicrob Chemother 2020；75（7）：1833-1839.

[6] FDA. Sulbactam and Durlobactam Injection [EB/OL].（2023-05-25）[2024-04-10]. https://www.fda.gov/drugs/development-resources/sulbactam-and-durlobactam-injection.

[7] CLSI. AST Meeting Files and Resources [EB/OL]. [2024-04-10]. https://clsi.org/meetings/ast-file-resources/.

[8] Kaye KS，Shorr AF，Wunderink RG，et al. Efficacy and safety of sulbactam-durlobactam versus colistin for the treatment of patients with serious infections caused by Acinetobacter baumannii-calcoaceticus complex：a multicentre，randomised，active-controlled，phase 3，non-inferiority clinical trial（ATTACK）[J]. Lancet Infect

Dis，2023，23（9）：1072‑1084.

［9］El-Ghali A，Kunz Coyne AJ，et al. Sulbactam-durlobactam：a novel β-lactam-β-lactamase inhibitor combination targeting carbapenem-resistant Acinetobacter baumannii infections［J］. Pharmacotherapy，2023，43（6）：502‑513.

十一、头孢比罗（Ceftobiprole）

头孢比罗是第五代头孢类抗生素，由瑞士巴塞利亚制药公司和美国强生公司共同研发，化合物结构见图 21‑11。

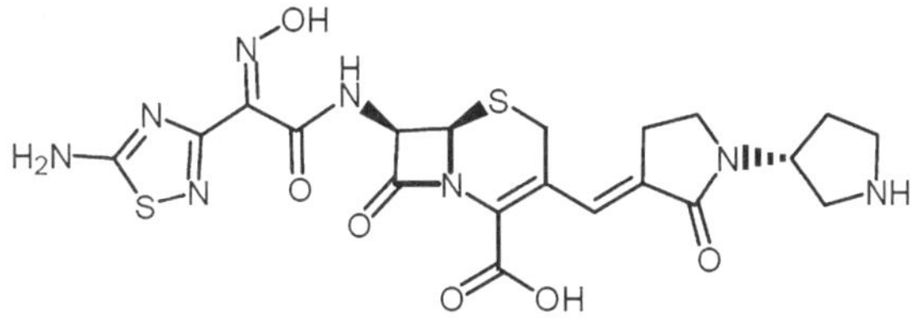

图 21‑11　头孢比罗化学结构图

1. 作用机制：头孢比罗通过与青霉素结合蛋白（PBP）结合而发挥杀菌活性，包括 PBP2a、PBP2b 和 PBP2x。

2. 体外抗菌活性：头孢比罗抗菌谱广，对 MRSA、万古霉素中介或耐药金黄色葡萄球菌和凝固酶阴性葡萄球菌、链球菌属（包括耐青霉素肺炎链球菌）、流感嗜血杆菌、卡他莫拉菌、大多数肠杆菌以及铜绿假单胞菌和粪肠球菌均具有良好抗菌活性，但对屎肠球菌、鲍曼不动杆菌、洋葱伯克霍尔德菌、嗜麦芽窄食单胞菌、普通变形杆菌、大多数革兰阴性厌氧菌（如脆弱拟杆菌和普雷沃菌属）以及产超广谱 β‑内酰胺酶或碳青霉烯酶肠杆菌目细菌的抗菌活性差或无抗菌活性。与传统 β‑内酰胺类药物相比，头孢比罗对 MRSA 和耐青霉素肺炎链球菌的抗菌活性显著增强。复旦大学附属华山医院抗生素研究所（2018）进行了一项头孢比罗体外抗菌活性研究，检测了 2016—2018 年国内 30 多家医院临床分离菌共 1 208 株。结果显示，头孢比罗对需氧革兰阳性菌具有高度抗菌活性。浙江大学附属邵逸夫医院（2022）研究表明，头孢比罗对中国 MRSA 具有高度抗菌活性，头孢比罗对 471 株 MRSA 的 MIC 为 0.25～2 mg/L。

3. 临床药理学：头孢比罗是水溶性前药头孢比罗酯的活性部分，在血浆中可被 A 型酯酶快速激活。头孢比罗由静脉给药，剂量为 500 mg，2 h 输注，每 8 h 给药一次。健康志愿者中头孢比罗的药代动力学参数汇总情况如表 21‑9 所述。进入 ELF 的平均渗透率（按组织与血浆 AUCs 比值计算）为 25.50%，有 69.00% 和 49.00% 分别进入骨骼肌和脂肪组织。头孢比罗与其他药物相互作用较小，消除半衰期短，几乎以未修饰的形式经肾脏途径完全排泄。肾功能损害的患者需要调整剂量（在存在 CrCl 30～50 mL/min、<30 mL/min 和终末期肾病或间歇性血液透析的情况下，剂量分别调整为 500 mg q12h 输注 2 h、250 mg q12h 输注 2 h、250 mg q24h 输注 2 h）。一项研究数据证实，亚洲和非亚洲受试者以 500 mg q8h 输注 2 h 的剂量给药后，PK 或药效学无差异。

表 21 - 9 头孢比罗的药代动力学参数

参 数	数 值
C_{max}(mg/L)	29.2±5.52
蛋白质结合率(%)	16.0
Vd(L)	21.7±3.3
$t_{1/2}$(h)	3.1±0.3
$AUC_{0\sim\infty}$(mg·h/L)	104.0±13.9
CLT(L/h)	4.89±0.69
CLR(L/h)	4.08±0.72
尿排泄(%)	83.1±9.1

4. 临床：头孢比罗从 2006 年开始在国际多中心相继开展了 CAP、HAP、儿童 CAP/HAP、ABSSSI 及 SAB(包括右 IE)的多项临床Ⅲ期研究,结果证实,头孢比罗疗效显著。在 CAP Ⅲ期临床研究中,在所有患者和高危患者组中,治疗后第 3 d 早期临床改善率,各治疗组之间的差异＜10%。按危险因素分层时,在 75 岁或以上的高危 CAP 患者,基线慢性支气管炎患者,ICU 患者和 PORT 风险评分≥4 的患者中,治疗间差异＞10%。在 HAP Ⅲ期临床研究中,受头孢比罗治疗的 HAP 患者的早期改善率(在治疗开始后第 4 d 评估)高于接受头孢他啶加利奈唑胺治疗的 HAP 患者 [86.9%(172/198)] vs. [78.4%(145/185)],相差为 8.5%,95% CI 为(0.9～16.1),基线时 MRSA 阳性培养的患者和基线时有＞10 种并发症的患者差异最大(94.7% vs. 52.6%,相差为 42.1%,95% CI：17.5～66.7;82.5% vs 67.2%,相差为 15.3%,95% CI：0.3～30.4)。ABSSSI 的注册研究于 2020 年发表,共有 679 例患者随机接受头孢比罗(n=335)或万古霉素/氨曲南(n=344)。头孢比罗组和万古霉素/氨曲南组的早期临床成功率分别为 91.3% 和 88.1%,证明了非劣效性。2021 年发表了儿童 CAP/HAP 的注册研究,总体而言,138 例患者随机接受头孢比罗(n=94)或 SoC 头孢菌素(n=44)。头孢比罗组口服转换的中位时间为 6 d,头孢菌素组为 8 d。意向治疗人群中,头孢比罗组和对照药物组第 4 d 的早期临床应答率分别为 95.7% 和 93.2%(组间差异,2.6%;95% CI：-5.5%～14.7%)。在 4 个关键的Ⅲ期临床试验中有细菌感染患者,比较了头孢比罗与其他替代方案治疗 CAP、HAP 以及复杂的皮肤和软组织感染(complicated skin and skin structure infections,cSSSI)。对这 4 个试验的汇总分析评估了头孢比罗和比较药物对 cSSSI、CAP 和 HAP 中葡萄球菌菌血症的疗效。比较药物包括万古霉素(cSSTI 试验),万古霉素加头孢他啶(cSSTI 试验),头孢曲松(CAP 试验：在怀疑 MRSA 的情况下与利奈唑胺合用)和头孢他啶加利奈唑胺(HAP 试验)。结果表明,头孢比罗和治疗标准比较药物的临床反应相似。与其他方案相比,对于 MRSA 患者头孢比罗有更高的临床治愈率(55.6% vs 22.2%)和较低的 30 d 全因死亡率(0 vs 22.2%)。目前正在进行一项Ⅲ期研究,评估头孢比罗与达托霉素相比治疗 SAB(包括感染性心内膜炎)中的疗效和安全性。

参 考 文 献

［1］Giacobbe DR，De Rosa FG，et al. Ceftobiprole：drug evaluation and place in therapy［J］. Expert Rev Anti Infect Ther，2019，17（9）：689－698.

［2］Dandan Y，Shi W，Yang Y，et al. Antimicrobial activity of ceftobiprole and comparator agents when tested against gram-positive and -negative organisms collected across China（2016－2018）［J］. BMC Microbiol，2022，22（1）：282.

［3］Li WZ，Wu HL，Chen YC，et al. Pharmacokinetics，pharmacodynamics，and safety of single- and multiple-dose intravenous ceftobiprole in healthy Chinese participants［J］. Ann Transl Med，2021，9（11）：936.

［4］Zhu F，Zhuang H，Di L，et al. Staphylococcal cassette chromosome mec amplification as a mechanism for ceftobiprole resistance in clinical methicillin-resistant Staphylococcus aureus isolates［J］. Clin Microbiol Infect，2022，28（8）：1151.e1－1151.e7.

［5］Scheeren TWL，Welte T，Saulay M，et al. Early improvement in severely ill patients with pneumonia treated with ceftobiprole：a retrospective analysis of two major trials［J］. BMC Infect Dis，2019，19（1）：195.

［6］Overcash JS，Kim C，Keech R，et al. Ceftobiprole compared with vancomycin plus aztreonam in the treatment of acute bacterial skin and skin structure infections：results of a phase 3，randomized，double-blind trial（TARGET）［J］. Clin Infect Dis，2021，73（7）：e1507－e1517.

［7］Bosheva M，Gujabidze R，Károly É，et al. A Phase 3，randomized，investigator-blinded trial comparing ceftobiprole with a standard-of-care cephalosporin，with or without vancomycin，for the treatment of pneumonia in pediatric patients［J］. Pediatr Infect Dis J，2021，40（6）：e222－e229.

［8］Soriano A，Morata L. Ceftobripole：experience in staphylococcal bacteremia［J］. Rev Esp Quimioter，2019，32（Suppl 3）：24－28.

［9］Hamed K，Engelhardt M，Jones ME，et al. Ceftobiprole versus daptomycin in Staphylococcus aureus bacteremia：a novel protocol for a double-blind，Phase Ⅲ trial［J］. Future Microbiol，2020，15（1）：35－48.

十二、头孢吡肟-他尼硼巴坦（Cefepime-taniborbactam）

头孢吡肟-他尼硼巴坦是一种新型的 β-内酰胺类/β-内酰胺酶抑制剂复方制剂。他尼硼巴坦（VNRX－5133）是一种新型环状硼酸酯类 β-内酰胺酶抑制剂，对包括丝氨酸型碳青霉烯酶和金属 β-内酰胺酶在内的 Ambler 类 A、B、C 和 D 类 β-内酰胺酶均具有抑制活性。头孢吡肟是一种第四代头孢菌素，对革兰阴性杆菌包括肠杆菌目细菌、铜绿假单胞菌等具有抗菌活性。头孢吡肟-他尼硼巴坦化学结构见图 21－12。

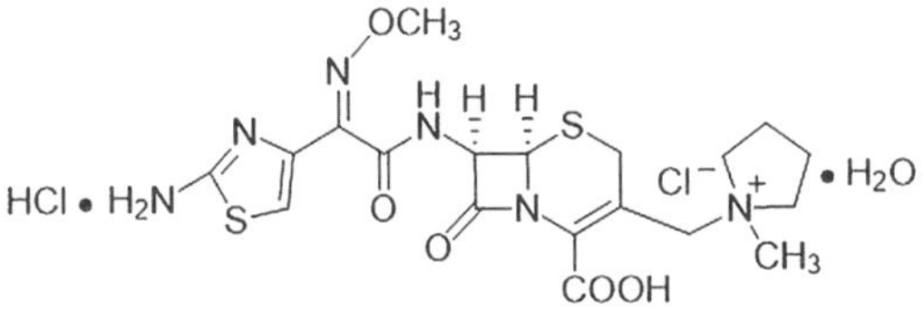

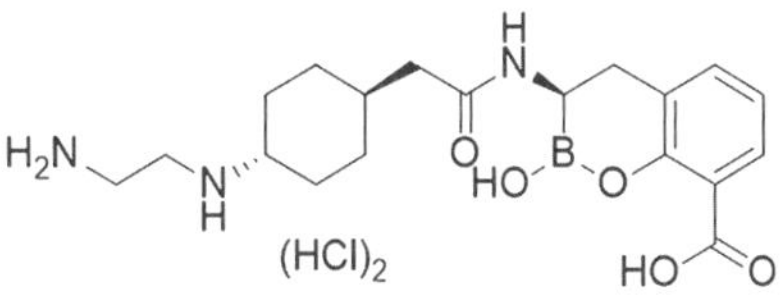

图 21－12 头孢吡肟和他尼硼巴坦化学结构

1. 作用机制：头孢吡肟通过与青霉素结合蛋白结合，抑制细菌细胞壁合成而发挥杀菌作用。他尼硼巴坦是丝氨酸 β-内酰胺酶和金属 β-内酰胺酶的抑制剂，通过与丝氨酸 β-内酰胺酶如超广谱 β-内酰胺酶、头孢菌素酶、苯唑西林酶和碳青霉烯酶(包括 KPC 和 OXA-48 群)的活性位点丝氨酸形成可逆共价键，抑制 β-内酰胺酶的活性。他尼硼巴坦还可通过竞争性抑制底物与金属 β-内酰胺酶的结合而抑制其活性。他尼硼巴坦本身无抗菌活性。

2. 体外抗菌活性：一项为期 3 年的全球监测研究评价了头孢吡肟-他尼硼巴坦和对照药物对 2018—2020 年从全球 56 个国家收集的肠杆菌目细菌和铜绿假单胞菌的体外抗菌活性。结果显示，头孢吡肟-他尼硼巴坦对肠杆菌目细菌和铜绿假单胞菌中碳青霉烯耐药菌株(包含携带丝氨酸酶和 NDM/VIM 金属酶菌株)具有高度抗菌活性。对肠杆菌目细菌，与他尼硼巴坦(固定 4 μg/mL)联合时，可使头孢吡肟的 MIC_{90} 值降低 64 倍以上(从>16 μg/mL 下降至 0.25 μg/mL)。头孢吡肟-他尼硼巴坦可以抑制 99.7% 的肠杆菌目细菌，对产丝氨酸 β-内酰胺酶和金属 β-内酰胺酶菌株抑菌率分别为≥98.7% 和≥84.6%。对铜绿假单胞菌，与他尼硼巴坦(固定 4 μg/mL)联合时，可使头孢吡肟的 MIC_{90} 值降低 4 倍(从 32 μg/mL 下降至 8 μg/mL)，头孢吡肟-他尼硼巴坦可以抑制 97.4% 的铜绿假单胞菌，并可抑制 87.4% 的产 VIM 型金属酶菌株。

3. 临床药理学：头孢吡肟-他尼硼巴坦单次和多次给药后，头孢吡肟和他尼硼巴坦的药代动力学特征相似。静脉输注给药后，头孢吡肟和他尼硼巴坦的 C_{max} 和 AUC 均与剂量成比例增加。当每 8 h 给药一次时，头孢吡肟或他尼硼巴坦在稳态下出现轻度蓄积(<20%)。头孢吡肟的血浆蛋白结合率约为 22.4%。他尼硼巴坦与血浆蛋白结合不明显。在 eGFR≥90 mL/(min·1.73 m²) 的 cUTI 患者中，头孢吡肟和他尼硼巴坦稳态分布容积的几何平均值(CV%)分别为 23.9 L(36.4%)和 19.7 L(23.1%)。头孢吡肟和他尼硼巴坦均主要通过肾脏排泄从体内消除。头孢吡肟和他尼硼巴坦半衰期的几何平均值(CV%)分别为 2.78 h(48.0%)和 2.98 h(37.5%)，清除率的几何平均值(CV%)分别为 7.65(29.3%)L/h 和 5.98(31.4%)L/h。

4. 临床：一项多国、双盲、双模拟、非劣效性试验中，661 例住院成人 cUTI(包括肾盂肾炎)患者以 2∶1 的比例随机分组，对头孢吡肟-他尼硼巴坦 2.5 g(头孢吡肟 2 g 和他尼硼巴坦 0.5 g)iv q8h 给药(输注 2 h)和美罗培南 1 g iv q8h(输注 0.5 h)进行了比较，治疗 7 d，并发菌血症者可以延长治疗至最多 14 d。主要疗效终点为复合治疗成功，定义为微生物学意向治疗(micro-ITT)人群在疗效判定(TOC)访视(研究药物首次给药后 19～23 d)时微生物学清除成功(基线时检出的所有≥10⁵ CFU/mL 的革兰阴性尿路病原菌均清除至<10³ CFU/mL)和临床治疗成功(患者存活，所有 cUTI 症状消退或恢复至病前基线状态，无新发 cUTI 症状或 cUTI 症状恶化，且患者未接受额外 cUTI 抗菌药物治疗)。研究达到了主要终点(micro-ITT 人群在 TOC 访视时的复合治疗成功)。在包含 436 例患者的 micro-ITT 人群中，头孢吡肟-他尼硼巴坦在微生物学和临床复合成功率的主要疗效终点上优于美罗培南。头孢吡肟-他尼硼巴坦的疗效持续到了 LFU 访视，其复合治疗成功率在统计学上仍高于美罗培南。在安全性评价角度，本研究共有 440 例患者接受头孢吡肟-他尼硼巴坦治疗(2.5 g q8h，根据肾功能调整剂量)，217 例患者接受美罗培南治疗。两治疗组患者总体安全及耐受性良好，头孢吡肟-他尼硼巴坦治疗组最常见的不良反应(发生率≥2%)为头痛、腹泻、便秘和恶心。

参 考 文 献

［1］ Krajnc A，Brem J，Hinchliffe P，et al. Bicyclic boronate vnrx-5133 inhibits metallo- and serine-β-lactamases［J］. J Med Chem，2019，62（18）：8544－8556.

［2］ Grassi GG，Grassi C. Cefepime：overview of activity in vitro and in vivo［J］. J Antimicrob Chemother，1993，32（Suppl B）：87－94.

［3］ Liu B，Trout REL，Chu GH，et al. Discovery of taniborbactam（VNRX－5133）：a broad-spectrum serine- and metallo-β-lactamase inhibitor for carbapenem-resistant bacterial infections［J］. J Med Chem，2020，63（6）：2789－2801.

［4］ Karlowsky JA，Hackel MA，Wise MG，et al In vitro activity of cefepime-taniborbactam and comparators against clinical isolates of gram-negative bacilli from 2018 to 2020：results from the global evaluation of antimicrobial resistance via surveillance（GEARS）program［J］. Antimicrob Agents Chemother，2023，67（1）：e0128122.

［5］ Dowell JA，Dickerson D，Henkel T. Safety and pharmacokinetics in human volunteers of taniborbactam（vnrx-5133），a novel intravenous β-lactamase inhibitor［J］. Antimicrob Agents Chemother，2021，65（11）：e0105321.

［6］ Dowell JA，Marbury TC，Smith WB，Henkel T. Safety and pharmacokinetics of taniborbactam（vnrx-5133）with cefepime in subjects with various degrees of renal impairment［J］. Antimicrob Agents Chemother，2022，66（9）：e0025322.

十三、头孢地尔(Cefiderocol)

头孢地尔是日本盐野义制药有限公司开发的一种新型头孢烯类抗菌药物,在头孢烯核心C－3位侧链上有一个儿茶酚基团,用于治疗由需氧革兰阴性菌(包括耐多药菌株和碳青霉烯耐药菌在内)引起的感染。头孢地尔化学结构图见图21－13。

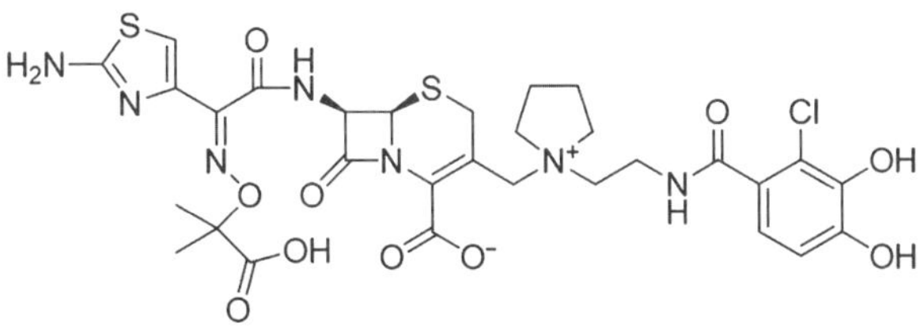

图 21－13　头孢地尔化学结构

1. 作用机制：特洛伊木马机制。头孢地尔与三价铁螯合,形成铁-铁载体-抗菌药物复合物,通过细胞外膜主动铁转运系统进入细菌细胞,与青霉素结合蛋白(PBP3)结合并破坏细胞壁合成。

2. 体外抗菌活性：目前总计有5项关于头孢地尔的敏感性监测研究,包括在北美及欧洲获得的以革兰阴性菌的临床分离株为对象的4项监测试验,以及采用在欧洲、非洲、亚洲、拉丁美洲、中东和南太平洋地区进行的国际监测试验。结果显示,头孢地尔对 38 288 株的 MIC_{50} 及 MIC_{90} 分别为 0.12 及 1 μg/mL,头孢地尔 MIC 为≤1 μg/mL、≤2 μg/mL 和≤4 μg/mL 时可抑制 95.62%、98.19% 和 99.37% 菌株的生长。对于碳青霉烯非敏感肠杆菌目细菌,头孢地尔 MIC 为≤1 μg/mL、≤2 μg/mL 及≤4 μg/mL 时可抑制 64.37%、98.19% 和 97.42% 菌株的生长。对于碳青霉烯非敏感铜绿假单胞菌,头孢地尔 MIC 为≤1 μg/mL、≤2 μg/mL 和≤4 μg/mL 时可抑制 94.56%、98.72% 和 99.92% 菌株的生长。对于碳青霉烯非敏感鲍曼不动杆菌,头孢地尔 MIC 为≤1 μg/mL、≤2 μg/mL 和≤4 μg/mL 时可抑制 84.69%、90.66% 和 93.98% 菌株的生长。由于固有耐药性,头孢地尔对革兰阳性菌或厌氧菌基本无抗菌活性。

3. 临床药理学:① 血浆中药物暴露:通过单次静脉滴注 1 h 给予健康成人 0.1~2 g 头孢地尔时,头孢地尔的最高血浆药物浓度(C_{max})及血浆药物浓度-时间曲线下面积(AUC)与剂量成比例增加。通过单次静脉滴注 1 h 或 3 h 给予包括外国人在内的健康成人头孢地尔 2 g 时,滴注 1 h 和滴注 3 h 的 AUC 及半衰期大致相似,证实滴注时间不会导致药代动力学改变。此外,对包括外国人在内的健康成人,每 8 h 一次通过静脉滴注 1 h 给予头孢地尔 1 g 及 2 g 重复给药 10 d 时,血浆中头孢地尔浓度在开始重复给药后 1 d 内达到稳态,重复给药后的体内药代动力学与单次给药相比几乎无变化,未见药物蓄积性。② 分布:在 1~1 000 μg/mL 的浓度范围内,头孢地尔人血浆蛋白质结合率为 58%。头孢地尔主要存在于血浆中,几乎不分配到红细胞中。通过单次静脉滴注 3 h 给予头孢地尔 2 g 时,终端消除相的分布容积的几何平均值(% 几何变异系数)为 18.0 L(18.1%)。通过单次静脉滴注 1 h 给予健康成人 2 g 头孢地尔时,呼吸道上皮细胞衬液中浓度与血浆药物浓度同时变化。呼吸道上皮细胞衬液中及肺泡巨噬细胞中的 AUC 相对血浆中非结合型头孢地尔的 AUC 之比分别为 0.239 及 0.0419。另外,对肺炎治疗中使用呼吸机的患者,通过单次静脉滴注 3 h 给予 2 g 头孢地尔,滴注结束时呼吸道上皮细胞衬液中/血浆中非结合型头孢地尔浓度比的几何平均值为 0.212、滴注结束后 2 h 为 0.547,与健康成人相比,滴注结束时患者的呼吸道上皮细胞衬液中/血浆中非结合型头孢地尔浓度比大致相似,滴注结束后 2 h 偏高。③ 代谢与排泄:健康成人中头孢地尔的终端消除半衰期为 2~3 h。健康成人中头孢地尔的全身清除率(CL)的几何平均值(% 几何变异系数)为 5.18 L/h(17.2%)。

4. 临床:APEKS - cUTI 研究在住院成人中比较了静脉头孢地尔与亚胺培南-西司他丁治疗由革兰阴性杆菌引起的 cUTI 的疗效,结果表明在 m - MITT(微生物学治疗意向集)人群头孢地尔组中 TOC 时临床治愈与微生物根除(定义为主要有效性终点)的复合指标的缓解率为 72.6%(183/252 名受试者),亚胺培南-西司他丁组为 54.6%(65/119 名受试者)。校正后治疗差异为 18.58%,符合非劣效性标准。该结果还表明头孢地尔与亚胺培南-西司他丁相比具有优效性。APEKS - NP 研究评估了第 14 d 时的全因死亡率(作为主要有效性终点),结果表明头孢地尔可有效治疗革兰阴性细菌(HABP、VABP 或 HCABP)引起的医院获得性肺炎。根据第 14 d 的全因死亡率,头孢地尔非劣效于高剂量/延长输注美罗培南,并且随着时间的推移产生相似的微生物学和临床结局。CREDIBLE - CR 研究评估了静脉头孢地尔治疗由碳青霉烯耐药革兰阴性病原体引起的重度感染的疗效,结果表明 TOC 时,m - MITT 人群的临床治愈率是 HAP/VAP/HCAP 和 BSI/脓毒症受试者的主要有效性终点。对于 HAP/VAP/HCAP 受试者,在 TOC 时,头孢地尔组和 BAT(最佳可用方法)组的临床治愈率分别为 50.0%(20/40)和 52.6%(10/19)。对于血流感染/脓毒症受试者,在 TOC 时,头孢地尔组和 BAT 组的临床治愈率分别为 43.5%(10/23)和 42.9%(6/14)。对于 cUTI 受试者,头孢地尔组和 BAT 组在 TOC 时的根除率(定义为 CR Micro - ITT 人群的主要有效性终点)分别为 52.9%(9/17)和 20.0%(1/5)。

5. 获批适应证：目前本产品已在美国、欧洲等多个国家/地区上市，美国及欧洲获批适应证如下。① 美国获批适应证：适用于 18 岁或以上患者，治疗敏感革兰阴性病原体引起的以下感染：复杂性尿路感染（cUTI），包括肾盂肾炎、医院获得性细菌性肺炎和呼吸机相关性细菌性肺炎。② 欧盟获批适应证：cUTI、适用于治疗选择有限的成人需氧革兰阴性菌引起的感染。

6. 不良事件概述：来自三项已发表的临床研究 APEKS‐cUTI、APEKS‐NP 和 CREDIBLE‐CR 已确定的不良反应汇总得出，头孢地尔最常见的不良反应为腹泻（8.2%）、呕吐（3.6%）、恶心（3.3%）和咳嗽（2%）。

参 考 文 献

［1］Saisho Y，Katsube T，White S，et al. Pharmacokinetics，safety，and tolerability of cefiderocol，a novel siderophore cephalosporin for gram-negative bacteria，in healthy subjects［J］. Antimicrob Agents Chemother，2018，62（3）：e02163‐17.

［2］Matsumoto S，Singley CM，Hoover J，et al. Efficacy of cefiderocol against carbapenem-resistant gram-negative bacilli in immunocompetent-rat respiratory tract infection models recreating human plasma pharmacokinetics［J］. Antimicrob Agents Chemother，2017，61（9）：e00700‐17.

［3］Sanabria C，Migoya E，Mason JW，et al. Effect of cefiderocol，a siderophore cephalosporin，on qt/qtc interval in healthy adult subjects［J］. Clin Ther，2019，41（9）：1724‐1736.e4.

［4］Katsube T，Saisho Y，Shimada J，Furuie H. Intrapulmonary pharmacokinetics of cefiderocol，a novel siderophore cephalosporin，in healthy adult subjects［J］. J Antimicrob Chemother，2019，74（7）：1971‐1974.

［5］Katsube T，Nicolau DP，Rodvold KA，et al. Intrapulmonary pharmacokinetic profile of cefiderocol in mechanically ventilated patients with pneumonia［J］. J Antimicrob Chemother，2021，76（11）：2902‐2905.

［6］Kohira N，Hackel MA，Oota M，et al. In vitro antibacterial activities of cefiderocol against Gram-negative clinical strains isolated from China in 2020［J］. J Glob Antimicrob Resist，2023，32：181‐186.

［7］Portsmouth S，van Veenhuyzen D，Echols R，et al. Cefiderocol versus imipenem-cilastatin for the treatment of complicated urinary tract infections caused by Gram-negative uropathogens：a phase 2，randomised，double-blind，non-inferiority trial［J］. Lancet Infect Dis，2018，18（12）：1319‐1328.

［8］Wunderink RG，Matsunaga Y，Ariyasu M，et al. Cefiderocol versus high-dose，extended-infusion meropenem for the treatment of Gram-negative nosocomial pneumonia（APEKS‐NP）：a randomised，double-blind，phase 3，non-inferiority trial［J］. Lancet Infect Dis，2021，21（2）：213‐225.

［9］Bassetti M，Echols R，Matsunaga Y，et al. Efficacy and safety of cefiderocol or best available therapy for the treatment of serious infections caused by carbapenem-resistant Gram-negative bacteria（CREDIBLE‐CR）：a randomised，open-label，multicentre，pathogen-focused，descriptive，phase 3 trial［J］. Lancet Infect Dis，2021，21（2）：226‐240.

［10］Sato T，Yamawaki K. Cefiderocol：discovery，chemistry，and in vivo profiles of a novel siderophore cephalosporin［J］. Clin Infect Dis，2019，69（Suppl 7）：S538‐S543.

十四、头孢洛生-他唑巴坦（Ceftolozane-tazobactam）

头孢洛生-他唑巴坦（Ceftolozane-tazobactam）是默沙东公司研发的新型 β-内酰胺类/β-内酰胺酶抑制剂复方制剂。头孢洛生和他唑巴坦固定配比为 2∶1（化合物结构见图 21‐14）。

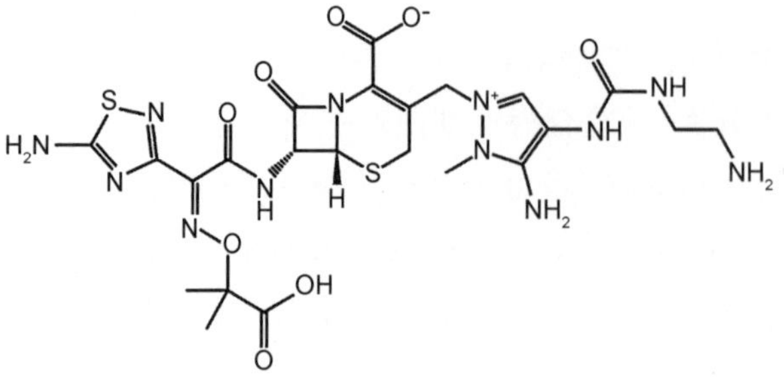

头孢洛生化学结构图 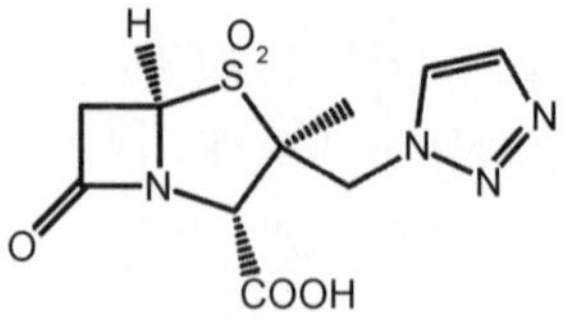　　　　　　　　他唑巴坦化学结构图

图 21-14　头孢洛生与他唑巴坦化学结构图

1. 作用机制：头孢洛生与青霉素结合蛋白(如 PBP1b、PBP1c 和 PBP3)结合,抑制细菌细胞壁合成致细胞死亡而发挥杀菌作用。他唑巴坦是经典的 β-内酰胺酶抑制剂,能抑制广谱和超广谱 β-内酰胺酶的活性,包括 CTX-M、SHV 和 TEM 型 β-内酰胺酶。

2. 体外抗菌活性：头孢洛生-他唑巴坦对以下细菌具有抗菌活性。① 需氧革兰阴性菌包括：流感嗜血杆菌、卡他莫拉菌、弗劳地柠檬酸杆菌、克氏柠檬酸杆菌、产气克雷伯菌、产酸克雷伯菌、阴沟肠杆菌、大肠埃希菌、肺炎克雷伯菌、奇异变形杆菌、摩根摩根菌、黏质沙雷菌、洋葱伯克霍尔德菌、聚团泛菌、普通变形杆菌、雷极普罗威登菌、斯氏普罗威登菌、液化沙雷菌和铜绿假单胞菌;② 需氧革兰阳性菌包括：无乳链球菌、中间链球菌、化脓链球菌、咽峡炎链球菌、星座链球菌、唾液链球菌和肺炎链球菌;③ 厌氧菌：包括脆弱拟杆菌、普雷沃菌属和梭杆菌属。SMART 监测收集 2016—2019 年来自我国不同地区 21 家医院 2 178 株铜绿假单胞菌的药敏试验结果发现,头孢洛生-他唑巴坦的敏感率为 81.9%,耐药率为 12.7%,MIC 范围为 ＜0.06～＞32 mg/L。2019 年 CHINET 中国细菌耐药监测网收集来自 28 个省市的 46 家医院共 2 656 株肠杆菌目细菌,对头孢洛生-他唑巴坦的敏感率为 74.2%,耐药率为 23.9%,MIC 范围为 ≤0.06～＞128 mg/L。

3. 临床药理学：肾功能正常健康成年受试者接受多剂头孢洛生-他唑巴坦的平均药代动力学参数总结请参见表 21-10。亚洲和非亚洲人群之间的 PK 基本相当,因此无需根据人种调整剂量。在 cIAI 和 cUTI 患儿中,头孢洛生和他唑巴坦的总清除率随年龄增长而增加,青少年中 PK 参数接近成年人群,而消除半衰期趋向于随着年龄的降低而降低。尽管在 cIAI 和 cUTI 患儿中的头孢洛生暴露量与成人中观察到的暴露量范围重叠,但总体上低于成人的平均暴露量。他唑巴坦暴露量在儿童和成人患者之间相似,但出生至＜3 个月的 cUTI 患儿除外,他们的暴露量较高。与其他 β-内酰胺类抗菌药物一样,头孢洛生血浆浓度超过病原菌 MIC 的时间占给药间隔的百分比是感染动物模型中最佳的有效性预测指标。他唑巴坦的血浆浓度超过阈值时间占的给药周期间隔的百分比(% T＞阈值)是有效性相关的 PD 指数。

4. 临床：头孢洛生-他唑巴坦已在成人和儿童中开展 cIAI,cUTI 和 HAP/VAP 多项国际多中心-临床研究,结果提示头孢洛生-他唑巴坦对这些病原菌感染有良好疗效。在一项国际多中心成人 cIAI 的Ⅲ期临床研究中,头孢洛生-他唑巴坦 1.5 g+甲硝唑 500 mg q8h 静滴(治疗组)对比美罗培南 1 g q8h 静滴(对照组)治疗复杂性腹腔感染,结果显示两组临床应答率相当,治疗组为

表 21 - 10 肾功能正常健康成年受试者接受多剂头孢洛生-他唑巴坦的平均药代动力学参数

参　数	头 孢 洛 生		他 唑 巴 坦
暴露量	呈线性,无蓄积		
	$AUC_{0\sim8,ss} \approx 186 \pm 74\ \mu g \cdot h/mL$, C_{max}:65.7 ± 27 mg/mL(1.5 g q8h 滴注 1 h)		$AUC_{0\sim8,ss} \approx 35.8 \pm 57\ \mu g \cdot h/mL$, C_{max}:17.8 $\pm$ 9 mg/mL(1.5 g q8h 滴注 1 h)
	$AUC_{0\sim8,ss} \approx 392 \pm 236\ \mu g \cdot h/mL$, C_{max}:105 ± 46 mg/mL(3 g q8h 滴注 1 h)		$AUC_{0\sim8,ss} \approx 73.3 \pm 76\ \mu g \cdot h/mL$, C_{max}:26.4 $\pm$ 13 mg/mL(3 g q8h 滴注 1 h)
分布	蛋白结合率:16%~21%		蛋白结合率:30%
	Vss:13.5 L(21%),$AUC_{肺ELF/血浆} \approx 50\%$		Vss:18.2 L(25%),$AUC_{肺ELF/血浆} \approx 62\%$
代谢	不代谢		水解 M1
排泄	>95% 原药经肾排泄,CLr:3.41~6.69 L/h 半衰期:3~4 h		肾,>80% 他唑巴坦母药化合物,其余 M1 代谢产物,半衰期:为 2~3 h

94.1%(353/375),对照组为 94%(375/399),差异 0.1%(95% *CI*:－3.30~3.55)。微生物意向治疗人群在 TOC 访视两组临床应答率也相当,治疗组为 83.0%(323/389),对照组为 87.3%(364/417),差异－4.2%(95% *CI*:－8.91~0.54)。我国 cIAI 的Ⅲ期临床研究中,研究设计与上述全球Ⅲ期类似,结果显示 TOC 访视时的临床治愈率在两组相似[治疗组为 95.2%(100/105),对照组为 93.1%(108/116)]。对于中国患者 CE 人群在 TOC 访视时的临床治愈率,头孢洛生-他唑巴坦联合甲硝唑组非劣于美罗培南组。儿童 cIAI 临床试验是随机、双盲、多中心、活性对照研究。改良意向治疗人群头孢洛生-他唑巴坦耐受性和安全性良好,与甲硝唑联合使用对 cIAI 治疗非劣效于美罗培南。在成人国际多中心、随机对照、双盲 cUTI 的Ⅲ期临床研究中,治疗组为头孢洛生-他唑巴坦 1.5 g q8h 静滴,对照组为左氧氟沙星 750 mg qd 静滴,结果显示,在微生物学可评估人群和微生物学改良意向治疗人群,治疗组在 TOC 访视时的微生物清除率均优于左氧氟沙星组。儿童 cUTI 临床试验,改良意向治疗人群头孢洛生-他唑巴坦治疗 cUTI 患儿具有良好的安全性,与美罗培南相似。

参 考 文 献

[1] David N. Gilbert. THE SANFORD GUIDE, To Antimicrobial Therapy[M]. 52 ed. Lee Hwy, Sperryville, VA:Antimicrobial Therapy,Inc.2022.

[2] van Duin D,Bonomo RA. Ceftazidime/avibactam and ceftolozane/tazobactam:second-generation β-lactam/β-lactamase inhibitor combinations[J]. Clin Infect Dis,2016,63(2):234 - 241.

[3] Yu W,Zhang H,Zhu Y,et al. In-vitro activity of ceftolozane/tazobactam against Pseudomonas aeruginosa collected in the Study for Monitoring Antimicrobial Resistance Trends(SMART)between 2016 and 2019 in China[J]. Int J Antimicrob Agents,2023,61(4):106741.

[4] Guo Y,Han R,Jiang B,et al. In vitro activity of new β-lactam-β-lactamase inhibitor combinations and comparators against clinical isolates of gram-negative bacilli:results from the China antimicrobial surveillance network(CHINET)in 2019[J]. Microbiol Spectr,2022,10(4):e0185422.

[5] Clinical and Laboratory Standards Institute. Performance standards for antimicrobial susceptibility testing[S]. In:

Clinical and Laboratory Standards Institute. M100, 34th Edition. Wayne，PA：CLSI，2024.

［6］Liu N，Wang X，Zhu J，et al. A single- and multiple-dose study to characterize the pharmacokinetics，safety，and tolerability of ceftolozane/tazobactam in healthy Chinese participants［J］. Int J Antimicrob Agents，2023，61（3）：106717.

［7］Solomkin J，Hershberger E，Miller B，et al. Ceftolozane/tazobactam plus metronidazole for complicated intra-abdominal infections in an era of multidrug resistance：results from a randomized，double-blind，phase 3 trial（aspect-ciai）［J］. Clin Infect Dis，2015，60（10）：1462－1471.

［8］Sun Y，Fan J，Chen G，et al. A phase Ⅲ，multicenter，double-blind，randomized clinical trial to evaluate the efficacy and safety of ceftolozane/tazobactam plus metronidazole versus meropenem in Chinese participants with complicated intra-abdominal infections［J］. Int J Infect Dis，2022，123：157－165.

［9］Jackson CA，Newland J，Dementieva N，et al. Safety and efficacy of ceftolozane/tazobactam plus metronidazole versus meropenem from a phase 2，randomized clinical trial in pediatric participants with complicated intra-abdominal infection［J］. Pediatr Infect Dis J，2023，42（7）：557－563.

［10］Wagenlehner FM，Umeh O，Steenbergen J，et al. Ceftolozane-tazobactam compared with levofloxacin in the treatment of complicated urinary-tract infections，including pyelonephritis：a randomised，double-blind，phase 3 trial（ASPECT－cUTI）［J］. Lancet，2015，385（9981）：1949－1956.

［11］Roilides E，Ashouri N，Bradley JS，et al. Safety and efficacy of ceftolozane/tazobactam versus meropenem in neonates and children with complicated urinary tract infection，including pyelonephritis：a phase 2，randomized clinical trial［J］. Pediatr Infect Dis J，2023，42（4）：292－298.

［12］Kollef MH，Nováček M，Kivistik Ü，et al. Ceftolozane-tazobactam versus meropenem for treatment of nosocomial pneumonia（ASPECT－NP）：a randomised，controlled，double-blind，phase 3，non-inferiority trial［J］. Lancet Infect Dis，2019，19（12）：1299－1311.

十五、头孢他啶-阿维巴坦（Ceftazidime-avibactam）

头孢他啶-阿维巴坦是一种β-内酰胺类/β-内酰胺酶抑制剂复方制剂，其组分为头孢他啶（2.0 g）和阿维巴坦（0.5 g），两者配比为 4∶1，化学结构见图 21－15。原研厂商为辉瑞制药有限公司，该药在美国于 2015 年获批上市，在我国于 2019 年获批上市。

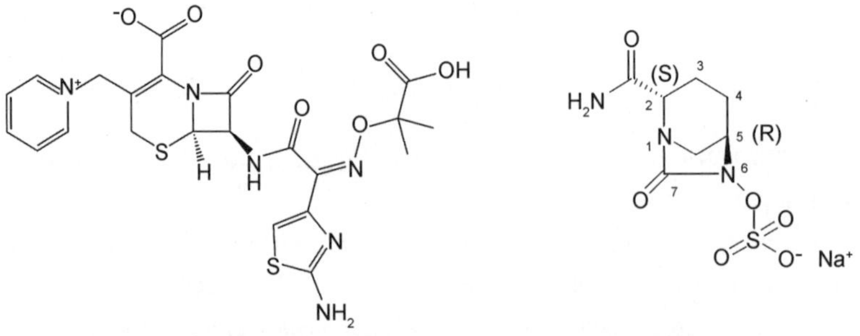

头孢他啶　　　　　　　　　　阿维巴坦

图 21－15　阿维巴坦钠化学结构式

1. 作用机制：头孢他啶与青霉素结合蛋白结合后可抑制细菌细胞壁肽聚糖合成，导致细菌细胞裂解和死亡。阿维巴坦是一种非β-内酰胺类β-内酰胺酶抑制剂，与酶形成不易水解的共价加合物后起作用。阿维巴坦可抑制 Ambler A 类和 C 类β-内酰胺酶和部分 D 类β-内酰胺酶,包括超广谱 β-内酰胺酶(ESBLs)、AmpC、KPC 和 OXA - 48 碳青霉烯酶等。阿维巴坦不能抑制金属 β-内酰胺酶和部分 D 类碳青霉烯酶(如 OXA - 23、OXA - 51 等)的活性。

2. 体外抗菌活性:头孢他啶-阿维巴坦对革兰阴性杆菌包括肠杆菌目细菌和铜绿假单胞菌具有抗菌活性,尤其对产 KPC 或 OXA - 48 型碳青霉烯酶的肠杆菌目细菌如肺炎克雷伯菌近 100% 敏感。2023 年上半年 CHINET 中国细菌耐药监测网公布的数据显示,大肠埃希菌对头孢他啶-阿维巴坦的耐药率为 4.4%,克雷伯杆菌属、变形杆菌属、沙雷菌属、摩根菌属和铜绿假单胞菌对头孢他啶-阿维巴坦的耐药率分别为 6.5%、4.5%、10.1%、0.6%、11.6%;碳青霉烯耐药肺炎克雷伯菌和碳青霉烯耐药铜绿假单胞菌对头孢他啶-阿维巴坦的耐药率分别为 9.8% 和 23%。一项研究结果显示,头孢他啶-阿维巴坦对产 KPC 型碳青霉烯酶肺炎克雷伯菌的 MIC_{50} 和 MIC_{90} 分别是 2 μg/mL 和 4 μg/mL,对产 NDM 型金属酶肺炎克雷伯菌的 MIC_{50} 和 MIC_{90} 均＞32 μg/mL,对产 OXA - 232 型碳青霉烯酶肺炎克雷伯菌的 MIC_{50} 和 MIC_{90} 分别是 0.5 μg/mL 和 4 μg/mL。

3. 临床药理学:在肾功能正常的健康成人男性受试者中,单次或多次静脉输注头孢他啶-阿维巴坦 2 h(q8h)后的头孢他啶和阿维巴坦药代动力学参数平均值总结见表 21 - 11。在研究的剂量范围(50~2 000 mg)内,单次静脉输注给药后阿维巴坦药代动力学特征呈近似线性。在中国健康男性受试者中评估了 CAZ - AVI 单剂量和多剂量静脉给药的 PK 特征,测定单剂量给药(第 1 d)及稳态时(第 9 d)中国男性受试者中头孢他啶和阿维巴坦的 PK 特征。药代动力学参数平均值总结见表 21 - 11。头孢他啶和阿维巴坦的药代动力学呈非时间依赖性特征:在单剂量或多剂量(q8h)给药后其暴露量相似,且未观察到药物蓄积。

表 21 - 11　在健康中国男性受试者中给予头孢他啶-阿维巴坦后头孢他啶和
阿维巴坦药代动力学参数[几何平均值(% 变异系数)]

参　数	头 孢 他 啶		阿 维 巴 坦	
	单次输注头孢他啶-阿维巴坦[a] 2 h(n= 12)	连续 7 d 多次输注头孢他啶-阿维巴坦(q8h 每次 2 h)(n= 12)	单次输注头孢他啶-阿维巴坦 2 h(n= 12)	连续 7 天多次输注头孢他啶-阿维巴坦(q8h 每次 2 h)(n= 12)
C_{max}(mg/L)	101(15)	111(15)	18.2(16)	17.6(18)
AUC(mg·h/L)[a]	306(14)	322(15)	47.6(18)	43.6(19)
$t_{1/2}$(h)	2.14(13)	2.51(15)	2.09(17)	2.80(31)
CL(L/h)	6.53(14)	6.22(15)	10.5(18)	11.5(19)
V_{ss}(L)	15.8(13)	14.0(16)	20.4(20)	19.1(20)

注:CL= 血浆清除率;C_{max}= 峰浓度;$t_{1/2}$= 终末消除半衰期;V_{ss}(L)= 稳态分布容积;a. 单次给药的 $AUC_{0\sim\infty}$(从 0 时刻到无穷大时刻的药-时曲线下面积);多次给药的 $AUC_{0\sim tau}$(给药间隔期内药-时曲线下面积)。

4. 临床:头孢他啶-阿维巴坦在全球共开展了 7 项针对成人患者的全球多中心 Ⅱ 期和 Ⅲ 期临床试验。包括两项纳入了 1 058 例复杂性腹腔感染成人患者的随机、双盲、国际多中心(包括中国 5 家研究中心)的 Ⅲ 期临床研究中(RECLAIM 1 和 RECLAIM 2,合称 RECLAIM 研究,

NCT01499290 和 NCT0150239),在 3 个亚洲国家(包括中国 5 家研究中心)进行的一项纳入了 432 例成人 cIAI 住院患者的多国、多中心、双盲的Ⅲ期临床研究(RECLAIM3 研究,NCT01726023),一项纳入 1 033 例复杂性尿路感染的成人住院患者(包括 14 例中国台湾患者)的国际多中心、随机、双盲、Ⅲ期临床研究(RECAPTURE 研究,NCT01595438;NCT01599806),一项全球 16 个国家进行的纳入了 333 例因头孢他啶耐药肠杆菌目细菌或铜绿假单胞菌引起的复杂性尿路感染或复杂性腹腔内感染的 18~90 岁患者的多中心、随机、Ⅲ期临床研究(PERISE 研究,NCT0164643),一项纳入 808 例医院内获得性肺炎成人患者(35% 为 VAP)的多国(包括中国)、Ⅲ期、双盲临床研究(REPROVE 研究,NCT01808092)。相关临床试验结果提示其在敏感的革兰阴性菌(包括大肠埃希菌、肺炎克雷伯菌、铜绿假单胞菌等)感染 cIAI,cUTI 和 HAP/VAP 的治疗中,与美罗培南、多利培南、亚胺培南、黏菌素等最佳可及治疗方案的临床疗效(包括临床治愈率、症状缓解率、微生物清除率)相当,安全性与应用头孢他啶单药一致,无新的不良反应发现。头孢他啶-阿维巴坦目前在中国被获批用于 3 月龄及以上儿童患者敏感革兰阴性菌引起的复杂性腹腔内感染,这项适应证的获批主要基于 2 项Ⅱ期临床研究:一项是在 9 个国家 25 个研究中心(包括中国台湾 4 家研究中心)进行的纳入了 101 例 3 个月到 18 岁 cUTI 儿童的国际多中心、单盲、随机对照Ⅱ期临床研究(NCT02497781),另一项是在 10 个国家的研究中心(包括中国台湾地区 3 家研究中心)进行的纳入了 83 名 3 个月到 18 岁 cIAI 患儿的单盲、随机、多中心、对照研究(NCT02475733),研究结果提示,cUTI 及 cIAI 患儿接受头孢他啶-阿维巴坦治疗的有效性及耐受性良好,其安全性与单独使用头孢他啶一致。

5. 真实世界研究:头孢他啶-阿维巴坦上市后,已累积丰富的临床使用经验,大量真实世界研究也证实了头孢他啶-阿维巴坦临床应用的有效性和安全性。一项在 30 个欧洲中心和 15 家拉丁美洲医院进行的非干预性医疗记录回顾性研究(EZTEAM 研究),自 2018 年 1 月 1 日以来,纳入 359 例接受至少一剂头孢他啶-阿维巴坦治疗的多重耐药革兰阴性菌感染的患者,22.5% 为 ICU 患者,47.1% 为免疫功能低下患者;感染部位包括肺部、尿路、血液及腹腔;分离出的革兰阴性病原体中,59.3% 为肺炎克雷伯菌,89.3% 的菌株对碳青霉烯耐药,以产 KPC 及 OXA - 48 为主(占 54.6%)。结果提示头孢他啶-阿维巴坦治疗不同部位多重耐药菌感染的总体成功率高达 77.3%,单药及联合治疗的临床成功率分别为 81.0% 和 76.6%。美国一项前瞻性多中心观察性研究,纳入碳青霉烯类耐药肠杆菌目细菌(carbapenem-resistant *Enterobacterales*,CRE)感染的患者,主要包括血流和呼吸道等感染;38 例患者接受初始头孢他啶-阿维巴坦治疗,99 例接受初始黏菌素治疗,比较头孢他啶-阿维巴坦或黏菌素治疗 CRE 感染的疗效。结果发现,接受头孢他啶-阿维巴坦治疗的患者与黏菌素治疗患者相比,初始治疗 30 d 后全因院内死亡率分别为 9% 和 32%(差异 23%;95% *CI*:9~35;*P* = 0.001)。

参 考 文 献

[1] Sanz Herrero F. Ceftazidime-avibactam[J]. Rev Esp Quimioter,2022,35(Suppl 1):40 - 42.

[2] Tuon FF,Rocha JL,Formigoni-Pinto MR. Pharmacological aspects and spectrum of action of ceftazidime-avibactam:a systematic review[J]. Infection,2018,46(2):165 - 181.

［3］Falagas ME，Skalidis T，Vardakas KZ，et al. Activity of cefiderocol（S－649266）against carbapenem-resistant Gram-negative bacteria collected from inpatients in Greek hospitals［J］. J Antimicrob Chemother，2017，72（6）：1704-1708.

［4］CHINET 数据云. CHINET 2023 年全年细菌耐药监测结果［EB/OL］.（2024-03-08）［2024-03-08］.http://www.chinets.com/Document/Index#.

［5］Clinical and Laboratory Standards Institute. Performance standards for antimicrobial susceptibility testing［S］. In：Clinical and Laboratory Standards Institute. M100，34th Edition. Wayne，PA：CLSI，2024.

［6］Qin X，Tran BG，Kim MJ，et al. A randomised，double-blind，phase 3 study comparing the efficacy and safety of ceftazidime/avibactam plus metronidazole versus meropenem for complicated intra-abdominal infections in hospitalised adults in Asia［J］. Int J Antimicrob Agents，2017，49（5）：579-588.

［7］Wagenlehner FM，Sobel JD，Newell P，et al. Ceftazidime-avibactam versus doripenem for the treatment of complicated urinary tract infections，including acute pyelonephritis：recapture，a phase 3 randomized trial program［J］. Clin Infect Dis，2016，63（6）：754-762.

［8］Carmeli Y，Armstrong J，Laud PJ，et al. Ceftazidime-avibactam or best available therapy in patients with ceftazidime-resistant Enterobacteriaceae and Pseudomonas aeruginosa complicated urinary tract infections or complicated intra-abdominal infections（REPRISE）：a randomised，pathogen-directed，phase 3 study［J］. Lancet Infect Dis，2016，16（6）：661-673.

［9］Torres A，Zhong N，Pachl J，et al. Ceftazidime-avibactam versus meropenem in nosocomial pneumonia，including ventilator-associated pneumonia（REPROVE）：a randomised，double-blind，phase 3 non-inferiority trial［J］. Lancet Infect Dis，2018，18（3）：285-295.

［10］Bradley JS，Roilides E，Broadhurst H，et al. Safety and efficacy of ceftazidime-avibactam in the treatment of children ≥3 months to <18 years with complicated urinary tract infection：results from a phase 2 randomized，controlled trial［J］. Pediatr Infect Dis J，2019，38（9）：920-928.

［11］Bradley JS，Broadhurst H，Cheng K，et al. Safety and efficacy of ceftazidime-avibactam plus metronidazole in the treatment of children ≥3 months to <18 years with complicated intra-abdominal infection：results from a phase 2，randomized，controlled trial［J］. Pediatr Infect Dis J，2019，38（8）：816-824.

［12］Soriano A，Montravers P，Bassetti M，et al. The use and effectiveness of ceftazidime-avibactam in real-world clinical practice：ezteam study［J］. Infect Dis Ther，2023，12（3）：891-917.

［13］van Duin D，Lok JJ，Earley M，et al. Colistin versus ceftazidime-avibactam in the treatment of infections due to carbapenem-resistant enterobacteriaceae［J］. Clin Infect Dis，2018，66（2）：163-171.

［14］王明贵.广泛耐药革兰阴性菌感染的实验诊断、抗菌治疗及医院感染控制：中国专家共识［J］.中国感染与化疗杂志，2017，17（1）：82-93.

［15］《β-内酰胺类抗生素/β-内酰胺酶抑制剂复方制剂临床应用专家共识》编写专家组. β-内酰胺类抗生素/β-内酰胺酶抑制剂复方制剂临床应用专家共识（2020 年版）［J］.中华医学杂志，2020，100（10）：738-747.

［16］《中国碳青霉烯耐药肠杆菌科细菌感染诊治与防控专家共识》编写组，中国医药教育协会感染疾病专业委员会，中华医学会细菌感染与耐药防控专业委员会.中国碳青霉烯耐药肠杆菌科细菌感染诊治与防控专家共识［J］.中华医学杂志，2021，101（36）：2850-2860.

［17］Pfizer Inc.Phase 3 Studies of Pfizer's Novel Antibiotic Combination Offer New Treatment Hope for Patients with Multidrug-Resistant Infections and Limited Treatment Options. June 01［EB/OL］.（2023-06-01）［2024-03-20］ http://www.pfizer.com/news/press-release/press-release-detail/phase-3-studies-pfizers-novel-antibiotic-combination-offer.

［18］中华医学会呼吸病学分会感染学组.中国铜绿假单胞菌下呼吸道感染诊治专家共识（2022 年版）［J］.中华结核和呼吸杂志，2022，45（8）：739-752.

［19］Han R，Shi Q，Wu S，et al. Dissemination of carbapenemases（KPC，NDM，OXA-48，IMP，and VIM）among carbapenem-resistant enterobacteriaceae isolated from adult and children patients in China［J］. Front Cell Infect Microbiol，2020，10：314.

十六、亚胺培南-瑞来巴坦(Imipenem-relebactam)

亚胺培南-西司他丁-瑞来巴坦(Imipenem-cilastatin-relebactam)是默沙东公司研发的新型 β-内酰胺类/β-内酰胺酶抑制剂复方制剂,亚胺培南-西司他丁和瑞来巴坦(新型二氮杂双环辛酮化合物酶抑制剂)固定配比为 2∶2∶1(化合物结构见图 21-16)。

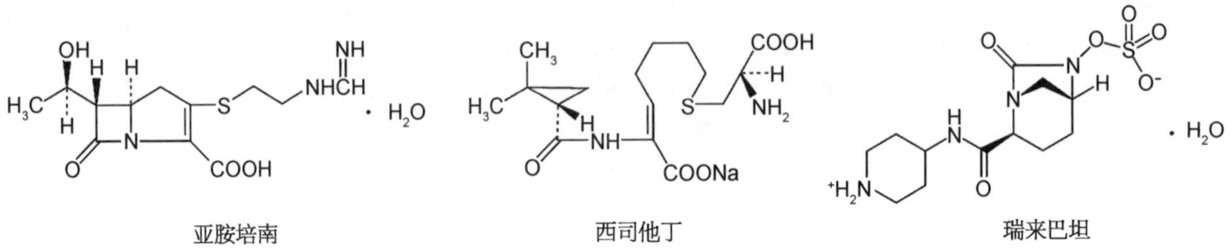

亚胺培南 西司他丁 瑞来巴坦

图 21-16　亚胺培南、西司他丁、瑞来巴坦化学结构图

1. 作用机制:亚胺培南是一种碳青霉烯类抗菌药物,西司他丁是一种肾脱氢肽酶抑制剂,瑞来巴坦是新型 β-内酰胺酶抑制剂。亚胺培南通过与肠杆菌目细菌、铜绿假单胞菌和鲍曼不动杆菌的青霉素结合蛋白结合,导致细菌细胞壁的合成受阻。亚胺培南对多种 β-内酰胺酶稳定(除外碳青霉烯酶)。瑞来巴坦是 A 类(包括 KPC 和 ESBLs)和 C 类(AmpC 型)β-内酰胺酶的抑制剂,本身不具有抗菌活性。

2. 体外抗菌活性:亚胺培南-西司他丁-瑞来巴坦抗菌谱广,对以下细菌的大多数分离株具有抗菌活性。① 需氧菌革兰阴性菌:包括流感嗜血杆菌、弗劳地柠檬酸杆菌、克氏柠檬酸杆菌、产气克雷伯菌、产酸克雷伯菌、阴沟肠杆菌、阿氏肠杆菌、大肠埃希菌、肺炎克雷伯菌、黏质沙雷菌、铜绿假单胞菌和鲍曼不动杆菌复合群。② 需氧菌革兰阳性菌:包括粪肠球菌、甲氧西林敏感金黄葡萄球菌、咽峡炎链球菌、星座链球菌和肺炎链球菌。③ 革兰阴性厌氧菌:包括拟杆菌属、具核梭杆菌、狄氏副拟杆菌、普雷沃菌属、坏死梭杆菌、变形梭杆菌、戈氏副拟杆菌、粪副拟杆菌及小韦荣球菌。④ 革兰阳性厌氧菌:包括迟缓埃格特菌、大芬戈尔德菌、微小微单胞菌、海氏嗜蛋白胨菌和厌氧消化链球菌。瑞来巴坦可使亚胺培南的抗菌谱扩展到包含产 A 类丝氨酸碳青霉烯酶如 KPC 肠杆菌目细菌。对于大多数碳青霉烯类耐药肠杆菌目细菌以及多重耐药的铜绿假单胞菌具有良好活性。SMART 监测收集 2015—2018 年来自我国不同地区 22 家医院的革兰阴性肠杆菌目细菌临床分离株共 8 781 株,主要为大肠埃希菌(53.3%),肺炎克雷伯菌(33.6%)以及阴沟肠杆菌(6.2%)。结果显示所有肠杆菌目细菌对亚胺培南-瑞来巴坦的敏感率为 95.2%,中介率为 1.3%,耐药率为 3.5%,MIC 范围为<0.03~>32 mg/L。其中 1 165 株亚胺培南不敏感肠杆菌目细菌,对亚胺培南-瑞来巴坦的敏感率为 66.3%,中介率为 7.4%,耐药率为 26.4%,MIC 范围为<0.06~>32 mg/L。

3. 临床药理学:肾功能正常(CrCl≥90 mL/min)的健康成人多次静脉输注亚胺培南 500 mg/西司他丁 500 mg+ 瑞来巴坦 250 mg(q6h,每次输注 30 min)后,亚胺培南、西司他丁和瑞来巴坦的稳态药代动力学参数总结请参见表 21 - 12。亚洲和非亚洲人群之间的 PK 基本相当,因此无需根据人种调整剂量。在儿童人群中,根据年龄段调整相应剂量后,亚胺培南-西司他丁-瑞来巴坦在儿童中的 PK 特点与成人相近。

表 21 - 12　亚胺培南-西司他丁-瑞来巴坦稳态药代动力学参数

	亚 胺 培 南	西 司 他 丁	瑞 来 巴 坦
吸　收 几何均数 (几何变异数%)	线　性		
	$AUC_{0\sim6h}$: 43.8(5.6)mg/L·h C_{max}: 33.6(8.5)g/L	$AUC_{0\sim6h}$: 37.3(6.5)mg/L·h C_{max}: 36.7(8.3)g/L	$AUC_{0\sim6h}$: 29.9(6.5)mg/L·h C_{max}: 17.7(9.1)g/L
分　布	蛋白结合率: 20%	蛋白结合率: 40%	蛋白结合率: 22%
	V_{ss}: 24.3 L,肺 ELF: 55%	V_{ss}: 13.8 L	V_{ss}: 19.0 L,肺 ELF: 54%
代　谢	西司他丁抑制肾脱氢肽酶对亚胺培南的代谢	70%~80% 在尿液中以原形排出 10% 成为 N-乙酰基代谢物	极低程度代谢(不被肝酶代谢)
排　泄	主要经肾,几乎无蓄积 ≈63% 原药在尿液中回收 CL: 12.0(17.8)L/h 半衰期: 1(±0.5)h	主要经肾,几乎无蓄积 ≈77% 原药在尿液中回收 CL: 14.2(17.0)L/h 半衰期: 1.0(±0.1)h	主要经肾,几乎无蓄积 >90% 原药在尿液中回收 CL: 8.8(17.8)L/h 半衰期: 1.2(±0.7)h

4. 临床:在国际多中心、随机对照、双盲 3 期临床试验(RESTORE - IMI 2)中,共有 535 名患有医院获得性细菌性肺炎和呼吸机相关性细菌性肺炎(HABP/VABP)的成人被随机分组并接受试验药物治疗,该试验对每 6 h 静脉滴注 1.25 g 亚胺培南-西司他丁-瑞来巴坦与静脉滴注哌拉西林-他唑巴坦(4.5 g)进行了比较(疗程 7~14 d)。结果显示,治疗组(亚胺培南-西司他丁-瑞来巴坦)患者第 28 d 的全因死亡率为 42/264(15.9%),对照组(哌拉西林-他唑巴坦)患者为 57/267(21.3%),差异 −5.3% (95% CI: −11.9%~1.2%),临床治愈率分别为 161/264(61.0%)和 149/267(55.8%),差异 5.0% (95% CI: −3.2%~13.2%)。另一项 3 期临床试验(RESTORE - IMI 1)共纳入了50 例感染患者。其中 47 例亚胺培南不敏感但黏菌素和亚胺培南-西司他丁-瑞来巴坦敏感细菌感染的患者[包括 HABP/VABP($n=16$)、cIAI($n=8$)和 cUTI($n=23$)]接受了随机分组,按 2:1 随机分组接受试验药物(亚胺培南-西司他丁-瑞来巴坦),1.25 g q6h,或黏菌素+亚胺培南-西司他丁-瑞来巴坦(1.0 g q6h)进行比较。3 例亚胺培南和多黏菌素 E 不敏感但亚胺培南-西司他丁-瑞来巴坦敏感的细菌感染患者(1 例 HABP,2 例 cIAI)纳入非随机开放治疗组接受试验药物 1.25 g q6h,结果显示,试验组良好总体应答率为 71.4% (15/21),对照组为 70.0% (7/10),矫正差异 −7.3%,90% CI(−27.5,21.4)。试验组第 28 d 良好临床应答率为 71.4% (15/21),对照组为 40.0%(4/10),矫正差异 26.3%,90% CI(1.3,51.5)。

────────── 参 考 文 献 ──────────

[1] O'Donnell JN, Lodise TP, New perspectives on antimicrobial agents: imipenem-relebactam[J]. Antimicrob Agents

Chemother，2022，66(7)：e0025622.

［2］Yang Q，Zhang H，Yu Y，et al. In vitro activity of imipenem/relebactam against enterobacteriaceae isolates obtained from intra-abdominal，respiratory tract，and urinary tract infections in China：study for monitoring antimicrobial resistance trends（SMART），2015‐2018［J］. Clin Infect Dis，2020，71（Suppl 4）：S427‐S435.

［3］Clinical and Laboratory Standards Institute. Performance standards for antimicrobial susceptibility testing［S］. In：Clinical and Laboratory Standards Institute. M100，34th Edition. Wayne，PA：CLSI，2024.

［4］Wang X，Liu N，Wei Y，et al. A single- and multiple-dose study to characterize the pharmacokinetics，safety，and tolerability of imipenem and relebactam in healthy chinese participants［J］. Antimicrob Agents Chemother，2021，65（3）：e01391‐20.

［5］Bradley JS，Makieieva N，Tøndel C，et al. Pharmacokinetics，safety，and tolerability of imipenem/cilastatin/relebactam in children with confirmed or suspected gram-negative bacterial infections：a phase 1b，open-label，single-dose clinical trial［J］. J Clin Pharmacol，2023，63（12）：1387‐1397.

［6］Titov I，Wunderink RG，Roquilly A，et al. A randomized，double-blind，multicenter trial comparing efficacy and safety of imipenem/cilastatin/relebactam versus piperacillin/tazobactam in adults with hospital-acquired or ventilator-associated bacterial pneumonia（RESTORE‐IMI 2 Study）［J］. Clin Infect Dis，2021，73（11）：e4539‐e4548.

［7］Kaye KS，Boucher HW，Brown ML，et al. Comparison of treatment outcomes between analysis populations in the restore-IMI 1 phase 3 trial of imipenem-cilastatin-relebactam versus colistin plus imipenem-cilastatin in patients with imipenem-nonsusceptible bacterial infections［J］. Antimicrob Agents Chemother，2020，64（5）：e02203‐19.

十七、依拉环素（Eravacycline）

依拉环素（TP‐434）是一种新型、全合成的广谱抗菌药物，属于四环素类中的氟环素。依拉环素在四环素核心结构 D 环进行了两处特别的结构修饰，在 C‐7 位引入了氟原子，在 C‐9 位引入了吡咯烷乙酰氨基侧链（图 21‐17），提高了药物的抗菌活性。

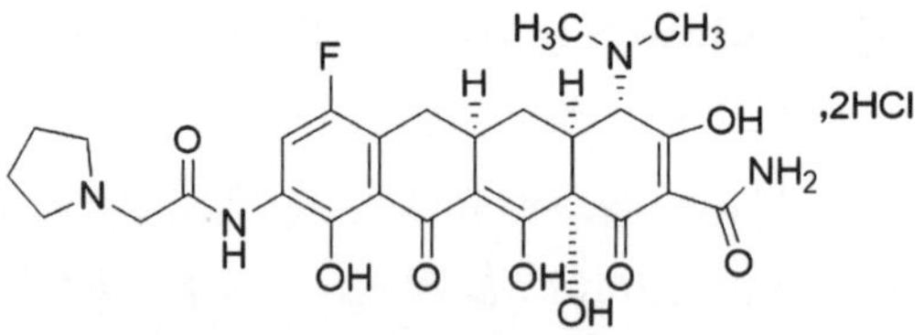

图 21‐17　依拉环素化学结构

1. 作用机制：依拉环素的作用机制是与细菌的 30S 核糖体亚单位结合，抑制细菌蛋白质的合成而杀死细菌。

2. 体外抗菌活性：依拉环素对多重耐药的革兰阴性和革兰阳性需氧菌、兼性厌氧菌和专性厌氧菌均有较强的抗菌活性。在一项针对 2017—2020 年革兰阴性菌和革兰阳性菌的全球监测性研究中，依拉环素对肠杆菌目细菌、鲍曼不动杆菌和嗜麦芽窄食单胞菌及其他革兰阴性杆菌均具有强大的抗菌活性，MIC_{90} 值范围为 0.25～2 μg/mL；依拉环素对金黄葡萄球菌、凝固酶阴性葡萄球菌、肠球菌属细菌、肺炎链球菌和咽峡炎链球菌群及其他革兰阳性球菌亦具有强大抗菌活性,MIC$_{90}$ 值范围为 0.015～0.25 μg/mL。依拉环素对拟杆菌属和副拟杆菌属细菌的 MIC$_{90}$ 值≤2 μg/mL。此外,一项针对 1992—2010 年从呼吸道分离的 70 株嗜肺军团菌的研究结果显示,依拉环素的 MIC$_{50}$ 和 MIC$_{90}$ 分别为 1 μg/mL 和 2 μg/mL。2019 年一项美国的研究结果显示,依拉环素对收集自全球的 44 株肺炎支原体(包括 37 株对大环内酯类、四环素类和/或氟喹诺酮类耐药菌株)的 MIC 值均≤0.008 μg/mL。

3. 临床药理学:在单次静脉给药后,在 1～3 mg/kg 剂量范围内,依拉环素的 AUC 和 C$_{max}$ 随剂量近似成比例增加。健康成人中,依拉环素 1 mg/kg 静脉输注(大约 60 min)每 12 h 单次或多次给药后稳态下平均值 C$_{max}$ 为 1 826 ng/mL,AUC$_{0～12h}$ 为 6 093 ng·h/mL。以 1 mg/kg 的剂量每 12 h 一次接受静脉给药后,蓄积率约为 45%。① 分布:与人血浆蛋白的结合率随血浆浓度升高而增加,在 100～10 000 ng/mL 的浓度范围内,结合率为 79%～90%。稳态分布容积约为 321 L。健康受试者支气管肺泡灌洗(BAL)Ⅰ期临床试验显示,依拉环素可以进入肺部,在肺上皮衬液(ELF)和肺泡巨噬细胞(AM)中浓度是血浆游离浓度的 6.44 倍和 51.63 倍。② 代谢:主要通过 CYP3A4 和 FMO 介导的氧化进行代谢。③ 排泄:平均消除半衰期为 20 h。在放射性标记依拉环素 60 mg 单次静脉给药后分别约有 34% 和 47% 剂量以原形依拉环素(尿液中 20% 和粪便中 17%)及代谢物形式经尿液和粪便排出。

4. 临床:针对复杂性腹腔感染(cIAI)适应证,依拉环素完成了 1 项Ⅱ期研究,两项关键Ⅲ期研究及 1 项中国Ⅲ期桥接研究(研究数据暂未发表)。共有 1 328 例 cIAI 住院成人患者入组。针对两项全球关键Ⅲ期临床研究(IGNITE1 和 IGNITE4)(表 21‑13),共有 1 041 例 cIAI 住院成人患者入组两项Ⅲ期、随机、双盲、阳性对照、多国、多中心试验。上述研究对本品(1 mg/kg,q12h 静脉输注)与阳性对照药厄他培南(1 g,q24h)或美罗培南(1 g,q8h)进行了比较,疗程为 4～14 d。两项试验的微生物学意向性治疗(micro‑ITT)人群包括 846 例患者,均为至少具有 1 种基线腹腔内病原菌的患者。IGNITE1 和 IGNITE4 中的人群相似。中位年龄为 56 岁,56% 的受试者为男性。大多数患者(95%)来自欧洲、5% 来自美国。最常见的原发 cIAI 诊断为腹腔内脓肿,出现在 60% 的患者中。8% 的患者基线存在菌血症。主要临床终点为在随机化后 25～31 d 的疗效判定(TOC)访视是临床治愈率。临床治愈定义为 TOC 访视中目标感染的体征或症状完全消退或显著改善。IGNITE1 & IGNITE4 研究中依拉环素治疗菌血症合并 cIAI 患者的疗效和耐受性,即菌血症亚组分析中,共纳入满足标准的 63 例受试者,在基线伴有菌血症的微生物学‑ITT 人群中,

表 21‑13　Ⅲ期 cIAI 临床试验中的 TOC 时临床治愈率,Micro‑ITT 人群

	IGNITE1		IGNITE4	
	依拉环素 n=220 n(%)	厄他培南 n=226 n(%)	依拉环素 n=195 n(%)	美罗培南 n=205 n(%)
临床治愈	191(86.8)	198(87.6)	177(90.8)	187(91.2)
差异 95% CI	−0.80(−7.1,5.5)		−0.5(−6.3,5.3)	

TOC 随访点时的汇总临床应答率分别为:依拉环素组 28/32(87.5%),对照组 24/31(77.0%),组间差异 5.9(95% CI:－6.5～17.4)。对于 cIAI 及其相关继发性菌血症患者,依拉环素显示了与碳青霉烯类药物相似的临床预后和微生物学清除率。安全性和耐受性方面,依拉环素在继发菌血症患者中的安全性特征与非菌血症患者相似。

5. 真实世界研究:依拉环素获批上市后,已开展了多项真实世界研究。真实世界研究中的数据显示,依拉环素用于治疗由耐药菌(如碳青霉烯类耐药肠杆菌目和鲍曼不动杆菌、甲氧西林耐药金葡菌和万古霉素耐药肠球菌等)引起的不同部位感染(如肺部、腹腔、血流、皮肤软组织和骨关节等),均显示出良好的安全性和有效性。一项回顾性研究分析了 46 例接受依拉环素超过 72 h 治疗鲍曼不动杆菌感染患者,其中 69.5%(32/46)为碳青霉烯耐药菌株。纳入的感染类型多样,大多数为肺部感染(58.3%),其他还包括皮肤软组织和骨关节感染等。依拉环素治疗中位时间为 6.9 d,30 d 死亡率为 23.9%,其中 CRAB 人群 30 d 死亡率为 21.9%。该真实世界研究补充了依拉环素治疗鲍曼不动杆菌感染的临床数据,其较低的 30 d 死亡率(23.9%,其中碳青霉烯类耐药鲍曼不动杆菌占 21.9%)和良好的安全性(依拉环素可能相关的不良反应发生率为 2.1%)为临床治疗鲍曼不动杆菌感染提供更多药物选择。另一项依拉环素获批上市后四年间多中心临床结局和耐受性的真实世界评估共纳入 416 例接受依拉环素治疗超过 72 h 的住院患者,其病情复杂,院内感染多发,分离株来源多为呼吸道且多重耐药菌株占比高。结果表明依拉环素治疗患者临床成功率为 75.7%,且患者 30 d 存活率可达 94.7%。本研究证实依拉环素在真实世界中被广泛用于治疗革兰阴性、革兰阳性和厌氧菌感染,包括多重耐药菌。

6. 安全性:患者接受依拉环素静脉给药总体安全耐受性良好。在接受本品的患者中最常见(发生率≥3%)的不良反应包括输液部位反应、恶心和呕吐。

───────────────────── 参 考 文 献 ─────────────────────

[1] Grossman TH, Starosta AL, Fyfe C, et al. Erratum for Grossman et al., target- and resistance-based mechanistic studies with TP－434, a novel fluorocycline antibiotic[J]. Antimicrob Agents Chemother, 2015, 59(9): 5870.

[2] Tamma PD, Aitken SL, Bonomo RA, et al. Infectious diseases society of america guidance on the treatment of ampc β-lactamase-producing enterobacterales, carbapenem-resistant acinetobacter baumannii, and stenotrophomonas maltophilia infections[J]. Clin Infect Dis, 2022, 74(12): 2089－2114.

[3] Paul M, Carrara E, Retamar P, et al. European Society of Clinical Microbiology and Infectious Diseases(ESCMID) guidelines for the treatment of infections caused by multidrug-resistant Gram-negative bacilli(endorsed by European society of intensive care medicine)[J]. Clin Microbiol Infect, 2022, 28(4): 521－547.

[4] Hawser S, Kothari N, Monti F, et al. In vitro activity of eravacycline and comparators against Gram-negative and Gram-positive bacterial isolates collected from patients globally between 2017 and 2020[J]. J Glob Antimicrob Resist, 2023, 33: 304－320.

[5] Morrissey I, Hawser S, Lob SH, et al. In vitro activity of eravacycline against gram-positive bacteria isolated in clinical laboratories worldwide from 2013 to 2017[J]. Antimicrob Agents Chemother, 2020, 64(3): e01715－19.

[6] Snydman DR, McDermott LA, Jacobus NV, et al. Evaluation of the in vitro activity of eravacycline against a broad spectrum of recent clinical anaerobic isolates[J]. Antimicrob Agents Chemother, 2018, 62(5): e02206－17.

[7] Waites KB, Crabb DM, Xiao L, et al. In vitro activities of eravacycline and other antimicrobial agents against human mycoplasmas and ureaplasmas[J]. Antimicrob Agents Chemother, 2020, 64(8): e00698－20.

［8］ Connors KP，Housman ST，Pope JS，et al. Phase I，open-label，safety and pharmacokinetic study to assess bronchopulmonary disposition of intravenous eravacycline in healthy men and women［J］. Antimicrob Agents Chemother，2014，58（4）：2113－2118.

［9］ Solomkin J，Evans D，Slepavicius A，et al. Assessing the efficacy and safety of eravacycline vs ertapenem in complicated intra-abdominal infections in the investigating gram-negative infections treated with eravacycline （IGNITE 1）trial：a randomized clinical trial［J］. JAMA Surg，2017，152（3）：224－232.

［10］ Solomkin JS，Gardovskis J，Lawrence K，et al. IGNITE4：results of a phase 3，randomized，multicenter，prospective trial of eravacycline vs meropenem in the treatment of complicated intraabdominal infections［J］. Clin Infect Dis，2019，69（6）：921－929.

［11］ Felice VG，Efimova E，Izmailyan S，et al. Efficacy and tolerability of eravacycline in bacteremic patients with complicated intra-abdominal infection：a pooled analysis from the ignite1 and ignite4 studies［J］. Surg Infect （Larchmt），2021，22（5）：556－561.

［12］ Alosaimy S，Morrisette T，Lagnf AM，et al. Clinical outcomes of eravacycline in patients treated predominately for carbapenem-resistant acinetobacter baumannii［J］. Microbiol Spectr，2022，10（5）：e0047922.

［13］ Kunz Coyne AJ，Alosaimy S，Lucas K，et al. Eravacycline，the first four years：health outcomes and tolerability data for 19 hospitals in 5 U.S. regions from 2018 to 2022［J］. Microbiol Spectr，2023，29：e0235123.

常用抗感染药物英汉名词对照

Acetylmidecamycin	乙酰麦迪霉素	Carbenicillin	羧苄西林
Acetylspiramycin	乙酰螺旋霉素	Carumonam	卡芦莫南
Aciclovir	阿昔洛韦	Cefacetrile	头孢乙腈
Albendazole	阿苯达唑	Cefaclor	头孢克洛
Amantadine	金刚烷胺	Cefadroxil	头孢羟氨苄
Amikacin	阿米卡星	Cefalexin	头孢氨苄
Amikacin-fosfomycin	阿米卡星-磷霉素	Cefaloridine	头孢噻啶
Aminopenicillins	氨基青霉素	Cefalothin	头孢噻吩
Amoxicillin	阿莫西林	Cefamandole	头孢孟多
Amoxicillin-clavulanic acid	阿莫西林-克拉维酸	Cefathiamidine	头孢硫脒
Amphotericin B	两性霉素 B	Cefatrizine	头孢曲秦
Ampicillin	氨苄西林	Cefazaflur	头孢氮氟
Ampicillin-sulbactam	氨苄西林-舒巴坦	Cefazedone	头孢西酮
Arbekacin	阿贝卡星	Cefazolin	头孢唑林
Atovaquone	阿托伐醌	Cefbuperazone	头孢拉宗
Aztreonam	氨曲南	Cefclidin	头孢克定
Aztreonam-avibactam	氨曲南-阿维巴坦	Cefdinir	头孢地尼
Azithromycin	阿奇霉素	Cefditoren	头孢妥仑
Azlocillin	阿洛西林	Cefepime	头孢吡肟
Bacitracin	杆菌肽	Cefepime-tazobactam	头孢吡肟-他唑巴坦
Benzathine benzylpenicillin	苄星青霉素	Cefepime-zidebactam	头孢吡肟-齐达巴坦
Benzylpenicillin	苄青霉素	Cefetamet	头孢他美
Besifloxacin	贝西沙星	Cefiderocol	头孢地尔
Biapenem	比阿培南	Cefixime	头孢克肟
Bithionol	硫氯酚	Cefmenoxime	头孢甲肟
Brodimoprim. unitrim	溴莫普林	Cefmetazole	头孢美唑
Capreomycin	卷曲霉素	Cefodizime	头孢地秦
Carbapenems	碳青霉烯类	Cefonicid	头孢尼西

Cefoperazone	头孢哌酮	Doripenem	多利培南
Ceforanide	头孢雷特	Doxycycline	多西环素
Cefotaxime	头孢噻肟	Enconazole	益康唑
Cefotetan	头孢替坦	Enoxacin	依诺沙星
Cefotiam	头孢替安	Ertapenem	厄他培南
Cefotiam hexetil	头孢替安酯	Eravacycline	依拉环素
Cefoxitin	头孢西丁	Erythromycin	红霉素
Cefpimizole	头孢咪唑	Erythromycinamine	红霉胺
Cefpiramide	头孢匹胺	Ethambultol	乙胺丁醇
Cefpirin	头孢匹林	Ethionamide	乙硫异烟胺
Cefpirome	头孢匹罗	Etimicin	依替米星
Cefpodoxime	头孢泊肟	Famciclovir	泛昔洛韦
Cefpodoxime proxetil	头孢泊肟酯	Faropenem	法罗培南
Cefprozil	头孢丙烯	Fidaxomicin	非达霉素
Cefradine	头孢拉定	Finafloxacin	非那沙星
Cefroxadine	头孢沙定	Fleroxacin	氟罗沙星
Cefsulodin	头孢磺啶	Flomoxef	氟氧头孢
Ceftaroline	头孢罗膦	Flucloxacillin	氟氯西林
Ceftazidime	头孢他啶	Fluconazole	氟康唑
Ceftazidime-avibactam	头孢他啶-阿维巴坦	Flucytosine	氟胞嘧啶
Cefteram pivoxil	头孢特仑酯	Fluoroquinolones	氟喹诺酮类
Ceftezole	头孢替唑	Flurithromycin	氟红霉素
Ceftibuten	头孢布烯	Flurithromycin ethylsuccinate	氟红霉素琥珀酸乙酯
Ceftizoxime	头孢唑肟	Fomivirsen	福米韦生
Ceftriaxone	头孢曲松	Foscarnet，phosphonoformate	膦甲酸盐
Ceftobiprole	头孢比普	Fosfomycin	磷霉素
Ceftolozane-tazobactam	头孢洛生-他唑巴坦	Furazolidone	呋喃唑酮
Cefuroxime	头孢呋辛	Fusidic acid	夫西地酸
Cefuroxime axetil	头孢呋辛酯	Ganciclovir	更昔洛韦
Cephamycins	头霉素类	Garenoxacin	加雷沙星
Chloramphenicol	氯霉素	Gatifloxacin	加替沙星
Cidofovir	西多福韦	Gemifloxacin	吉米沙星
Cinoxacin	西诺沙星	Gentamicin	庆大霉素
Ciprofloxacin	环丙沙星	Glycylcyclines	甘氨酰环素
Clarithromycin	克拉霉素	Grepafloxacin	格帕沙星
Clinafloxacin	克林沙星	Griseofulvin	灰黄霉素
Clindamycin	克林霉素	Hydroxychloroquine	羟氯喹
Colistin	黏菌素	Idoxuridine	碘苷
Cycloserine	环丝氨酸	Imipenem	亚胺培南
Dalbavancin	达巴万星	Imipenem-relebactam	亚胺培南-瑞来巴坦
Daptomycin	达托霉素	Isepamicin	异帕米星
Delafloxacin	德拉沙星	Isoniazid，isonicotinic acid hydrazide，INH	异烟肼
Demeclocycline	去甲金霉素	Isoxazolyl penicillins	异恶唑类青霉素
Dibekacin	地贝卡星	Itraconazole	伊曲康唑
Dicloxacillin	双氯西林	Ivermectin	伊维菌素
Dirithromycin	地红霉素		

Josamycin K	交沙霉素	Panipenem	帕尼培南
Kanamycin	卡那霉素	Para-aminosalicylic acid	对氨水杨酸
Kanamycin ketoconazole	卡那霉素酮康唑	Paromomycin	巴龙霉素
Lefamulin	来法莫林	Pefloxacin	培氟沙星
Leucomycin（kitasamycin）	柱晶白霉素	Penciclovir	贲昔洛韦
Levofloxacin	左氧氟沙星	Penicillin	青霉素
Lincomycin	林可霉素	Pentamidine	喷他脒
Linezolid	利奈唑胺	Phenbenicillin	芬贝西林
Lomefloxacin	洛美沙星	Phenethicillin	非奈西林
Loracarbef	氯碳头孢	Phenoxylpenicillins	苯氧青霉素
Macrolides	大环内酯类	Piperacillin	哌拉西林
Mebendazole	甲苯达唑	Piperacillin-tazobactam	哌拉西林-他唑巴坦
Mecillinam	美西林	Plazomicin	普拉唑米星
Mefloquine	甲氟喹	Polymyxins B	多黏菌素 B
Meropenem	美罗培南	Praziquantel	吡喹酮
Meropenem-vaborbactam	美罗培南-韦博巴坦	Primaquine	伯氨喹
Metacycline	美他环素	Procaine penicillin	普鲁卡因青霉素
Methicillin	甲氧西林	Proguanil	氯胍
Metronidazole	甲硝唑	Propicillin	丙匹西林
Micronomicin	小诺米星	Protionamidam	丙硫异烟胺
Midecamycin	麦迪霉素	Pyrazinamide	吡嗪酰胺
Minocycline	米诺霉素	Pyrimethamine	乙胺嘧啶
Monobactams	单环 β-内酰胺类	Artemisinin	青蒿素
Moxalactam	拉氧头孢	Quinupristin-dalfopristin	奎奴普汀-达福普汀
Moxifloxacin	莫西沙星	Ribavirin	利巴韦林
Mupirocin	莫匹罗星	Ribostamycin	核糖霉素
Nafcillin	萘夫西林	Rifabutin	利福布汀
Nalidixic acid	萘啶酸	Ramoplanin	雷莫拉宁
Nemonoxacin	奈诺沙星	Rifampicin	利福平
Neomycin	新霉素	Rifamycin SV	利福霉素 SV
Netilmicin	奈替米星	Rifamycin	利福霉素
Nitazoxanide	硝唑尼特	Rifapentine	利福喷汀
Nitrofural	呋喃西林	Rimantadine	金刚乙胺
Nitrofurantoin	呋喃妥因	Rokitamycin	罗他霉素
Norfloxacin	诺氟沙星	Rosaramicin（rosamicin）	罗沙米星
Norvancomycin	去甲万古霉素	Roxithromycin	罗红霉素
Nystatin	制霉菌素	Silver sulfadiazine	磺胺嘧啶银
Ofloxacin	氧氟沙星	Sisomicin	西索米星
Omadacycline	奥玛环素	Sodium sulfacetamide	磺胺醋酰钠
Oritavancin	奥利万星	Sparfloxacin	司氟（帕）沙星
Oleandomycin	竹桃霉素	Spectinomycin	大观霉素
Oseltamivir	奥塞他米韦	Spiramycin	螺旋霉素
Oxacephems	氧头孢烯类	Streptomycin	链霉素
Oxacillin	苯唑西林	Sulfadiazine silver	磺胺嘧啶银
Oxolinic acid	奥索利酸	Sulfadiazine	磺胺嘧啶
Oxytetracycline	土霉素	Sulfadimidine	磺胺二甲嘧啶

Sulfadoxine	磺胺多辛	Tigecycline	替加环素
Sulfamethoxazole	磺胺甲噁唑	Tinidazole	替硝唑
Sulfamylon acetate	醋酸磺胺米隆	Tobramycin	妥布霉素
Sulfasalazine	柳氮磺吡啶	Tosufloxacin	妥舒沙星
Sulfamethoxypyridazine T	磺胺甲氧嗪	Triacetyloleandomycin	三乙酰竹桃霉素
Tedizolid	特地唑胺	Trifluridine	曲氟尿苷
Teicoplanin	替考拉宁	Trimethoprim	甲氧苄啶
Telavancin	特拉万星	Trimethoprim-sulfamethoxazole	甲氧苄啶-磺胺甲噁唑
Telithromycin	泰利霉素	Trospectomycin	丙大观霉素
Tetracycline	四环素	Trovafloxacin	曲伐沙星
Tetracyclines	四环素类	Valaciclovir	伐昔洛韦
Thiabendazole	噻苯达唑	Vancomycin	万古霉素
Thiamphenicol thioacetazone	甲砜霉素氨硫脲	Viomycin	紫霉素
Ticarcillin	替卡西林	Voriconazole	伏立康唑
Ticarcillin-clavulanate	替卡西林-克拉维酸	Zanamivir	扎那米韦

附录二

缩略语

ABSSSI　急性细菌性皮肤和皮肤结构感染（Acute bacterial skin and skin structural infections）

AIM　阿德莱德亚胺培南酶（Adelaide imipenemase，AIM）

AKI　急性肾损伤（Acute kidney injury）

AmpC　*ampC* 基因编码的头孢菌素酶（Ambler C 类）

ATLAS　全球抗感染药物耐药监测网（Antimicrobial testing leadership and surveillance）

AUC　曲线下面积（Area under curve）

APB　3-氨基苯硼酸（3-Aminophenylboronic acid）

ATCC　美国典型菌种保藏中心（American Type Culture Collection）

BAT　最佳可用疗法（Best available therapy）

CAMHB　阳离子调节 MH 肉汤（Cation-adjusted Mueller-Hinton broth）

CAP　社区获得性肺炎（Community-acquired pneumonia）

CARSS　全国细菌耐药监测网（China antimicrobial resistance surveillance system）

CFU　菌落形成单位（Colony-forming unit）

CHINET　CHINET 中国细菌耐药监测网（China Antimicrobial Surveillance Network）

cIAI　复杂性腹腔感染（Complicated Intra-Abdominal Infection）

CLSI　美国临床和实验室标准化协会（Clinical and Laboratory Standard Institute，CLSI）

CrCl　内生肌酐清除率（Creatinine clearance）

CRE　碳青霉烯类耐药肠杆菌目细菌（Carbapenem-resistant *Enterobacterales*）

CRO　碳青霉烯类耐药革兰阴性菌（Carbapenem-resistant Gram-negative organism）

CRRT　连续性肾脏替代治疗（Continuous renal replacement therapy）

cUTI　复杂性尿路感染（Complicated urinary tract infection）UTI

DIM　荷兰亚胺培南酶（Dutch imipenemase，DIM）

DTR　难治型耐药（Difficult to treat resistance，）

ECOFF　流行病学界值（epidemiological cutoff value）

EDTA　乙二胺四乙酸（Ethylenediaminetetraacetic acid）

ELF　肺泡上皮衬液（Epithelial lining fluid）

ESBL　超广谱 β-内酰胺酶（Extended-spectrum β-lactamase）

EUCAST　欧洲药敏试验委员会（European Committee on Antimicrobial Susceptibility Testing，EUCAST）

FDA　美国食品药品监督管理局（Food and Drug Administration，FDA）

FIM　佛罗伦萨亚胺培南酶（Florence imipenemase，FIM）

GIM　德国亚胺培南酶（German imipenemase，GIM）

HAP　医院获得性肺炎（Hospital-acquired pneumonia）

HTM　嗜血杆菌试验培养基（Haemophilus test medium）

I　中介（Intermediate）

IMP　亚胺培南型酶（Imipenemase，IMP）

ITT　意向治疗（Intention to treat）

KPC	肺炎克雷伯菌碳青霉烯酶（*Klebsiella pneumoniae* carbapenemase，KPC）
LHB	裂解马血（Lysed horse blood）
MBC	最低杀菌浓度（Minimum bactericidal concentration）
MDR	多重耐药（Multidrug resistant）
MHA	M－H 琼脂（Mueller-Hinton agar）
MH－F	M－H 苛养琼脂（Mueller-Hinton fastidious agar），补充 5% 脱纤维马血和 20 mg/L β－NAD 的 MHA
MIC	最低抑菌浓度（Minimal inhibitory concentration）
MITT	改良意向治疗（Modified intention to treat）
MRSA	甲氧西林耐药金黄葡萄球菌（Methicillin-resistant *Staphylococcus aureus*）
MRSE	甲氧西林耐药表皮葡萄球菌（Methicillin-resistant *Staphylococus epidermidis*）
MSSA	甲氧西林敏感金黄葡萄球菌（Methicillin-susceptible *Staphylococcus aureus*）
MSSE	甲氧西林敏感表皮葡萄球菌（Methicillin-susceptible *Staphylococus epidermidis*）
NAD	β－烟酰胺腺嘌呤二核苷酸（β－Nicotinamide adenine dinucleotide）
NDM	新德里金属 β－内酰胺酶（New Delhi metallo-β－lactamase）
OXA	苯唑西林碳青霉烯酶（Oxacillin carbapenemase）

PBP	青霉素结合蛋白（Penicillin binding protein）
PD	药效学（Pharmacodynamics）
PDR	全耐药（Pandrug resistant）
PK	药代动力学（Pharamcokinetics）
PRSP	青霉素耐药肺炎链球菌（Penicillin-resistant *Streptococcus pneumoniae*）
QC	质量控制（Quality Control）
R	耐药（Resistant）
S	敏感（Susceptible）
SDD	剂量依赖敏感（Susceptible-dose dependent）
SENTRY	SENTRY 耐药监测网（SENTRY antimicrobial surveillance program）
SME	黏质沙雷菌碳青霉烯酶（*Serratia marcescens* carbapenemase，SME）
SIM	首尔亚胺培南酶（Seoul imipenemase，SIM）
SMART	多中心耐药监测网（Surveillance of multicentre antimicrobial resistance）
SPM	圣保罗金属 β－内酰胺酶（São Paulo metalo-beta-lactamase，SPM）
TMB	的黎波里金属－β－内酰胺酶（Tripoli metallo-β-lactamase，TMB）
TOC	治愈检验（Test of Cure）
VAP	呼吸机相关性肺炎（Ventilator-associated pneumonia）
VIM	维罗纳金属 β－内酰胺酶（Verona metallo-β-lactamase，VIM）
XDR	广泛耐药（Extensively-drug resistant）

图书在版编目（CIP）数据

细菌药物敏感试验执行标准和典型报告解读 / 胡付品，郭燕，王明贵主编. -- 2版. -- 上海：上海科学技术出版社，2024.6
ISBN 978-7-5478-6602-3

Ⅰ．①细… Ⅱ．①胡… ②郭… ③王… Ⅲ．①细菌－抗药性－卫生监测 Ⅳ．①Q939.107

中国国家版本馆CIP数据核字(2024)第080566号

内 容 提 要

本书是 2023 年版的修订版，共 21 章，作者团队参考目前国际上 CLSI、EUCAST、FDA 新近发布的药敏试验判断标准，汇总近年来我国自主制定的抗细菌新药流行病学折点数据、疑难药敏试验结果解读方法（包括肉汤微量稀释法、纸条梯度扩散法和纸片扩散法等），推荐介绍可供实验室检测重要耐药细菌的实用方法和新兴检测技术，示范典型革兰阴性细菌和革兰阳性细菌药敏试验报告准确解读。新增简介近年来上市或即将上市的各类抗细菌新药和各类权威指南中的抗细菌药物推荐方案，便于临床选用。

本书权威性和实用性均较强，可供国内各级医疗机构相关人员开展药物敏感性试验以及选择抗细菌药物进行治疗时阅读参考。

细菌药物敏感试验执行标准和典型报告解读(第二版)

主　审　朱德妹　张秀珍　倪语星

主　编　胡付品　郭　燕　王明贵

副主编　丁　丽　秦晓华　张　菁　俞云松　杨启文

上海世纪出版(集团)有限公司
上海科学技术出版社　　出版、发行
(上海市闵行区号景路 159 弄 A 座 9F-10F)
邮政编码 201101　www.sstp.cn
上海普顺印刷包装有限公司印刷
开本 787×1092　1/16　印张 16.5
字数 258 千字
2023 年 6 月第 1 版
2024 年 6 月第 2 版　2024 年 6 月第 1 次印刷
ISBN 978-7-5478-6602-3/Q·86
定价：100.00 元